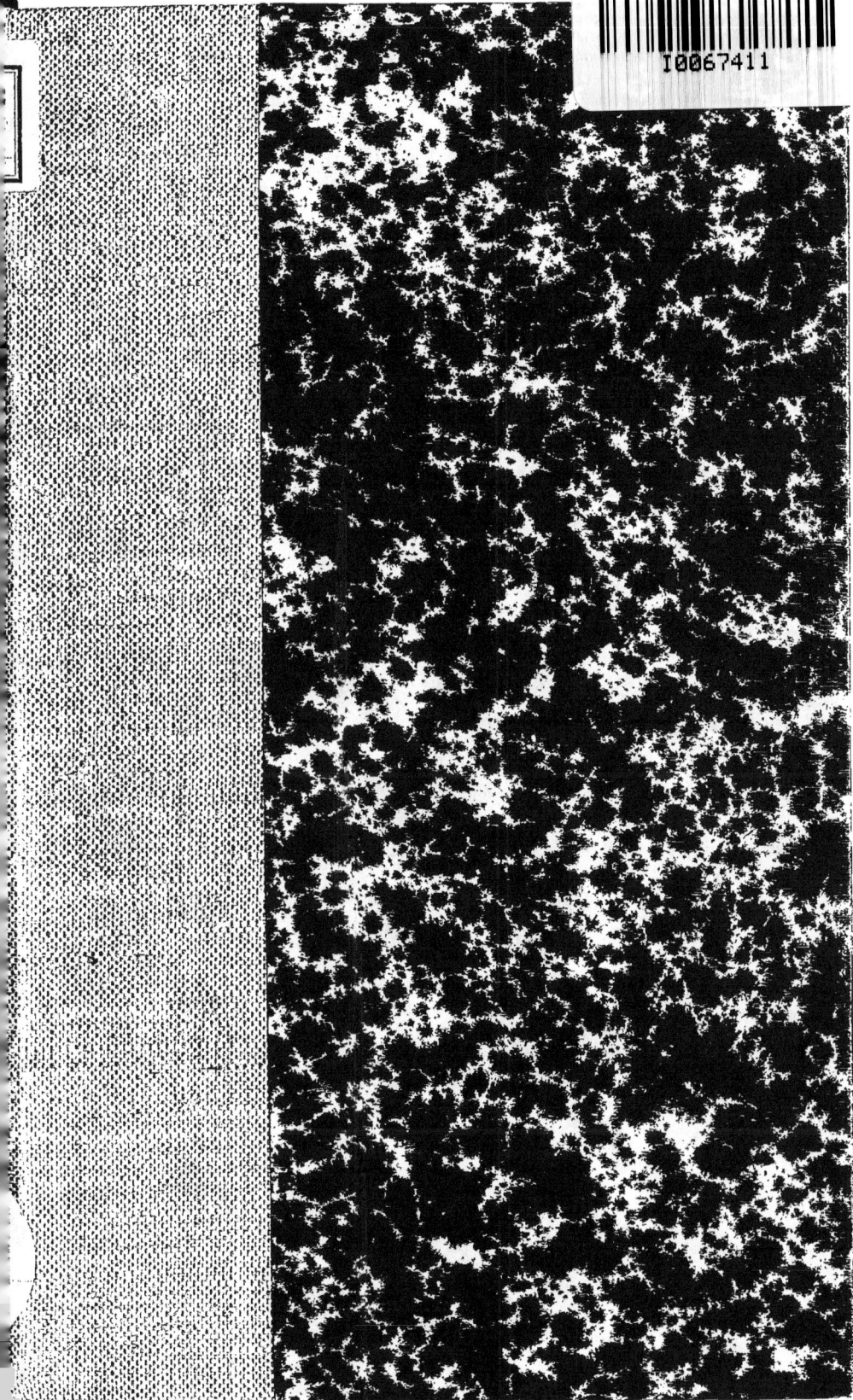

PAUL MANSUY

COURS

DE

MATHÉMATIQUES

ÉLÉMENTAIRES,

PAR

L'abbé BLATAIROU,

Chanoine honoraire de Bordeaux ; Doyen de la Faculté de Théologie et ancien Professeur de Mathématiques et de Physique au Grand-Séminaire de la même ville ; Membre de plusieurs Sociétés savantes.

Ⅰ^{re} PARTIE. — ARITHMÉTIQUE.

BORDEAUX,

CHEZ P. DUCOT, LIBRAIRE DE L'ARCHEVÊCHÉ,

Fossés des Carmes, 45, à côté du Lycée.

1851

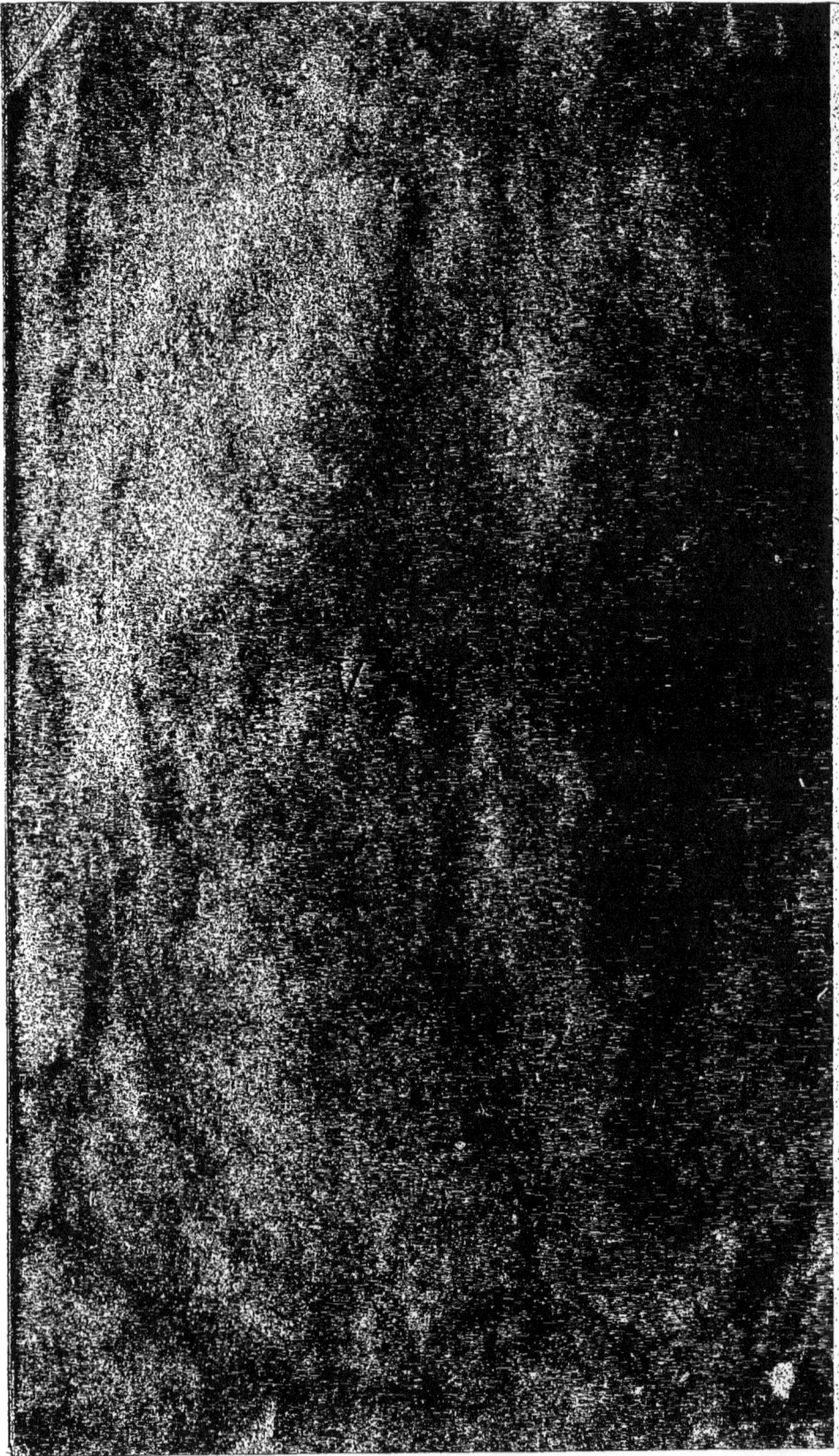

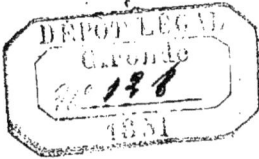

COURS

DE

MATHÉMATIQUES

ÉLÉMENTAIRES.

3096

22399

Blatairou c. h.

Bordeaux, Imprimerie de G.-M. DE MOULINS, rue Montméjau, 7.

COURS

DE

MATHÉMATIQUES

ÉLÉMENTAIRES,

PAR

L'abbé BLATAIROU,

Chanoine honoraire de Bordeaux ; Doyen de la Faculté de Théologie et ancien Professeur de
Mathématiques et de Physique au Grand-Séminaire de la même ville ; Membre de plusieurs
Sociétés savantes.

Iᵉ PARTIE. — ARITHMÉTIQUE.

BORDEAUX,

CHEZ P. DUCOT, LIBRAIRE DE L'ARCHEVÊCHÉ,

Fossés des Carmes, 13, à côté du Lycée.

1851

COURS

DE

MATHÉMATIQUES

ÉLÉMENTAIRES. *

PREMIÈRE PARTIE. — ARITHMÉTIQUE.

CHAPITRE PREMIER.

INTRODUCTION.

1. Avant de donner une définition de l'Arithmétique et d'exposer les principes et les procédés qui constituent cette science, il est nécessaire de fixer avec précision le sens de certains mots, et de bien déterminer certaines idées. C'est ce que nous allons faire dans cette introduction.

2. Les différents objets que nous présente la nature peuvent, en général, être augmentés ou diminués; une allée, par exemple, peut être plus ou moins longue, un troupeau plus ou moins nombreux. Nous appellerons *quantités*, ces objets considérés sous ce point de

---

* Nous nous abstenons de donner en commençant une définition des Mathématiques, qu'il serait trop difficile, peut-être, de faire comprendre à celui qui n'a encore aucune idée de cette science. Nous pourrions bien, comme tant d'autres, dire que *les Mathématiques sont la science des quantités*, et ajouter immédiatement que *par quantité on entend tout ce qui est susceptible d'augmentation ou de diminution*; mais nous doutons beaucoup qu'avec ces définitions on ait une idée des Mathématiques; peut-être même en prendrait-on une très-fausse. Ainsi un sentiment de joie ou de tristesse, l'affection ou l'aversion que l'on ressent pour une personne, la constance dans ses résolutions, etc., etc., sont susceptibles de plus ou moins d'augmentation ou de diminution. Les Mathématiques traitent-elles de toutes ces choses ?

1

vue, et nous dirons qu'*une quantité est tout ce que nous conce-vons susceptible de plus ou de moins d'augmentation ou de diminu-tion (a).*

3. Parmi les quantités, *les unes sont un assemblage d'individus naturellement séparés ou que l'esprit considère comme tels*, par exemple, un troupeau de moutons, une armée, un tas de boules ; *d'au-tres, au contraire, sont composées de parties unies ensemble*, comme une ligne, un champ, un intervalle de temps : les premières ont reçu le nom de *quantités discrètes*, et les autres celui de *quantités continues.*

4. Les besoins de la société nous mettent dans une nécessité conti-nuelle d'évaluer les quantités, de nous en faire des idées exactes, de les comparer les unes aux autres. Voyons comment nous pourrons y parvenir.

Proposons-nous d'abord, de nous faire une idée exacte d'une quan-tité discrète, d'un troupeau de moutons par exemple ; il est évident que nous aurons cette idée lorsque nous saurons ce que c'est qu'un mouton, et lorsque nous aurons trouvé combien en contient le trou-peau dont il s'agit. Nos yeux nous apprendront la première de ces deux choses ; et pour connaître la seconde, il faudra *compter* les moutons du troupeau. Lorsque nous les aurons comptés, nous au-rons l'idée de *combien de fois* un mouton est contenu dans le trou-peau dont il s'agit. Nous aurons ainsi l'idée exacte que nous voulions avoir. Nous pourrons compter de la même manière un autre trou-peau, nous en faire une idée exacte et le comparer avec le premier. Or, que faisons-nous pour arriver à ces évaluations ? Nous prenons un des individus composant le troupeau, et nous comptons combien d'individus semblables sont contenus dans ce troupeau. Nous pour-rons évidemment évaluer de la même manière toute autre quantité discrète, et nous appellerons *unité* cette quantité ainsi prise pour moyen d'évaluation et pour terme de comparaison. Quant au rapport qui existe entre une quantité et l'unité dont on se sert pour en faire l'évaluation, il a reçu le nom de *nombre.*

Supposons maintenant qu'il s'agisse d'évaluer une quantité con-

---

(a) Telle est la définition que l'on donne ordinairement de la *quantité* ; il est facile de voir, d'après cela, que, parmi les quantités, les unes sont susceptibles d'être appréciées exactement, d'être mesurées : une ligne, par exemple, un poids déterminé ; d'autres au contraire, ne sont pas susceptibles d'être mesurées avec précision : par exemple, un sentiment de joie, de tristesse. Les quantités de la première espèce sont les seules dont on s'occupe dans les mathématiques ; ou plutôt les mathématiques ne s'occupent des quantités qu'à ce point de vue qu'elle sont mesurables. Aussi quelques auteurs définissent-ils les quantités, *tout ce qui est susceptible d'être mesuré.*

tinue, la longueur d'une allée par exemple. Ici nous n'avons pas d'unité fournie par la nature, comme lorsqu'il s'agit d'évaluer des quantités discrètes. Mais nous aurons évidemment l'idée exacte de la longueur de l'allée qu'il s'agit de mesurer, lorsqu'après avoir choisi à volonté une certaine longueur déterminée, nous aurons trouvé *combien de fois* elle est contenue dans celle de cette allée ; et l'on voit que le même procédé pourra s'appliquer à l'évaluation de toute autre quantité continue, à la condition que la quantité que l'on prend pour faire cette évaluation soit de même espèce que la quantité à évaluer. Après avoir ainsi déterminé une certaine quantité continue, nous pourrons en évaluer d'autres de la même espèce, et les comparer entre elles ; et encore ici, nous appellerons *unité* la quantité choisie pour faire ces évaluations, et *nombres* les rapports qui existent entre ces quantités et l'unité.

En résumant ce qui précède, nous dirons, que *l'unité est une quantité fournie par la nature, ou choisie arbitrairement pour évaluer d'autres quantités de même espèce et les comparer entre elles, et qu'un nombre est le rapport qui existe entre une quantité et l'unité employée pour l'évaluer.* On pourrait encore définir le nombre : *l'expression d'une quantité au moyen d'une unité.* Dans les quantités discrètes, l'unité est donnée par la nature même de la quantité à évaluer, elle est une partie de cette quantité ; dans les quantités continues, l'unité est arbitraire, mais de même espèce que la quantité. On évalue les premières en les *comptant*, et les autres en les *mesurant.*

Il arrive quelquefois qu'après avoir pris une certaine unité pour mesurer une quantité donnée, par exemple une ligne AB pour mesurer la longueur d'une allée, on se sert pour mesurer des quantités semblables d'une autre unité, CD, par exemple, qui renferme la première un nombre exact de fois ; dans ce cas, cette nouvelle unité, comparée à la première, prend le nom d'*unité composée.* Nous dirons donc qu'*une unité composée est celle qui est formée de la réunion d'un nombre déterminé de quantités de la même espèce déjà prises pour unités.* L'unité qui n'est pas composée porte le nom d'*unité simple.*

5. Il résulte de ce que nous venons de dire, que l'idée du nombre est essentiellement une idée abstraite, et qu'un nombre exprime seulement *combien de fois une unité est contenue dans une quantité,* sans rien faire connaître de la nature de cette unité. Si donc l'on

voulait faire connaître non plus seulement le rapport qui existe entre
une quantité et une unité déterminée, mais la quantité elle-même,
il faudrait ajouter au nom du nombre qui exprime ce rapport le nom
qui indique la nature de l'unité. On dira, par exemple : *trois che-
vaux, huit francs, cinq hommes.* Le nombre ainsi *énoncé avec dési-
gnation de la nature des unités qui composent une quantité* s'appelle
nombre concret, et alors, par opposition, on appelle *nombre abstrait*
le nombre proprement dit, c'est-à-dire, *celui dans l'énonciation du-
quel la nature des unités n'est pas exprimée;* tels sont les nombres
trois, huit, cinq.

6. Quand on a fait choix d'une unité, AB, par exemple, pour

A_____B

C_____ _____ _____D

E__F

G_____ _____ _____ __H

mesurer une quantité de la même
espèce, il peut arriver deux cas : ou
bien l'unité est contenue un nombre exact de fois dans la quantité
à mesurer, CD, par exemple, et alors ce nombre s'appelle *nombre
entier;* ou bien l'unité n'est pas contenue un nombre exact de fois
dans cette quantité. Dans ce dernier cas, si la quantité à mesurer, EF, par exemple, est plus petite que l'unite, et par conséquent ne renferme qu'une ou plusieurs parties de l'unité, son rapport avec l'unité, ou, en d'autres termes, son évaluation au moyen
de l'unité prend le nom de *fraction;* mais si la quantité à mesurer,
GH, renfermait un certain nombre de fois l'unité, et de plus une
partie plus petite que l'unité, on appellerait *nombre fractionnaire*
le nombre représentant cette quantité évaluée au moyen de l'unité
choisie. Nous verrons bientôt comment on peut, dans ces différents
cas, représenter, au moyen de cette unité, la valeur de la quantité
à évaluer; mais, en attendant, nous résumerons ce qui précède par
les définitions suivantes : Un nombre entier *est celui qui exprime un
nombre exact de fois l'unité;* une fraction *est l'expression d'une quantité plus petite que l'unité, et, par conséquent, d'une ou plusieurs
parties de l'unité;* un nombre fractionnaire *est celui qui est composé
d'un nombre entier joint à une fraction.*— Remarquons cependant que
l'on donne quelquefois le nom de *nombre fractionnaire* à une simple
fraction, et quelquefois aussi le nom de *fraction* à un *nombre fractionnaire,* et même à un *nombre entier.* Cela arrive surtout lorsque
le nombre fractionnaire ou le nombre entier est exprimé par une
expression de même forme que celle par laquelle on exprime une
simple fraction, ce qui est possible, comme nous le verrons plus
loin. Mais nous conserverons à ces mots *nombre entier, fraction,*

nombre fractionnaire, le sens précis donné par les définitions précédentes, à moins que nous ne prévenions du contraire, ou qu'il soit évident de soi que nous les employons dans un autre sens.

7. Nous avons dit que le choix de l'unité, lorsqu'il s'agit de mesurer les quantités continues, est tout-à-fait arbitraire ; aussi il arrive quelquefois qu'après avoir pris une unité pour évaluer une quantité, on prend pour évaluer les quantités de la même espèce, mais plus petites que l'unité choisie, des unités nouvelles qui sont des sous-divisions les unes des autres, c'est-à-dire, telles que la première renferme un nombre exact de fois la seconde, la seconde renferme un nombre exact de fois la troisième, et ainsi de suite. Donnons un exemple pour éclaircir notre pensée : Pour mesurer le *temps,* par exemple, on se sert de la durée, qu'on appelle le *jour ;* mais s'il s'agit d'une durée plus courte que le jour, on divise le jour en un certain nombre de parties que l'on appelle *heures ;* et l'heure devient l'unité avec laquelle on mesure cette durée ; s'il s'agit d'une durée plus courte que l'*heure,* on divise l'heure en un certain nombre de *minutes,* et la minute devient une unité nouvelle, susceptible elle-même d'être divisée en un certain nombre de parties que l'on appelle *secondes,* et ainsi de suite. Une durée pourra donc se composer d'un certain nombre de *jours,* d'*heures,* de *minutes,* de *secondes,* etc., et l'ensemble de tous ces nombres forme ce qu'on appelle un nombre complexe. Ainsi le *nombre complexe* peut se définir *la réunion de plusieurs autres nombres exprimant des unités qui sont des sous-divisions les unes des autres, et par conséquent de l'unité la plus forte à laquelle elles se rapportent toutes.* Les nombres qui ne sont composés que d'une seule espèce d'unités s'appellent *nombres incomplexes.*

8. Nous pouvons maintenant donner une définition de l'*Arithmétique.* On la définit ordinairement la *Science des nombres ;* c'est, en effet, la *science qui enseigne à exprimer les nombres, qui étudie leurs propriétés, et apprend à les combiner entre eux de différentes manières pour obtenir la solution des questions que l'on peut se proposer sur les quantités, quand elles sont exprimées par des nombres.*

9. RÉSUMÉ. — Nous avons, dans ce qui précède, déterminé le sens des mots *quantité, quantité discrète, quantité continue.* Ensuite la nécessité d'évaluer et de comparer les quantités nous a conduits aux idées d'*unité* et de *nombre.* Nous avons distingué l'unité en unité *simple* et unité *composée,* et les nombres en *concrets* et *abstraits ;* en *nombres entiers, fractions*

et *nombres fractionnaires;* enfin, en *complexes* et *incomplexes.* Ces préliminaires nous ont conduit à la définition de l'*Arithmétique.*

CHAPITRE II.

DE LA MANIÈRE D'EXPRIMER LES NOMBRES OU DE LA NUMÉRATION.

10. Maintenant que nous sommes fixés sur ce que nous devons
entendre par *nombre*, nous allons exposer quels sont les signes dont
on s'est servi pour exprimer les nombres. Tel est l'objet de la numération. *La numération sera pour nous le moyen d'exprimer tous les
nombres possibles.*

Appelons *un* l'unité; pour la collection d'une unité, plus une
unité, on pourrait dire : *un et un;* on pourrait de même désigner la
collection d'une unité, plus une unité, plus une unité, par *un et un
et un,* et ainsi de suite pour les collections suivantes, en répétant
un aussi souvent que l'unité serait contenue dans la collection que
l'on voudrait exprimer. Mais ce langage aurait au moins deux grands
inconvénients : 1° il serait très-long et très-fatigant; 2° il ne présenterait rien de clair à l'esprit; aussi nous le rejetons entièrement.

On pourrait encore exprimer les nombres en donnant un nom
simple à chaque collection d'unité, à chaque nombre; mais alors il
faudrait un nombre infini de noms, car on peut concevoir une infinité de nombres. Une pareille langue demanderait une étude infinie,
la mémoire la plus prodigieuse ne suffirait pas pour l'apprendre, et
c'est une raison suffisante pour la rejeter.

11. Pour éviter les inconvénients que présentent les procédés que
nous venons d'indiquer, on a imaginé un système au moyen du-
quel, avec un très-petit nombre de mots et de signes, on peut
exprimer tous les nombres possibles; voici en quoi il consiste :

On a d'abord désigné les premières collections d'unité par les mots
suivants :

Une, deux, trois, quatre, cinq, six, sept, huit, neuf (*unités simples*).

En ajoutant à la collection *neuf* une autre unité, on a formé une
nouvelle collection appelée *dix* ou *dizaine,* et l'on a fait de cette
dizaine une *unité composée* à laquelle nous donnerons le nom d'*unité*

du second ordre; puis l'on a compté par *dizaines,* comme on avait compté par unités; ainsi, l'on a dit :

Une, deux, trois, quatre, cinq, six, sept, huit, neuf (*dizaines d'unités*).

Et comme d'*une dizaine* à *deux dizaines,* de *deux dizaines* à *trois dizaines,* etc., il y a *neuf* nombres différents, on les a exprimés en ajoutant à la suite des dizaines les noms des neufs premiers nombres, ainsi l'on dit : *une dizaine et un, une dizaine et deux, une dizaine et trois,* etc., ou *dix et un, dix et deux, dix et trois;* de même : *deux dizaines et un, deux dizaines et deux,* ou *deux dix et un, deux dix et deux,... neuf dizaines et un, neuf dizaines et deux,* etc., et ainsi de suite jusqu'à *neuf dizaines et neuf.*

REMARQUE : Au lieu de dire *dix et un, dix et deux, dix et trois, dix et quatre, dix et cinq, dix et six, l'usage* est de dire : *onze, douze, treize, quatorze, quinze, seize;* de même au lieu de dire : *deux dix, trois dix,* etc., on dit : *vingt, trente, quarante, cinquante, soixante, septante, octante, nonante,* et même au lieu de *septante, octante,* et *nonante,* on dit actuellement : *soixante-dix, quatre-vingts, quatre-vingt-dix.* Nous adopterons toutes ces dénominations; mais pour exposer le reste de la numération, nous ne nous servirons pas des mots *soixante-dix, quatre-vingts, quatre-vingt-dix,* pour plus de régularité.

Nous avons déjà vu qu'avec les mots employés jusqu'ici, on peut compter jusqu'à *neuf dizaines et neuf,* ou *nonante-neuf.* En ajoutant à ce nombre une unité de plus on a *dix dizaines.* De ces dix dizaines on a fait une nouvelle unité composée ou *unité du troisième ordre,* à laquelle on a donné le nom de *centaine* ou *cent,* et l'on est convenu de compter par *centaines,* comme par unités et par dizaines; aussi l'on a dit :

Une, deux, trois, quatre, cinq, six, sept, huit, neuf (*centaines d'unités*).

Et comme d'*une centaine* à *deux centaines,* de *deux centaines* à *trois centaines,* etc., il y a *nonante-neuf* nombres ou collections d'unités différentes, on les a exprimées en faisant suivre les mots : *une centaine, deux centaines,* etc., des noms des *nonante-neuf* premiers nombres; ainsi l'on a dit : *une centaine* ou *cent et un, cent et deux, cent et trois,... cent et onze,... cent et vingt,... cent et trente,* etc.; de même on a dit : *deux cent et un, deux cent et deux,* etc., *neuf cent et un, neuf cent et deux,* etc., jusqu'à *neuf cent nonante-neuf.*

On voit donc qu'avec ces trois premiers ordres d'unités on a exprimé tous les nombres jusqu'à *neuf cent nonante-neuf*. Cette collection augmentée d'une unité donne *dix centaines* ou *dix fois cent*. De ces dix centaines on a fait une nouvelle unité composée, à laquelle on a donné le nom de *mille*, et l'on a compté par mille comme on avait compté par unités. Ainsi l'on a dit de même : *un mille, deux mille, trois mille, etc.; une dizaine de mille, deux dizaines de mille, trois dizaines de mille, etc.; une centaine de mille, deux centaines de mille, trois centaines de mille, etc.*, et on a eu ainsi les trois ordres d'unités suivantes :

Un, deux, trois, quatre, cinq, six, sept, huit, neuf (*mille ou unités de mille*).
Une, deux, trois, quatre, cinq, six, sept, huit, neuf (*dizaines de mille*).
Une, deux, trois, quatre, cinq, six, sept, huit, neuf (*centaines de mille*).

Et comme entre deux collections successives d'unités du quatrième ordre, entre *un mille* et *deux mille*, par exemple, entre *deux mille* et *trois mille*, etc., il y a *neuf cent nonante-neuf* nombres, on les a exprimés en faisant suivre les mots : *un mille, deux mille, etc.*, des noms des neuf cent nonante-neuf premiers nombres que nous savons déjà nommer; ainsi l'on a dit : *un mille et un, un mille et deux, un mille et trois,... deux mille et un, deux mille et deux,...* et ainsi de suite, jusqu'au nombre *neuf mille neuf cent nonante-neuf*, qui précède immédiatement une unité du cinquième ordre.

De même comme entre deux collections successives d'unités du cinquième ordre, entre *une dizaine de mille* et *deux dizaines de mille*, par exemple, *entre deux dizaines de mille et trois dizaines de mille*, ou, en d'autres termes, entre *dix mille* et *vingt mille*, entre *vingt mille* et *trente mille*, il y a *neuf mille neuf cent nonante-neuf* nombres, on les exprime en mettant à la suite du nom des unités du cinquième ordre les noms des neuf mille neuf cent nonante-neuf nombres que nous savons déjà nommer au moyen des quatre premiers ordres d'unités, et l'on compte ainsi jusqu'au nombre *nonante-neuf mille neuf cent nonante-neuf*, qui précède immédiatement une unité du sixième ordre.

Enfin, comme entre deux collections successives de ces unités du sixième ordre, entre *une centaine de mille*, ou *cent mille*, et *deux cent mille*, entre *deux cent mille* et *trois cent mille*, etc., il y a *nonante-neuf mille neuf cent nonante-neuf* nombres, on les exprime en mettant à la suite du nom des unités du sixième ordre les noms des nonante-neuf mille neuf cent nonante-neuf, nombres que nous savons déjà nommer au moyen des cinq premiers ordres d'unités, et l'on compte ainsi jusqu'à *neuf cent nonante-neuf mille neuf cent nonante-neuf unités.*

Ce nombre, augmenté d'une unité, fait dix centaines de mille, dont on a formé une nouvelle unité, qu'on a appelée *million*, et l'on compte par millions, comme par unités et par mille; ainsi, l'on dit:

Un, deux, trois, quatre, cinq, six, sept, huit, neuf (*millions ou unités de millions*).
Une, deux, trois, quatre, cinq, six, sept, huit, neuf (*dizaines de millions*).
Une, deux, trois, quatre, cinq, six, sept, huit, neuf (*centaines de millions*).

On voit, par ce qui précède, comment on a dû exprimer les nombres compris entre les collections de ces trois nouveaux ordres d'unités, et comment on peut, avec leur secours, exprimer les nombres jusqu'à *neuf cent nonante-neuf millions neuf cent nonante-neuf mille neuf cent nonante-neuf unités.*

Nous ne pousserons pas plus loin l'exposé de ce système de numération, mais il est facile de voir comment on pourrait l'étendre indéfiniment, et comment on formerait de nouvelles unités composées, au moyen desquelles on exprimerait tous les nombres possibles. Nous appellerions les suivantes : *billions, dizaines de billions, centaines de billions, trillions,... quatrillions, etc.*

Tel est le dictionnaire de l'Arithmétique, telle est la langue que l'on a adoptée, et que nous emploierons, parce qu'elle ne présente pas les inconvénients de celles que nous avons rejetées.

12. Cependant, quelque simple que soit cette langue, si nous l'employions pour écrire des nombres, nous nous apercevrions bientôt qu'il serait très-long et très-difficile de les combiner entre eux. Pour éviter cet inconvénient, on a représenté les noms des nombres par des signes, traduction fidèle du système de numération qui vient d'être exposé.

Rappelons en peu de mots ce système. On a donné aux premières collections d'unités les noms suivants : *un, deux, trois, etc.* Le nombre suivant appelé *dix* ou *dizaine* a été employé comme une unité composée, avec laquelle on a compté comme avec les unités simples, et on a dit: *une, deux, trois, quatre, etc., dizaines. Dix dizaines* ont fait une nouvelle unité composée appelée *centaine*, et l'on a compté par *centaines* comme par *unités* et par *dizaines*, et on a dit : *une, deux, trois, quatre, etc., centaines.* Les mots *un, deux, trois, etc.*, ont donc été employés pour exprimer les différentes collections d'unités de quelque ordre que ce soit. Dans l'écriture, on a représenté ces mots par les caractères ou chiffres

$$1, 2, 3, 4, 5, 6, 7, 8, 9,$$

qu'on a employés comme les mots dont ils sont la traduction, pour représenter les neuf premières collections d'unités de tous les ordres. Ainsi l'on a écrit :

1, 2, 3, 4, 5, 6, 7, 8, 9 (*unités*);
1, 2, 3, 4, 5, 6, 7, 8, 9 (*dizaines*);
1, 2, 3, 4, 5, 6, 7, 8, 9 (*centaines*);
1, 2, 3, 4, 5, 6, 7, 8, 9 (*mille*);
etc., etc., etc..............

Mais puisque les mêmes caractères désignent les différents ordres d'unités, comment exprimerons-nous qu'ils désignent tel ordre d'unités plutôt que tel autre, que 6, par exemple, dans un nombre, désigne des unités de mille plutôt que des unités simples, ou des millions ou tout autre ordre d'unités ? Nous le ferons à l'aide de la convention suivante : *Pour exprimer les unités du premier ordre, on écrira les chiffres 1, 2, 3, etc., sans les faire suivre d'aucun chiffre, et un chiffre placé à la gauche d'un autre marquera des unités d'un ordre immédiatement supérieur.* D'après cette seule convention on voit que les deux chiffres 64 expriment *six dizaines* et *quatre unités* ou *soixante-quatre;* que dans le nombre 564, le chiffre 4 exprime des *unités simples,* le chiffre 6 exprime des *dizaines* et le chiffre 5 des *centaines.* Le nombre entier est *cinq cent soixante-quatre.*

Au moyen de la convention précédente, nous savons donc exprimer un nombre composé d'*unités simples;* de *dizaines* et d'*unités;* de *centaines,* de *dizaines* et d'*unités;* de *mille,* de *centaines,* de *dizaines* et d'*unités;* enfin, un nombre quelconque tel qu'après les unités de l'ordre le plus élevé il y en a de tous les ordres précédents. Mais que ferions-nous si le contraire avait lieu, c'est-à-dire, si après les dizaines, par exemple, il n'y avait pas d'unités; si après les centaines il n'y avait pas de dizaines et d'unités ? Comment, par exemple, exprimerions-nous trois dizaines ? Nous ne pouvons pas faire suivre le chiffre 3 d'un des neuf autres chiffres, d'un 6, par exemple, car alors nous écririons, *trois dizaines* et *six unités.* Il faut donc trouver le moyen de placer 3 au second rang, sans mettre après lui un des chiffres que nous connaissons déjà; pour cela on a inventé un nouveau chiffre qu'on appelle *zéro* et qu'on écrit ainsi 0, et le nombre trois dizaines ou trente s'écrit 30. Le *zéro n'a donc aucune valeur ; sa fonction est de marquer qu'il n'y a pas d'unités de l'ordre correspondant à la place qu'il occupe et de faire trouver les chiffres qui sont devant lui à la place nécessaire pour qu'ils expriment tel ordre d'unités plutôt que tel autre.* Ainsi, pour écrire *quatre cents,* les centaines étant des unités du troisième ordre, 4 doit se trouver au troisième rang vers la gauche, et, comme il n'y a pas de dizaines et d'unités, on écrit 400 ; pour exprimer *quatre mille,* on écrit 4000 ; pour exprimer *quatre cent six,* nombre qui ne contient que des centaines et des unités, on écrit 406 ; pour exprimer *quatre mille cinq,* on écrit 4005. Ces exemples et ce que nous avons dit suffisent pour faire voir quand et comment on doit employer le zéro.

Il suit de ce qui précède que les chiffres ont en général deux valeurs dans les nombres : l'une, *la valeur absolue,* indépendante de la place qu'ils occupent ; l'autre, *la valeur relative,* dépendant de cette place. Ainsi, dans le dernier nombre énoncé, la valeur absolue du chiffre 4 est *quatre,* sa valeur relative est *quatre mille.* Remarquons encore que sur les dix chiffres employés, neuf expriment ou l'unité ou des collections d'unités : on leur a donné pour cela le nom de chiffres *significatifs,* par opposition au zéro qui n'exprime point d'unité.

13. Ce que nous avons dit jusqu'ici renferme tout notre système de numération : les arithméticiens appellent *numération parlée* celle qui se fait au moyen des mots ; et *numération écrite,* celle qui se fait avec les chiffres. Maintenant, *est-il bien vrai qu'avec ce système on puisse exprimer tous les nombres possibles ?*

Pour peu qu'on réfléchisse à cette question, on verra que la réponse doit être affirmative. En effet, quelque grand que soit le nombre à exprimer, on peut, par la pensée, réunir les unités en groupe de dix unités ; cela fait, ou bien on trouvera un nombre exact de fois dix, ou bien on trouvera quelques unités de plus, mais pas plus de *neuf ;* dans le premier cas il sera vrai de dire qu'après avoir pris *dix* unités simples dans ce nombre aussi souvent que possible, il n'en reste plus, et alors on écrira un zéro ; dans le second cas, il en restera *une,* ou *deux,* ou *trois,* ou... *neuf,* et l'on écrira le chiffre correspondant à ce nombre ; maintenant on n'a plus que des groupes de dix unités ou des unités du second ordre : réunissons ces unités du second ordre en groupe de dix, nous formerons des centaines ou des unités du troisième ordre ; et ici, comme précédemment, ou bien nous trouverons un nombre exact de centaines et alors nous écrirons un zéro devant le chiffre déjà posé, ou bien nous trouverons qu'il reste quelques dizaines après qu'on a retranché toutes les centaines, et alors nous écrirons le chiffre qui marque combien il en reste. Nous n'avons plus maintenant que des centaines ou des unités du troisième ordre : en les réunissant en groupes de dix centaines nous formerons des unités du quatrième ordre ou des mille, et, pour les raisons déjà données, nous écrirons devant les deux premiers chiffres déjà écrits, un zéro ou un autre chiffre, suivant que nous trouverons un nombre exact de mille, ou qu'il restera quelques centaines. Réunissant ensuite les unités du quatrième ordre ou les mille en groupes de dix, nous formerons des unités du cinquième ordre, et nous continuerons toujours de même. Cela posé, on voit que les unités que nous formons ainsi sont dix fois plus grandes que celles que nous avons formées immmédiatement auparavant, et par conséquent que nous devons en avoir au plus dix fois moins ; on conçoit donc qu'en continuant toujours ainsi, nous parviendrons à former des unités d'un ordre si élevé, et par conséquent si grandes, qu'il n'y en aura pas dix de cette espèce dans le nombre qu'il fallait exprimer. Supposons qu'il n'y en ait que 7, par exemple, alors nous ne pourrons plus former une unité d'un ordre supérieur ; mais nous écrirons le chiffre 7 devant les chiffres déjà posés, et le nombre sera écrit. On arrivera même à conclure de ce raisonnement que *ce nombre ne peut s'écrire que d'une seule manière.*

14. Revenons maintenant à notre système de numération. Les unités des différents ordres sont :

1° Unités simples ;	7° Unités de millions ;
2° Dizaines d'unités ;	8° Dizaines de millions ;
3° Centaines d'unités ;	9° Centaines de millions ;
4° Unités de mille ;	10° Unités de billions ;
5° Dizaines de mille ;	Etc., etc....
6° Centaines de mille ;	

Pour peu qu'on examine la composition de ces différents noms donnés aux diverses unités composées qu'ils désignent, il sera facile de voir qu'en prenant les trois premiers ordres on pourrait en faire une classe qu'on appellerait la *classe des unités* (on dit ordinairement, la *tranche des unités*). Les trois ordres suivants pourraient former une seconde classe qu'on appellerait la *tranche des mille;* les trois suivants formeraient la *tranche des millions;* les suivants, la *tranche des billions,* etc., etc., et dans chaque tranche nous aurions des centaines, des dizaines et des unités. Cette remarque va nous fournir un moyen simple d'énoncer un nombre.

Soit, en effet, proposé d'énoncer le nombre 3578754872. Le premier chiffre étant au dixième rang marque des unités du dixième ordre, c'est-à-dire des billions. Nous pourrions donc énoncer comme il suit le nombre proposé : *trois billions, cinq cent millions, septante millions, huit millions, sept cent mille, cinquante mille, quatre mille, huit cents unités, septante unités, deux unités.* Mais, si nous divisons le nombre en tranche de trois chiffres, en commençant par la droite, nous aurons 3,578,754,872. Or, d'après ce que nous avons dit, la première tranche 872 exprime des unités et se prononce *huit cent septante-deux;* la seconde 754 exprime des mille, et rien n'empêche que nous ne l'énoncions comme si elle exprimait des unités, en en faisant suivre l'énoncé du mot *mille.* La troisième 578 pourra s'énoncer de la même manière, en en faisant suivre l'énoncé du mot *millions.* La quatrième, qui ne renferme qu'un chiffre, exprime des billions, et s'énoncera *trois billions.* Ainsi, l'énoncé de tout le nombre sera : *huit cent septante-deux unités, sept cent cinquante-quatre mille, cinq cent septante-huit millions, trois billions.* C'est, en effet, ainsi qu'on énonce un nombre, avec cette différence seulement qu'au lieu de commencer par les plus faibles unités, on commence par les plus fortes. Ainsi, pour énoncer le nombre précédent, on dira *trois billions, cinq cent septante-huit millions, sept cent cinquante-quatre mille, huit cent septante-deux unités.* De là, nous pouvons conclure cette règle générale : *Pour énoncer un nombre écrit, partagez-le en tranches de trois chiffres chacune, en commençant par la droite, de sorte que la dernière tranche à gauche peut n'en avoir qu'un ou deux; énoncez ensuite chaque tranche comme si elle était seule, en lui donnant le nom qui lui convient, eu égard à la place qu'elle occupe.*

15. S'il s'agissait d'écrire un nombre dicté, on y parviendrait facilement en observant qu'il est dicté absolument de la même manière dont on le lirait s'il était écrit. Soit proposé, par exemple, d'écrire le nombre *soixante-cinq millions, six cent vingt-cinq mille, trois cent douze unités* : on écrit d'abord la tranche des millions 65, puis celle des mille 625, puis celle des unités 312, et le nombre total est 65625312. Proposons-nous encore d'écrire le nombre *vingt-cinq mille et douze unités* : il faut d'abord écrire la tranche des mille 25, puis celle des unités; or, celle des unités doit avoir trois chiffres, et dans *douze* il n'y a qu'une dizaine et deux unités; il faut donc mettre au rang des centaines le chiffre qui marque qu'il n'y en a pas, c'est-à-dire le zéro, et écrire 25012. On voit ici l'absolue nécessité du zéro : le chiffre 5, exprimant des mille, doit se trouver au quatrième rang vers la gauche; et, si l'on écrivait 2512, il ne se trouverait qu'au troisième rang, et marquerait seulement des centaines. De même le nombre *vingt-trois millions, quinze mille et vingt unités*, s'écrira 23015020. On voit encore ici l'usage et la nécessité du zéro. Enfin, soit proposé d'écrire le nombre *vingt-trois millions et quinze unités* : on sait qu'entre la tranche des millions et celle des unités, il y a la tranche des mille; et puisqu'il n'y a pas de mille dans l'énoncé du nombre, on écrira après la tranche des millions trois zéros, pour tenir la place des mille; la tranche des unités doit d'ailleurs s'écrire 015, et le nombre total est 23000015. En résumant ce que nous venons de dire, on voit que *pour écrire un nombre sous la dictée, il faut écrire chaque tranche à mesure qu'elle est dictée, comme si elle était seule, en observant de donner trois chiffres à toutes celles qui suivent la première, et de mettre trois zéros pour celles qui manqueraient dans l'énoncé du nombre dicté.*

16. Faisons attention ici à une conséquence de notre système de numération. Soit le nombre 6435 : si l'on écrit à sa droite un zéro, il devient 64350. Voyons ce qu'est ce dernier nombre par rapport à l'autre. Dans le premier le chiffre 5 exprime des unités, dans le second il exprime des dizaines : la valeur en est donc devenue dix fois plus grande; dans le premier le chiffre 3 exprime des dizaines, dans le second il exprime des centaines : la valeur en est donc aussi devenue dix fois plus grande; dans le premier le chiffre 4 exprime des centaines, dans le second il exprime des mille : la valeur en est donc encore devenue dix fois plus grande; enfin, dans le premier le chiffre 6 exprime des mille, et dans le second il exprime des dizaines de mille, et par conséquent des unités d'une valeur dix fois plus grande. En mettant un zéro à la suite du nombre 6435, on a donc rendu chacune de ses parties dix fois plus grandes, et par conséquent il est devenu lui-même dix fois plus grand. Comme le raisonnement que nous venons de faire est indépendant de la valeur du nombre 6435, il s'appliquerait à tout autre nombre, on peut donc en conclure que *pour rendre un nombre dix fois plus grand, il suffit d'ajouter un zéro à sa droite; on verrait de même que pour rendre un nombre cent fois, mille fois, dix mille fois, etc., plus grand, il suffit*

d'ajouter deux, trois, quatre, etc., zéros à sa droite. Un raisonne-ment tout-à-fait analogue à celui que nous venons de faire, nous prouverait que *pour rendre un nombre dix fois, cent fois, mille fois, etc., plus petit, il suffirait de retrancher un, deux, trois, etc., zéros sa droite, si la chose était possible.*

Ce qui précède nous donne le moyen d'exprimer tous les nom-bres entiers et aussi les nombres complexes (**7.**), qui s'écrivent abso-lument comme les nombres entiers, en séparant les diverses espèces d'unités qui les composent et en les désignant par les noms qui leur ont été donnés. Mais il nous reste encore à dire quelque chose sur la manière d'exprimer les fractions (**6.**), et par suite les nombres fractionnaires.

17. Une fraction, avons-nous dit, *est l'expression d'une quantité plus petite que l'unité.* Pour rechercher comment nous pourrons par-venir à obtenir cette expression, soit proposé de mesurer une ligne AB avec une autre ligne CD plus grande que AB. Voici le procédé qui se

A_____B présente naturellement : On divise CD en un
C_____D certain nombre de parties égales, et l'on cher-

che combien de fois une de ces parties est contenue dans la ligne AB. Supposons, par exemple, que nous ayons divisé CD en deux parties égales, et qu'une de ces parties soit contenue une fois exactement dans la ligne AB, nous dirons alors que AB est un *deuxième* de l'u-nité; mais si le *deuxième* de CD n'était pas contenu exactement dans la ligne AB, il faudrait diviser autrement CD; supposons qu'on l'eût divisé en trois parties égales, et qu'une de ces parties, qui serait un *troisième* de CD, fût contenue deux fois par exemple dans la ligne AB, nous dirions alors que la ligne AB est les *deux troisièmes* de CD. Que si cette manière de diviser l'unité CD ne réussissait pas à nous donner une partie renfermée un nombre exact de fois dans AB, nous en essaierions une autre. Supposons, par exemple, qu'ayant divisé CD en sept parties égales, une de ces parties, qui est un *septième* de CD, fût contenue exactement quatre fois dans AB, nous dirions que AB est les *quatre septièmes* de CD (*a*).

Ces expressions : *un deuxième, deux troisièmes, quatre septièmes* de l'unité, sont évidemment, dans les différentes suppositions que

_____

(*a*) On voit que pour exprimer une quantité au moyen d'une unité plus grande que cette quan-tité, il faut pouvoir diviser l'unité en parties égales, de telle sorte que l'une d'elles soit conte-nue un nombre exact de fois dans la quantité à mesurer. Nous verrons plus tard, en étudiant la géométrie, que cela n'est pas toujours possible. Dans ce cas, on ne peut pas exprimer exactement la valeur de cette quantité au moyen de l'unité choisie.

nous avons faites, l'expression de AB au moyen de l'unité CD. Remarquons qu'elles sont toutes composées de deux nombres : l'un, auquel on a ajouté la terminaison *ième*, et qui marque en combien de parties on a partagé l'unité CD ; et l'autre, qui fait voir combien il y a de ces parties dans AB. Rien n'empêche que nous ne représentions ces nombres par les chiffres qui leur correspondent. Convenons de les placer l'un au-dessus de l'autre en les séparant par une ligne, de telle sorte que celui qui représente en combien de parties l'unité a été partagée soit au-dessous de l'autre, nous aurons alors $\frac{1}{2}$, $\frac{2}{3}$, $\frac{4}{7}$. Telle est la manière dont on exprime une fraction. Nous dirons donc qu'*une fraction s'exprime par deux nombres séparés par une ligne, dont l'un (celui placé au-dessous de cette ligne et que l'on appelle* dénominateur) *marque en combien de parties l'unité a été partagée, et l'autre (celui placé au-dessus et que l'on appelle* numérateur) *marque combien il y a de ces parties dans la fraction dont il s'agit.* Pour énoncer une fraction, on énonce d'abord le numérateur, puis le dénominateur, en ajoutant à celui-ci la terminaison *ième*. Ainsi, la fraction $\frac{4}{7}$, par exemple, s'énoncera *quatre septièmes*. Remarquons, toutefois, que quand le dénominateur est un des nombres 2, 3, 4, il s'exprime par ces mots : *demi, tiers, quart*. Ainsi, les fractions $\frac{1}{2}$, $\frac{2}{3}$, $\frac{3}{4}$ s'énoncent comme il suit : *un demi, deux tiers, trois quarts*.

Quand on sait exprimer une fraction, rien de plus facile que d'exprimer un *nombre fractionnaire*. Il suit, en effet, de la définition du nombre fractionnaire, que son expression se composera de deux parties, dont l'une exprimera les entiers, et l'autre la fraction renfermée dans ce nombre. Lorsqu'un nombre fractionnaire est écrit en chiffres, ces deux parties sont quelquefois réunies par le signe + que l'on traduit par le mot *plus*, et qui équivaut à la conjonction *et* : ainsi, pour exprimer en chiffres *sept unités et quatre neuvièmes*, on écrit indifféremment $7\frac{4}{9}$ ou $7 + \frac{4}{9}$.

18. *Nota.* — Nous avons appelé *numération* (10.) le moyen employé pour désigner tous les nombres possibles. Le mot *numération* a encore un autre sens moins usité qu'il ne faut pas confondre avec celui-là. Il désigne l'action d'un homme qui forme les différents nombres en ajoutant successivement l'unité à celui qui précède, qui dit, par exemple : *un plus un sont deux, deux plus un sont trois, etc.;* on dit alors qu'il *numère*, qu'il fait une *numération*. On a proposé d'employer le mot *dénumération* pour exprimer l'action d'un homme

qui décompose les nombres en en retranchant successivement une unité, et dit, par exemple : *cinq moins un font quatre, quatre moins un font trois, etc.* Nous aurons lieu de nous convaincre que dans l'arithmétique il y a seulement *numération* et *dénumération,* les différents procédés trouvés pour combiner les nombres étant des moyens abrégés pour faire ces opérations, qui, dans presque tous les cas, seraient d'une longueur excessive.

19. Résumé. — Nous avons, dans ce deuxième chapitre, cherché un moyen d'exprimer les *nombres entiers* d'abord; et, après en avoir rejeté deux, nous nous sommes arrêtés au *système de numération parlée* que nous avons exposé plus haut; puis nous avons simplifié ce langage au moyen des *chiffres,* et nous avons eu la *numération écrite.* Nous avons dit ensuite *comment on énonce un nombre écrit en chiffres,* ou, réciproquement, *comment on écrit en chiffres un nombre énoncé,* et nous avons conclu du système de numération exposé *quels changements éprouve un nombre quand on ajoute à sa droite ou qu'on en retranche un ou plusieurs zéros.* — Le moyen d'exprimer les nombres entiers s'appliquant également aux *nombres complexes,* nous avons passé à l'exposition de celui qu'on emploie ordinairement pour *exprimer, soit par des mots, soit par des chiffres, les fractions et les nombres fractionnaires.* Ces notions sont le fondement de toute l'arithmétique.

CHAPITRE III.

DES OPÉRATIONS DE L'ARITHMÉTIQUE SUR LES NOMBRES ENTIERS.

20. C'est le besoin de résoudre certains problèmes (*a*) qui a fait découvrir les différents procédés qu'emploie l'arithmétique pour combiner les nombres. Nous nous proposerons donc quelques problèmes qui nous conduiront à la découverte de ces procédés, et nous partagerons ce chapitre en trois articles : 1º Dans le premier, nous parlerons des opérations par lesquelles on compose les nombres; 2º dans le second, des opérations par lesquelles on les décompose; 3º dans le troisième, nous exposerons les moyens de vérifier l'exactitude de ces opérations.

(*a*) Un problème est une question à laquelle il faut trouver une réponse.

ARTICLE PREMIER.

Des Opérations par lesquelles on compose les Nombres.

1° DE L'ADDITION.

21. Supposons qu'un homme ayant acheté 36 mètres de toile à un marchand, et 23 mètres à un autre, on veuille savoir combien il en a en tout. Pour le trouver, il suffit évidemment d'ajouter l'un à l'autre les deux nombres 36 et 23. *L'opération par laquelle on réunit ainsi plusieurs nombres pour en trouver un autre contenant à lui seul autant d'unités que ces différents nombres pris ensemble s'appelle* ADDITION, et *le résultat de cette opération s'appelle* SOMME ou TOTAL.

Pour voir comment nous pourrons exécuter cette opération, prenons-en une semblable, mais plus simple. Supposons que les deux nombres à additionner n'aient qu'un chiffre. Soit, par exemple, 5 à ajouter à 6 ; on y parviendra en ajoutant au nombre 6 l'unité aussi souvent qu'elle est contenue dans le nombre 5, c'est-à-dire 5 fois. Nous dirons donc : 6 plus 1 donnent 7, 7 plus 1 donnent 8, 8 plus 1 donnent 9, 9 plus 1 donnent 10, 10 plus 1 donnent 11, et nous trouverons 11 pour la somme cherchée.

Nota. — Remarquons que lorsqu'on est un peu exercé à faire ces additions simples, on trouve tout d'un coup quelle est la somme des deux nombres à additionner; ces additions sont pour ainsi dire toutes faites, et le résultat en est écrit dans la mémoire de celui qui en a déjà fait un certain nombre.

Si les nombres à additionner étaient plus grands, s'il fallait, par exemple, au nombre 253 ajouter 325, on pourrait encore ajouter successivement à 253 autant d'unités qu'il y en a dans 325; mais le calcul serait ici fort long. Cherchons à le ramener à ces additions simples dont nous venons de parler. La chose sera bien facile; il suffira, en effet, pour cela, d'ajouter les *unités* du second nombre aux *unités* du premier, les *dizaines* aux *dizaines*, et les *centaines* aux *centaines* : ces additions rentrent dans celles que nous venons d'apprendre à faire. En réunissant ensuite les sommes partielles des *centaines*, des *dizaines* et des *unités*, on aura évidemment un nombre qui sera la somme des deux premiers.

On voit facilement que si l'on avait plus de deux nombres, par exemple, 234, 322, 431, à ajouter ensemble, on pourrait suivre la même marche. Voici comment ordinairement on dispose l'opération :

On écrit au-dessous les uns des autres les nombres à additionner, de manière que les unités du même ordre soient
dans une même colonne verticale, puis on fait la somme
des nombres compris dans chaque colonne, et, si cette
somme n'est pas au-dessus de 9 (comme dans l'exemple
que nous avons choisi), on l'écrit sous la colonne qui l'a
donnée.

$$\begin{array}{r} 234 \\ 322 \\ 431 \\ \hline 987 \end{array}$$

Dans l'exemple précédent, la somme des nombres compris dans
chaque colonne verticale ne s'est pas élevée au-dessus de 9. S'il en
était autrement, si, par exemple, la somme donnée par la colonne
des unités était 27, alors elle se décomposerait en deux parties : 7
unités que l'on écrirait au-dessous de la colonne des unités, et 2
dizaines qu'on devrait évidemment ajouter avec les dizaines de la
colonne suivante. Supposons encore que la somme de la colonne des
dizaines fût 39 ; cette somme se décomposerait encore en deux parties : 9 dizaines que l'on écrirait sous la colonne des dizaines, et 3
centaines que l'on ajouterait à la somme de la colonne suivante, et
ainsi de suite. Soit, par exemple, proposé d'ajouter les nombres suivants : 3537, 4290, 5307, 953. Après avoir disposé l'opération
comme dans le cas précédent, on fait la somme de la colonne des unités : cette somme est 17 ; on écrit seulement
les 7 unités et l'on ajoute une dizaine à la colonne suivante ; la somme de cette colonne, augmentée d'une dizaine,
est 18 ; on écrit seulement les 8 dizaines, et on retient une
centaine pour l'ajouter à la colonne des centaines ; la somme
de cette colonne, ainsi augmentée d'une centaine, est 20

$$\begin{array}{r} 3537 \\ 4290 \\ 5307 \\ 953 \\ \hline 14087 \end{array}$$

centaines, c'est-à-dire 2 mille et point de centaines ; on écrit un
zéro au-dessous de cette colonne, et on retient les 2 mille que l'on
ajoute à la colonne suivante ; enfin la somme de cette colonne, augmentée de 2 mille, est 14 mille que l'on écrit au-dessous.

Ces exemples suffisent pour indiquer comment on se conduirait
dans tous les autres cas.

Si, avant de faire une addition, on était sûr que la somme de
chaque colonne ne doit pas être plus forte que 9, on pourrait indifféremment commencer l'addition par la droite, ou par la gauche,
ou même par le milieu. Mais il y aurait de l'inconvénient à procéder
ainsi quand les sommes partielles doivent surpasser 9 : car alors,
le chiffre qu'on doit écrire au-dessous de chaque colonne dépendant de ceux qui sont dans les colonnes placées à la droite, on ne

peut le connaître avant d'avoir fait la somme de ces colonnes; par conséquent c'est par la droite qu'il faut commencer l'addition.

En récapitulant ce que nous avons dit jusqu'ici, on peut en déduire le procédé suivant : *Pour faire une addition quelconque de nombres entiers, écrivez les nombres à additionner les uns au-dessous des autres, de manière que les unités du même ordre soient dans une même colonne verticale, et soulignez le tout. Faites ensuite la somme des nombres contenus dans chaque colonne, en commençant par celle des unités. Si cette somme ne surpasse pas 9, écrivez-la au-dessous de la colonne qui l'a produite; mais si elle surpasse 9, écrivez seulement les unités qu'elle renferme et retenez les dizaines pour les joindre à la colonne suivante, sur laquelle vous opérerez de la même manière. Continuez ainsi jusqu'à la dernière colonne, au-dessous de laquelle vous écrirez la somme telle que vous l'aurez trouvée.*

22. *Nota.* — On peut voir, par ce qui précède, que l'addition n'est, comme nous l'avons dit plus haut, qu'un moyen abrégé de faire la numération. Une *addition* est donc une *numération*, en prenant ce mot dans le sens expliqué n° 18.

2° DE LA MULTIPLICATION.

23. Il arrive quelquefois que les nombres qu'il faut ajouter les uns aux autres sont égaux; soit, par exemple, proposé le problème suivant : *On a acheté 47 mètres de drap, à raison de 145 francs le mètre; combien faut-il payer pour cet achat?* Il est évident qu'on trouverait la réponse à cette question en répétant 47 fois le nombre 145 francs, c'est-à-dire en faisant l'addition de 47 nombres tous égaux à 145.

Les additions de ce genre prennent un nom particulier : on les appelle MULTIPLICATIONS. Nous allons voir bientôt comment on peut les faire plus simplement que par le procédé donné plus haut (21.). Mais auparavant convenons d'appeler *multiplicande* le nombre qui doit être ajouté un certain nombre de fois à lui-même; *multiplicateur*, celui qui exprime combien on doit le prendre de fois; et *produit*, le résultat de l'opération. La multiplication peut alors se définir : *Une opération par laquelle étant donné deux nombres, l'un appelé multiplicande et l'autre multiplicateur, on en cherche un troisième, appelé produit, qui contient le premier autant de fois qu'il y a d'unités dans le second.* Observons que le multiplicande et le multiplicateur prennent aussi le nom de *facteurs* du produit.

24. D'après ces définitions, lorsque le multiplicateur sera, un nombre entier, le produit contiendra le multiplicande un nombre entier de fois exactement. Pour exprimer cette idée, on dit que le produit est un *multiple* du multiplicande, et que le multiplicande est un *sous-multiple* du produit. En général, *un nombre est dit multiple* ou *sous-multiple d'un autre, suivant qu'il contient cet autre nombre ou qu'il y est contenu un nombre entier de fois exactement.* Ainsi 18 est un multiple de 6 ; 6 est un sous-multiple de 18.

Avant de passer à la recherche des moyens que nous emploierons pour faire la multiplication, examinons quelques conséquences des notions qui précèdent.

25. Et d'abord, le produit, n'étant que le multiplicande répété un certain nombre de fois, doit être évidemment composé d'unités de même espèce que ce multiplicande ; ainsi, dans l'exemple que nous nous sommes proposé (23.), le produit sera un certain nombre de francs. Quant au multiplicateur, il indique combien de fois le multiplicande doit être répété ; il doit donc être considéré comme un nombre abstrait. Ainsi, dans le même exemple, 145 francs doivent être multipliés par 47, et non pas par 47 mètres, ce qui, d'ailleurs, n'aurait aucun sens. Notons donc que dans une multiplication le *produit est toujours de même espèce que le multiplicande, et que le multiplicateur doit être considéré comme un nombre abstrait.*

26. De notions établies précédemment, il suit encore :

1° *Que si l'on rend le* multiplicande *2 fois, 3 fois, et en général un certain nombre de fois plus grand ou plus petit, le produit devient le même nombre de fois plus grand ou plus petit.*

2° *Que si l'on rend le* multiplicateur *2 fois, 3 fois, et en général un certain nombre de fois plus grand ou plus petit, le produit devient encore le même nombre de fois plus grand ou plus petit.*

3° Mais si l'on rendait le multiplicande et le multiplicateur un certain nombre de fois plus grands, 2 fois, par exemple, que deviendrait le produit ? La réponse est facile à trouver. En effet, en rendant le multiplicande 2 fois plus grand, le produit est d'abord devenu 2 fois plus grand ; en rendant le multiplicateur 2 fois plus grand, le produit est encore devenu 2 fois plus grand ; il est donc devenu 2 fois 2 fois plus grand, c'est-à-dire 4 fois plus grand. De même, si le multiplicande et le multiplicateur devenaient 3 fois plus grands, le produit deviendrait 3 fois 3 fois plus grand, c'est-à-dire 9 fois plus grand ; si le multiplicande et le multiplicateur devenaient 5 fois plus grands, le produit deviendrait 5 fois 5 fois

plus grand, c'est-à-dire 25 fois plus grand. On voit, au contraire,
que si les deux facteurs eussent été rendus 2 fois, 3 fois, 5 fois, etc.,
plus petits, le produit serait devenu 4 fois, 9 fois, 25 fois, etc., plus
petit; et l'on peut établir, en général, que *si l'on rend à la fois le multiplicande et le multiplicateur un certain nombre de fois plus grands
ou plus petits, le produit devient un nombre de fois plus grand ou
plus petit, exprimé par le* carré (a) *du nombre qui exprime combien
de fois on a rendu les facteurs plus grands ou plus petits.*

4° *Si l'on rendait le multiplicande 2 fois plus grand et le multiplicateur 2 fois plus petit, ou réciproquement, le produit ne changerait
pas :* car la première opération ayant pour but de rendre le produit
2 fois plus grand, et la seconde, de le rendre 2 fois plus petit, ces
deux effets se détruisent. En général, *on peut, sans changer le produit, rendre l'un des facteurs un certain nombre de fois plus grand,
pourvu qu'on rende l'autre facteur le même nombre de fois plus petit.*

27. Voyons maintenant comment nous pourrons nous y prendre
pour faire la multiplication. D'abord, puisque la multiplication n'est
qu'une addition dans laquelle tous les nombres à ajouter sont égaux,
nous pourrions écrire le multiplicande autant de fois qu'il y a d'unités dans le multiplicateur et faire l'addition comme à l'ordinaire;
mais ce procédé entraîne dans des longueurs d'autant plus considérables, que les facteurs (et surtout le multiplicateur), sont plus
grands. Quel travail, par exemple, pour multiplier de cette manière 3647 par 5976! Or, ce sont ces longueurs qu'il faut chercher
à éviter. Pour y parvenir, proposons-nous divers cas de multiplication, en commençant par les plus simples.

28. PREMIER CAS. Supposons donc, premièrement, que
nous ayons *un nombre d'un chiffre à multiplier par un
nombre d'un chiffre :* 6, par exemple, à multiplier par 5.
Nous pouvons encore ici, pour avoir le produit, écrire 6
cinq fois dans une colonne verticale et faire l'addition;
c'est même le seul moyen qui se présente et que nous puis-
sions employer d'abord; il ne peut, du reste, donner lieu
à des longueurs considérables.

$$
\begin{array}{r}
6 \\
6 \\
6 \\
6 \\
6 \\
\hline
30
\end{array}
$$

Nota. — Remarquons que le nombre des multiplications à faire
avec des facteurs d'un seul chiffre étant assez restreint, quand on

---

(a) Nous appelons *carré* d'un nombre, le produit de ce nombre par lui-même : ainsi, 4 est le
carré de 2; 9 est celui de 3; 25, celui de 5.

s'est un peu exercé à faire ces multiplications, les différents produits que l'on peut obtenir se gravent dans la mémoire et se présentent à l'esprit dès qu'on en a besoin. On se trouve ainsi bientôt dispensé de faire l'addition dont nous avons parlé. De plus, on a dressé des tableaux connus sous les noms de *Tables de Multiplication* ou de *Tables de Pythagore*, dans lesquels ces produits se trouvent tout faits; de sorte que, pour trouver le résultat d'une opération à effectuer, il suffit de jeter les yeux sur une table de Pythagore. On doit donc l'apprendre parfaitement si l'on veut calculer avec facilité (a).

29. DEUXIÈME CAS. Supposons maintenant que nous ayons *un nombre de plusieurs chiffres à multiplier par un nombre d'un seul chiffre* : 322, par exemple, à multiplier par 3. Il est évident que si nous multipliions successivement les unités, les dizaines et les centaines par 3, en ajoutant les résultats de ces multiplications par-tielles, nous aurions le produit que nous cherchons. Or, chacune de ces multiplications rentre dans le premier cas, puisque nous avons dans chacune à multiplier un nombre d'un seul chiffre par un nombre d'un seul chiffre. Le second cas rentre donc dans le premier.

$$\begin{array}{r} 322 \\ 3 \\ \hline 966 \end{array}$$

Dans l'exemple choisi, le résultat de chaque multiplication par-tielle n'a pas été au-dessus de 9; on conçoit facilement comment il faudrait faire s'il en était autrement. Supposons, par exemple,

(a) Voici la table de Pythagore. La plus légère attention donnée aux nom-bres qui la composent et à la manière dont ils sont disposés indiquera le moyen de s'en servir.

1	2	3	4	5	6	7	8	9
2	4	6	8	10	12	14	16	18
3	6	9	12	15	18	21	24	27
4	8	12	16	20	24	28	32	36
5	10	15	20	25	30	35	40	45
6	12	18	24	30	36	42	48	54
7	14	21	28	35	42	49	56	63
8	16	24	32	40	48	56	64	72
9	18	27	36	45	54	63	72	81

qu'on eût 379 à multiplier par 6. D'abord, en multipliant les 9 unités par 6, on trouve 54 unités, c'est-à-dire 5 dizaines et
4 unités ; on n'écrit que les 4 unités et l'on retient les 5
dizaines pour les ajouter avec celles que produira la multiplication suivante. On multiplie ensuite les 7 dizaines par 6 :
le produit est 42 dizaines, qui, réunies avec les 5 dizaines
précédemment retenues, font 47 dizaines, c'est-à-dire 4 centaines
et 7 dizaines ; on écrit les 7 dizaines et l'on retient les 4 centaines ;
on multiplie, enfin, 3 centaines par 6 : le produit est 18 centaines,
qui, augmentées des 4 centaines retenues, font 22 centaines que
l'on écrit. En généralisant ce que nous venons de dire pour un cas
particulier, on établirait pour toutes les multiplications qui rentrent dans le deuxième cas la règle suivante :

$$\begin{array}{r} 379 \\ 6 \\ \hline 2274 \end{array}$$

*Pour multiplier un nombre composé de plusieurs chiffres par un
nombre d'un seul chiffre, placez le multiplicateur sous les unités du
multiplicande, tirez un trait au-dessous de ces nombres ; multipliez
ensuite successivement, en commençant par la droite, les unités de
chaque ordre du multiplicande par le multiplicateur, écrivez le
produit tout entier quand il ne surpasse pas 9 ; mais s'il renferme
des dizaines, retenez-les pour les joindre au produit suivant, et
continuez ainsi jusqu'au dernier chiffre du multiplicande, dont vous
écrirez le produit tel que vous l'avez trouvé.*

Jusqu'ici nous avons appris à multiplier un nombre entier quelconque par un multiplicateur qui ne surpasse pas 9. Voyons ce qu'il
faudrait faire s'il en était autrement.

30. TROISIÈME CAS. Le troisième cas est celui où l'on doit *multiplier un nombre quelconque par l'unité suivie d'un ou plusieurs zéros,*
c'est-à-dire par 10, 100, 1000, etc. La multiplication, dans ce cas,
est très-facile, car nous avons vu (16.) qu'une conséquence de notre
système de numération, c'est que, pour multiplier un nombre par 10,
100, 1000, etc., il suffit d'ajouter à la droite 1, 2, 3, etc., zéros.
Ainsi, *pour multiplier un nombre par l'unité suivie d'un ou plusieurs
zéros, il suffit d'ajouter à la suite de ce nombre autant de zéros qu'il
y en a dans le multiplicateur.* Par exemple, 357 multiplié par 100
donne 35700.

31. QUATRIÈME CAS. Le quatrième cas est celui où il faut *multiplier un nombre par un chiffre significatif* (12.) *suivi d'un ou plusieurs zéros.* Supposons, par exemple, qu'il faille multiplier 357
par 400. Cette multiplication se ramènera facilement aux cas pré-

cédents; car, si au lieu de multiplier par 400, nous multipliions par 4 seulement (opération que nous savons faire, et qui rentre dans le deuxième cas), nous prendrions un multiplicateur 100 fois trop faible, et, par conséquent, le produit obtenu serait 100 fois trop faible (26.); pour avoir le véritable produit, il faudrait donc le multiplier par 100 (ce qui rentre dans le troisième cas), c'est-à-dire ajouter 2 zéros. Le produit que nous obtiendrons ainsi sera 142800. On verrait de même que, pour multiplier par 50, il faut multiplier par 5 et ajouter 1 zéro; pour multiplier par 7000, il faut multiplier par 7 et ajouter 3 zéros; et, en général, *pour multiplier un nombre par un chiffre significatif suivi de zéros, il faut le multiplier par ce chiffre significatif et ajouter à la suite du produit autant de zéros qu'il y en a dans le multiplicateur.*

32. Cinquième cas. Enfin, le cas le plus compliqué que l'on puisse se proposer est celui où il s'agit de *multiplier un nombre de plusieurs chiffres par un nombre de plusieurs chiffres*, par exemple, 3472 par 7643. Nous saurons encore faire cette multiplication si nous pouvons la ramener aux cas précédents. Or, multiplier 3472 par 7643, c'est le prendre 3 fois, plus 40 fois, plus 600 fois, plus 7000 fois, c'est-à-dire le multiplier par 3, par 40, par 600, par 7000, et réunir les produits. Mais nous savons faire ces multiplications, car la première rentre dans le deuxième cas, et les trois autres dans le quatrième.

```
  3472
  7643
-------
 10416
138880
2083200
24304000
--------
26536496

  3472
  7643
-------
 10416
 13888
 20832
 24304
-------
26536496
```

Les différents produits de 3472 par 3, par 40, par 600 et par 7000, sont 10416, 138880, 2083200, 24304000. En réunissant ces produits, on trouve 26536496 pour le résultat de la multiplication proposée. (Voir dans le calcul ci-à côté comment on dispose l'opération.)

Remarquons qu'il est inutile d'ajouter un zéro à la suite du second produit partiel obtenu par la multiplication de 3472 par 4 dizaines, et qu'il suffit, en disposant les nombres pour l'addition, de placer le premier chiffre trouvé dans ce produit sous les dizaines du premier produit; de même, on peut se dispenser d'ajouter deux zéros à la suite du produit de 3472 par 6 centaines, et trois zéros à la suite du produit de ce même nombre par 7 mille; il suffit évidemment de placer le premier chiffre du produit par 6 au rang des centaines, et le premier chiffre du produit par 7 au rang des mille. C'est ce que l'on fait ordinairement, et alors l'opération prend la deuxième forme que nous lui avons donnée.

Le procédé que nous venons de suivre pour multiplier les deux nombres proposés pouvant s'appliquer à tous les cas semblables, nous pouvons généraliser et établir la règle suivante :

Pour multiplier deux nombres quelconques l'un par l'autre, écrivez le multiplicande au-dessus du multiplicateur ; faites ensuite et successivement les produits du multiplicande par les divers ordres d'unités du multiplicateur, en ayant soin de placer le premier chiffre de chaque produit partiel sous les unités de l'ordre auquel appartient le chiffre du multiplicateur qui a donné ce produit. Enfin, faites la somme de tous les produits partiels, et cette somme sera le produit cherché.

33. *Nota.* — Ce que nous avons dit plus haut (31.) du cas où le multiplicateur est composé d'un chiffre significatif suivi d'un ou plusieurs zéros peut évidemment s'appliquer au cas où, au lieu d'un seul chiffre significatif, il y en aurait plusieurs. Ainsi, pour multiplier par 397000, on pourra multiplier par 397, en négligeant les zéros du multiplicateur, pourvu qu'on les ajoute à la suite du produit. Il est encore facile de voir que, si le multiplicande était terminé par des zéros, on pourrait les négliger dans la multiplication, pourvu qu'on les ajoutât à la suite du produit ; ainsi, pour multiplier 397000 par 6, on multiplie 397 seulement, ce qui donne 2382, et, ajoutant 3 zéros, on a 2382000 pour le produit cherché. En général, on peut voir que *si le multiplicande et le multiplicateur, ou l'un d'eux seulement, sont terminés par des zéros, on peut les supprimer dans la multiplication, pourvu qu'on en ajoute au produit autant qu'on en a supprimé dans les deux facteurs.* La raison de tout cela est trop évidente, et se déduit trop facilement de ce que nous avons dit (16 et 26.), pour que nous nous y arrêtions plus longtemps.

Avant de passer plus loin, il est bon de s'exercer sur quelques exemples : ainsi, on trouvera que 5704×487 (a) donne 277848 — 9723×547 donne 5318481 — 870497×500407 donne 435602792279 — 87468×5847 donne 511425396.

34. Nous allons, avant de passer plus loin, nous proposer une question qui nous conduira à quelques remarques utiles (b).

(a) Le signe $\times$ s'emploie pour abréger et signifie *multiplié par*.

(b) On pourrait, dans une première lecture, passer ce qui suit, jusqu'au n. 40. Il suffit, pour l'intelligence de ce qui viendra après, de remarquer la définition que renferme le n. 34 de ces

Supposons qu'un homme ayant 4 francs dans sa bourse, un second en ait 3 fois autant que le premier, un troisième 5 fois autant que le second, et qu'on demande combien en a ce dernier? Il est évident que, pour trouver la réponse à cette question, il faut multiplier 4 francs par 3, ce qui fait 12 francs; et 12 francs par 5, ce qui donne 60 francs. Nous dirons donc que 60 est le produit des trois nombres 4, 3, 5, convenant d'appeler *produit de plusieurs nombres le produit que l'on obtient en multipliant le premier par le deuxième, puis le produit de cette multiplication par le troisième, puis le produit de cette nouvelle multiplication par le quatrième, et ainsi de suite, jusqu'au dernier.* (Retenons bien cette définition des mots *produit de plusieurs nombres*).

On voit, d'après cela, que pour obtenir le produit des nombres 2, 3, 4, 5, 6, il faut dire : 3 fois 2 font 6; 4 fois 6 font 24; 5 fois 24 font 120; 6 fois 120 font 720.

35. Maintenant reprenons la multiplication des nombres 4, 3, 5. D'après la définition donnée plus haut, il faut, pour faire le produit demandé, multiplier 4 par 3, ce qui donne 12; puis répéter 5 fois le nombre 12, ce qui donne 60. Mais il est évident qu'au lieu de répéter 5 fois le nombre 12, on peut répéter 5 fois les 3 fois 4 dont 12 est composé. Alors, au lieu de la première colonne du calcul que l'on voit ci-à côté, on aurait la seconde colonne qui renferme 5 fois 3 fois 4, ou 15 fois 4 : donc, dans ce cas particulier, c'est la même chose de multiplier 4 par 3, et le produit 12 par 5, ou de multiplier 4 par le produit de 3 fois 5, c'est-à-dire par 15. Or, le raisonnement précédent peut s'appliquer à tous les autres nombres. Si nous avions, par exemple, à faire le produit des nombres 8, 2, 3, nous pourrions, au lieu de multiplier 8 par 2, et leur produit par 3, multiplier 8 par 6, c'est-à-dire par le produit de 2 multiplié par 3. Nous pouvons donc conclure généralement :

```
12....,..4
         4
         4
12.....4
         4
         4
12.....4
         4
         4
12.....4
         4
         4
12.....4
         4
         4
  ————
60...60
```

PREMIÈRE PROPOSITION. — *Multiplier un nombre par 2 autres revient au même que de le multiplier par leur produit.* (Retenons bien cette proposition).

Maintenant supposons que nous ayons à faire le produit des nombres 3, 4, 5, 6. D'après la définition des mots *produit de plusieurs nombres*, il faut multiplier 3 par 4, le produit par 5, et le nouveau produit par 6, c'est-à-dire effectuer les opérations indiquées par cette première ligne. . . . . $3 \times 4 \times 5 \times 6$

Or, d'après la proposition ci-dessus notée, au lieu de multiplier 3 par 4, et le produit par 5, on peut multiplier 3 par 20. La première ligne peut donc se remplacer par la suivante. . . . . $3 \times 20 \times 6$

mots, *produit de plusieurs nombres*, et de regarder comme accordées ces deux propositions : 1. *Multiplier un nombre par plusieurs autres revient à le multiplier par leur produit*; 2. *le produit de plusieurs nombres abstraits ne change pas, dans quelque ordre qu'on fasse la multiplication.*

Maintenant, d'après la même proposition, au lieu
de multiplier 3 par 20, et le produit par 6, on peut
multiplier 3 par le produit de 20 par 6; la deuxième
ligne peut donc se remplacer par celle-ci. . . . . . . 3×120

Or, la troisième ligne revient à la deuxième; la deuxième, à la première :
la troisième est donc la même chose que la première. Donc, au lieu de multiplier 3 par les nombres 4, 5, 6, on peut le multiplier par leur produit 120.

Le raisonnement précédent pouvant s'appliquer à tous les autres nombres, on peut conclure que :

DEUXIÈME PROPOSITION. — *Multiplier un nombre par 3 autres revient à le
multiplier par leur produit.* (Notons cette proposition).

Supposons encore qu'on ait à faire le produit des cinq nombres 3, 2, 7,
6, 5, on aurait la première ligne. . . . . $3 \times 2 \times 7 \times 6 \times 5$
Il faudrait donc commencer par multiplier 3 par le
nombre 2, le produit par 7, et le produit par 6; mais,
au lieu de faire ces trois multiplications, on peut, en
vertu de la deuxième proposition, multiplier 3 par
le produit 84 des nombres 2, 7, 6. On peut donc
remplacer la première ligne par celle-ci. . . . . . . $3 \times 84 \times 5$
Mais, d'après la première proposition, on peut, au lieu
des nombres 84 $\times$ 5, substituer leur produit; en le
faisant, on aura cette troisième ligne. . . . . 3×420

La troisième ligne revient à la première, et 420 est le produit des nombres 2, 7, 6, 5. Donc, on peut conclure, en remarquant encore que le raisonnement est indépendant de la valeur des nombres employés, que :

TROISIÈME PROPOSITION. — *Multiplier un nombre par 4 autres revient à le
multiplier par leur produit.*

On démontrerait absolument de la même manière que, généralement,
*multiplier un nombre par 5, 6, 7, etc., et, en général, par plusieurs autres,
revient à le multiplier par leur produit.* (Retenons bien cette proposition).

36. Les propositions réciproques de celles-ci sont évidentes, c'est-à-dire
*qu'au lieu de multiplier un nombre par le produit de plusieurs autres, on peut
le multiplier par tous ces autres.* Ainsi, au lieu de multiplier 3 par 20, par
exemple, qui est le produit de 5 par 4, on peut le multiplier par 5 d'abord,
et ensuite multiplier par 4 le produit de cette première multiplication. De
même, au lieu de multiplier 5 par 60, qui est le produit des nombres 3, 4,
5, on peut le multiplier par les nombres 3, 4, 5.

Nota. — Nous avons appelé *facteurs* d'un produit de deux nombres, les
deux nombres qui, multipliés entre eux, forment ce produit. Nous appellerons de même *facteurs* d'un produit, en général, tous les nombres qui,
multipliés entre eux, donnent ce produit; aussi nous dirons que 3, 4, 6,
sont facteurs de 72; 5, 6, 7, 8, sont facteurs de 1680.

37. Une conséquence immédiate des propositions énoncées ci-dessus, c'est
*qu'au lieu de multiplier un nombre par plusieurs autres, on peut le multiplier
par les facteurs dont ils sont le produit.* Si l'on a, par exemple, $2 \times 30 \times 15
\times 18$: comme 30 peut être considéré comme le produit de 5 par 6; 15,

celui de 3 par 5; 18, celui de 2 multiplié 2 fois par 3, on pourra à 30 substituer 5×6, à 15 substituer 3×5, enfin à 18 substituer $2 \times 3 \times 3$, et ainsi, au lieu de

$$2 \times 30 \times 15 \times 18,$$

l'on aura

$$2 \times 5 \times 6 \times 3 \times 5 \times 2 \times 3 \times 3.$$

38. En jetant les yeux sur la table de Pythagore, on peut remarquer que le produit de deux nombres, 7 et 5, par exemple, est le même, quel que soit celui que l'on prenne pour multiplicande ou pour multiplicateur. 7 fois 5 donnent 35, et 5 fois 7 donnent également 35; 6 fois 7 font 42, et 7 fois 6 font aussi 42. Or, il est curieux de savoir si cette propriété est particulière aux nombres compris dans la table de Pythagore, ou si elle a lieu pour tous les autres nombres, pour les nombres 13 et 6, par exemple. Pour le découvrir, concevons l'unité répétée 13 fois dans   1, 1, 1, 1, 1, 1, 1, 1, 1, 1, 1, 1, 1, une ligne horizontale, et écrivons cette   1 1 1 1 1 1 1 1 1 1 1 1 1 ligne 6 fois, il est évident que le nom-   1 1 1 1 1 1 1 1 1 1 1 1 1 bre d'unités écrites sera égal au pro-   1 1 1 1 1 1 1 1 1 1 1 1 1 duit de 13 par 6. Mais, en prenant les   1 1 1 1 1 1 1 1 1 1 1 1 1 colonnes verticales, on voit que le nom-   1 1 1 1 1 1 1 1 1 1 1 1 1 bre total d'unités est formé de la répétition de 6 unités pris 13 fois, ou, ce qui est la même chose, est égal au produit de 6 par 13; donc le produit de 13 par 6 est le même que celui de 6 par 13.

Le même raisonnement peut évidemment s'appliquer à tous les autres nombres entiers; on peut donc en conclure généralement que *le produit de deux nombres abstraits entiers ne change pas, quel que soit celui des deux que l'on prenne pour multiplicande ou pour multiplicateur.*

Voici une autre manière de démontrer la même proposition; on pourra prendre celle des deux qui plaira davantage.

D'abord, il est évident que si l'unité était l'un des facteurs de la multiplication, il serait indifférent de la prendre pour multiplicande ou multiplicateur. Ainsi, par exemple, 1×39 et 39×1 donnent évidemment le même produit. Maintenant, si nous multiplions le multiplicande de la première opération et le multiplicateur de la deuxième par un même nombre, 57, par exemple, d'après ce que nous avons vu (26.), les produits deviendront 57 fois plus grands : ils seront donc encore égaux; donc le produit de 57×39 est le même que celui de 39×57. Comme ce raisonnement est, du reste, indépendant des deux nombres pris pour exemple, l'on peut en conclure, comme plus haut, que *le produit de deux nombres, etc.*

Mais en serait-il de même si l'on avait plus de deux facteurs, 3, par exemple? Si l'on avait $2 \times 3 \times 4$, pourrait-on écrire indifféremment : $3 \times 2 \times 4$, ou $4 \times 2 \times 3$, etc.? Avant de répondre à cette question, rappelons la dernière proposition démontrée et une des précédentes.

PREMIÈRE PROPOSITION. — *Multiplier un nombre par plusieurs autres nombres entiers revient à le multiplier par leur produit.*

DEUXIÈME PROPOSITION. — *Le produit de deux nombres entiers abstraits ne change pas, quel que soit celui des deux facteurs que l'on prenne pour multiplicande ou pour multiplicateur.*

Cela posé, soit proposé de faire le produit des trois nombres $3 \times 4 \times 5$

En vertu de la première proposition, au lieu de multiplier 3 par 4, et le produit par 5, on peut multiplier 3 par le produit de 4 par 5; et comme, en vertu de la deuxième proposition, 4×5 est la même chose que 5×4, on peut multiplier 3 par 5×4, ou enfin 3 par 5, et le produit par 4, c'est-à-dire écrire. . . . . $3 \times 5 \times 4$

En vertu de la deuxième proposition, 3×5 est la même chose que 5×3; on peut donc écrire. . . . . $5 \times 3 \times 4$

Et comme à 3×4 on peut substituer leur produit, et que ce produit est égal à 4×3, on peut écrire. . . . . $5 \times 4 \times 3$

En vertu de la deuxième proposition, on peut écrire 4×5, au lieu de 5×4; on aura. . . . . $4 \times 5 \times 3$

Et comme à 5×3 on peut substituer 3×5, on a. . . . $4 \times 3 \times 5$

En résumant ce que nous venons de dire, on voit que tous les produits

$3 \times 4 \times 5$	$3 \times 5 \times 4$
$5 \times 3 \times 4$	$5 \times 4 \times 3$
$4 \times 5 \times 3$	$4 \times 3 \times 5$

sont égaux. Et comme dans ces produits les facteurs 3, 4, 5, sont mis successivement à toutes les places possibles (*a*), on peut en conclure que le produit des trois nombres 3, 4, 5, est le même, quel que soit l'ordre dans lequel on multiplie ces nombres. Le raisonnement que nous faisons étant, d'ailleurs, indépendant des nombres 3, 4, 5, est général; nous pouvons en conclure que *le produit de trois nombres abstraits ne change pas, dans quelque ordre qu'on fasse la multiplication.*

39. On prouverait, par des raisonnements semblables, *que le produit de* 4, 5, 6, *etc., et, en général, de plusieurs nombres abstraits, ne change pas, quel que soit l'ordre dans lequel on fasse la multiplication.* (Voyez la note première à la fin de l'Arithmétique.)

3° DE L'ÉLÉVATION AUX PUISSANCES.

40. Quand tous les facteurs d'un produit sont égaux, le produit prend le nom de *puissance de ces facteurs.* Il en est la seconde puissance, s'il n'y a que deux facteurs; la troisième, s'il y en a trois; la quatrième, s'il y en a quatre, etc. Ainsi, le produit de $7 \times 7 \times 7$

(*a*) On se convaincra que ces produits renferment toutes les combinaisons possibles des trois facteurs, si l'on considère qu'une quelconque de ces combinaisons doit nécessairement commencer par l'un des trois facteurs, et se terminer par une des deux combinaisons que l'on peut faire avec les deux autres. Or, parmi les six combinaisons données des facteurs 3, 4, 5, on trouve évidemment toutes celles que l'on peut faire de cette manière.

sera la troisième puissance de 7. Remarquons qu'on appelle aussi *carré* d'un nombre sa seconde puissance, et *cube* sa troisième puissance.

41. Élever un nombre à une puissance n'est donc autre chose que le multiplier. On pourrait même dire que l'élévation aux puissances est, par rapport à la multiplication ordinaire, ce que celle-ci est par rapport à l'addition, puisqu'une multiplication n'est qu'une addition dans laquelle tous les nombres à ajouter sont égaux, et qu'une élévation à une puissance n'est qu'une ou plusieurs multiplications, dans laquelle les facteurs sont égaux.

Ainsi, *élévation aux puissances, multiplication, addition, numération,* sont une même chose. Toutes les opérations par lesquelles on compose les nombres ne sont donc que la numération, comme nous l'avons déjà dit (18.).

Nota. — On pourrait, en examinant comment se composent les puissances, en déduire des moyens particuliers propres à effectuer ces opérations. Ceux que l'on a trouvés n'abrégent pas le travail; nous ne les donnerons pas ici.

ARTICLE II.

Des Opérations par lesquelles on décompose les Nombres.

1° DE LA SOUSTRACTION.

42. Proposons-nous le problème suivant : *Un homme a acheté 375 mètres de toile, il en a vendu 99, on demande combien il lui en reste.* Il est évident qu'on obtiendra le nombre demandé en retranchant 99 de 375. *L'opération par laquelle on retranche ainsi un nombre d'un autre porte le nom de* SOUSTRACTION, *et le résultat de cette opération s'appelle* RESTE, EXCÈS *ou* DIFFÉRENCE, suivant le but qu'on se propose en la faisant.

43. Pour découvrir le moyen de faire la soustraction, prenons d'abord le cas le plus simple, et supposons qu'il s'agisse de retrancher un nombre d'un chiffre d'un autre nombre exprimé aussi par un seul chiffre. Soit, par exemple, proposé de retrancher 4 de 9. On y parviendra évidemment en retranchant de 9 l'unité aussi souvent qu'elle est contenue dans 4, c'est-à-dire quatre fois; nous dirons donc : 9 moins 1 donne 8, 8 moins 1 donne 7, 7 moins 1 donne 6,

6 moins 1 donne 5; et nous trouverons ainsi que le nombre cherché est 5.

Nota. — Lorsqu'on a fait plusieurs soustractions de ce genre, les résultats s'en gravent dans la mémoire, de sorte qu'après un peu d'exercice, ces soustractions s'opèrent pour ainsi dire d'elles-mêmes à la vue des nombres sur lesquels il faut opérer. Ainsi, l'on verra tout d'un coup que 8 diminué de 5 donne 3, que 9 diminué de 5 donne 4.

Si les nombres qu'il faut soustraire l'un de l'autre étaient plus forts, s'il fallait, par exemple, soustraire 2345 de 6568, nous pourrions encore retrancher successivement 2345 unités de 6568; mais le calcul serait ici fort long. Cherchons à le ramener à ces soustractions simples que nous savons effectuer. Pour cela, remarquons que le nombre 6568 se composant de 8 *unités*, de 6 *dizaines*, de 5 *centaines* et de 6 *mille*, et le nombre 2345 se composant de 5 *unités*, 4 *dizaines*, 3 *centaines* et 2 *mille*, si nous retranchions successivement les 5 unités, les 4 dizaines, les 3 centaines et les 2 mille de ce dernier nombre des 8 unités, des 6 dizaines, des 5 centaines et des 6 mille du premier, nous trouverions un certain nombre d'unités, de dizaines, de centaines et de mille, qui, réunis, seraient précisément le reste de la soustraction à effectuer. Nous parvenons donc ainsi à décomposer une opération très-longue en quatre autres très-simples, qui, comme nous l'avons dit plus haut, s'effectuent pour ainsi dire d'elles-mêmes à la vue des nombres sur lesquels il

$$\begin{array}{r} 6568 \\ 2345 \\ \hline 4223 \end{array}$$

faut opérer. Nous trouvons par ce moyen un reste égal à 3 unités, 2 dizaines, 2 centaines et 4 mille, c'est-à-dire 4223. On peut voir ci-à côté quelle disposition on donne ordinairement à l'opération.

Dans l'exemple que nous avons choisi, aucun chiffre du nombre à soustraire ne surpassait le chiffre de l'ordre correspondant dans le nombre dont on devait le soustraire. Il n'en est pas toujours ainsi, et alors il faut avoir recours à un moyen assez facile à trouver. Voici en quoi il consiste : Supposons qu'on ait à retrancher de 654 le nombre 267. Ici on ne peut pas retrancher les 7 unités du second

$$\begin{array}{r} 654 \\ 267 \\ \hline 387 \end{array}$$

nombre des 4 unités du premier; mais alors on décompose par la pensée les 5 dizaines et 4 unités du premier nombre en 4 dizaines et 14 unités, et c'est de ces 14 unités que l'on retranche les 7 unités du second nombre; puis on écrit le reste 7 unités. Maintenant, comme l'on a déjà pris une des 5 dizaines du premier nombre, il n'en reste que 4; il faut

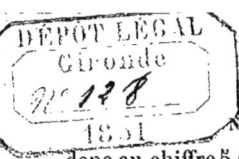

donc au chiffre 5 substituer par la pensée le chiffre 4, et c'est de ces 4 dizaines qu'il faut retrancher les 6 dizaines du second nombre. Ici, la même difficulté se présentant, on a recours au même expédient : on décompose par la pensée les 6 centaines et 4 dizaines en 5 centaines et 14 dizaines; des 14 dizaines on retranche les 6 dizaines du second nombre, et on écrit le reste 8 dizaines. Les 6 centaines ne devant plus compter que pour 5, on en retranche les centaines du second nombre; on écrit le reste 3 centaines, et l'opération est finie. On voit sans peine comment on se conduirait dans tous les cas semblables.

Le procédé que nous venons d'employer consiste, comme on le voit, à prendre sur le chiffre qui suit celui qui se trouve trop faible, une unité pour la convertir en dix unités de l'espèce immédiatement inférieure; mais il arrive quelquefois que ce chiffre est un zéro, et que, par conséquent, on ne peut prendre sur lui aucune unité. Supposons, par exemple, qu'on ait à retrancher de 5004 le

49914
5004
2756
——
2248

nombre 2756; voici comment on procède : ne pouvant retrancher 6 unités de 4 unités, on en prend une de l'ordre représenté par le chiffre 5, c'est ici 1 unité de mille; cette unité est convertie en 10 centaines, on en laisse par la pensée 9 à la place du premier zéro qui suit le chiffre 5, et l'on en retient une. Cette centaine est convertie en 10 dizaines; on en laisse encore par la pensée 9 sur le second zéro; enfin, on en retient une qui, convertie en unités et réunie aux 4 unités, forme 14 unités. Le nombre 5004 se trouve alors décomposé en 4 mille, 9 centaines, 9 dizaines et 14 unités; on retranche 6 unités de 14; on retranche ensuite de 9 les chiffres qui se trouvent au-dessous des zéros, et le dernier chiffre se retranche de 4 mille et non pas de 5. On voit sans peine comment on se conduirait dans tous les cas semblables.

En résumant tout ce que nous venons de dire, voici la règle qui se présente pour faire une soustraction : *Écrivez le nombre à soustraire au-dessous du nombre dont il faut le retrancher, de manière que les unités du même ordre se correspondent, et soulignez le tout; ensuite retranchez dans chaque colonne, en commençant par la droite, le chiffre inférieur de son correspondant dans le nombre supérieur. Si cela n'est pas possible, augmentez de 10 unités le chiffre supérieur, et alors diminuez d'une unité le premier chiffre significatif qui vient après dans le nombre supérieur, ayant soin de compter pour 9 les zéros intermédiaires s'il y en a.*

3

44. *Nota*. — Observons qu'après avoir pris sur un chiffre une unité, au lieu de le diminuer de cette unité, on peut le compter pour ce qu'il vaut, pourvu qu'on augmente d'une unité le chiffre qu'il faut en retrancher. On arrivera, en effet, au même résultat si l'on retranche, par exemple, 5 de 8, ou si, augmentant d'une unité les deux chiffres 5 et 8, on retranche 6 de 9. Cette remarque modifie ainsi le procédé qui précède : *Pour faire une soustraction, après avoir disposé les nombres comme nous l'avons dit plus haut, retranchez chaque chiffre du nombre inférieur de son correspondant dans le nombre supérieur, que vous augmenterez de 10 unités si c'est nécessaire; et, lorsque vous aurez fait cette augmentation, augmentez aussi d'une unité le chiffre du nombre inférieur, qu'il faudra soustraire dans l'opération qui suit immédiatement.* Ce procédé est fondé sur ce que l'on peut, sans rien changer au résultat, augmenter d'une unité le nombre à soustraire et celui dont il faut soustraire, ce qui est évident. Il est encore évident qu'on pourrait augmenter ces deux nombres d'un même nombre d'unités sans rien changer encore au résultat; ainsi, 6 retranché de 9 donne le même reste que 8 retranché de 11. Nous recommandons de faire une attention particulière à cette remarque.

2° DE LA DIVISION.

45. Soit proposé, comme cas particulier de la soustraction, de résoudre le problème suivant :

Un homme ayant acheté pour 24 francs de drap, à raison de 6 francs le mètre, on demande combien de mètres il a achetés. Il est évident qu'autant de fois 6 francs seront contenus dans 24 francs, autant de fois cet homme aura eu de mètres de drap, et que, par conséquent, pour résoudre la question proposée, il faut chercher combien de fois 6 francs sont contenus dans 24 francs, ce que l'on fera en soustrayant 6 francs de 24 francs d'abord, puis du reste que l'on obtient par cette soustraction, puis du second reste, et ainsi de suite, en continuant ces soustractions jusqu'à ce qu'on ait épuisé le nombre 24 francs, et en comptant combien on a fait de soustractions.

Quand on doit effectuer une série de soustractions semblables, on peut abréger le calcul, et l'opération prend alors un nom particulier.

Avant d'exposer les procédés employés pour faire ces abréviations, remarquons que lorsque nous aurons obtenu le résultat demandé (et dans le problème précédent ce résultat est évidemment 4 mètres), il faudra que 6 francs, répétés 4 fois, reproduisent 24 francs ; par conséquent le problème à résoudre peut s'énoncer comme il suit : *Étant donné un produit* 24 *francs et le multiplicande* 6 *francs, trouver le multiplicateur.*

Soit encore à résoudre le problème suivant : *On a acheté 4 mètres de drap pour* 24 *francs, à combien revient chaque mètre?* Ici, évidemment, nous trouverons la réponse à la question proposée en partageant 24 francs en quatre parties égales; et, quand nous aurons fait ce partage, les parties obtenues seront de telle valeur qu'une d'elles étant répétée quatre fois, ou multipliée par 4, reproduira le nombre 24 francs. Le problème proposé peut donc s'énoncer comme il suit : *Étant donné un produit* 24 *francs et le multiplicateur* 4; *trouver le multiplicande.*

46. Enfin ces deux problèmes et tous ceux qui leur ressemblent sont compris dans cet énoncé général : *Étant donné un produit et l'un des facteurs, trouver l'autre facteur.* On a donné le nom de DI-VISION à l'opération par laquelle on résout ce problème. — Nous disons à l'opération, parce que nous verrons bientôt que les deux problèmes compris dans l'énoncé général se résolvent par le même procédé.

47. On voit, par là, que dans la division se trouvent essentiellement trois nombres : le produit à décomposer, le facteur connu et le facteur que l'on cherche. Ces trois nombres ont reçu des noms particuliers : le produit à décomposer s'appelle *dividende,* le facteur connu *diviseur,* et le facteur que l'on cherche *quotient* (a).

48. Il résulte de ce qui précède que la division résolvant ce problème général : *Étant donné un produit et l'un des facteurs, trouver l'autre facteur,* peut servir à deux usages : 1º *à chercher combien de fois un nombre est contenu dans un autre,* comme dans le premier exemple, et alors le facteur donné est le *multiplicande ;* 2º *à partager un nombre en plusieurs parties égales pour avoir l'une de ces parties,* comme dans le deuxième exemple, et alors le facteur donné est le *multiplicateur.*

49. Quand on demande combien de fois un nombre est contenu dans un autre, c'est-à-dire quand le facteur connu est le multi-

---

(a) Le mot *quotient* dérive du latin *quoties,* qui veut dire *combien de fois,* parce que le quotient indique combien de fois le diviseur est contenu dans le dividende.

plicande, on voit avec quelle facilité le problème se résout par des soustractions répétées. On ne voit pas aussi facilement comment on résoudrait le second problème, celui où le facteur connu est le multiplicateur. Mais une observation va faire disparaître cette difficulté : rappelons-nous, en effet, que dans une multiplication de deux nombres abstraits et entiers on peut prendre indifféremment l'un des deux facteurs pour multiplicande ou pour multiplicateur (38.). Si donc nous considérons une division comme devant s'exécuter sur des nombres abstraits, nous pourrons toujours considérer le facteur connu comme étant le multiplicande, et, par conséquent, chercher le facteur inconnu dans le second cas, comme dans le premier. Par conséquent, la résolution du problème général : *Étant donné un produit et l'un des facteurs, trouver l'autre facteur*, se ramène à la résolution de cet autre : *Étant donné un produit et le multiplicande, trouver le multiplicateur.* Cette remarque est très-importante.

50. On peut encore, par ce qui précède, déterminer la nature des unités du quotient; car, si l'on demande combien de fois un nombre de francs est contenu dans un autre, le quotient est évidemment un *nombre abstrait,* marquant *combien de fois* le diviseur est contenu dans le dividende; mais, si l'on demande de partager un nombre d'unités d'une espèce déterminée en un certain nombre de parties égales, le quotient sera un *nombre concret* de même espèce que le dividende. Du reste, ceci est une conséquence de ce que nous avons vu (25.), à savoir que, dans une multiplication, le multiplicateur doit être considéré comme un nombre abstrait, et le produit doit être de même espèce que le multiplicande.

51. Lorsqu'on a une division à faire, il est possible que le diviseur ne soit pas contenu un nombre exact de fois dans le dividende, alors le quotient ne peut s'exprimer exactement en nombre entier. Si l'on avait, par exemple, 27 à diviser par 7, on trouverait, par des soustractions répétées, que 7 est contenu 3 fois dans 27, et qu'il y a un reste égal à 6. Dans tous les cas, on comprend que, si en retranchant du dividende le diviseur pris aussi souvent que marque le quotient, on obtient un reste plus faible que le diviseur, le quotient ne sera pas trop faible d'une unité entière : on dit alors *que le quotient est approché à moins d'une unité.*

52. Lorsque le quotient d'un nombre par un autre peut s'obtenir exactement en nombre entier, et que, par conséquent, le second nombre est contenu un nombre exact de fois dans le premier, on dit

que le *premier est divisible par le second ;* et que le *second est diviseur* (a) *ou partie aliquote du premier.*

53. Occupons-nous maintenant de rechercher les moyens de faire
la division autrement que par des soustractions répétées. Pour y
parvenir plus sûrement, nous devrons évidemment suivre la méthode
que nous avons suivie jusqu'ici, c'est-à-dire prendre d'abord les
cas les plus simples pour nous élever aux plus composés. Mais on
conçoit qu'en général, toutes choses égales d'ailleurs, une division
sera d'autant plus simple, que le facteur à trouver aura moins de
chiffres ; nous sommes donc conduits à examiner s'il n'y a pas quelque moyen de reconnaître combien une division doit donner de chiffres au quotient. Pour essayer de le trouver, prenons quelques exemples.

Soit donc proposé de diviser le nombre 137432 par le nombre 475.
D'abord il est visible que le quotient aura au moins un chiffre, puisque 475 est contenu au moins une fois dans 137432. Maintenant
pour que le quotient puisse avoir deux chiffres , il doit être au
moins 10, puisque 10 est le plus petit nombre de deux chiffres. Il
faut donc que 475 soit contenu au moins 10 fois dans 137432,
c'est-à-dire qu'il faut que 475 multiplié par 10, ou encore 475
suivi d'un zéro, ou enfin 4750, soit contenu au moins une fois dans
137432 ; c'est, en effet, ce qui a lieu : ainsi, le quotient doit avoir au
moins deux chiffres. Pour qu'il en eût trois, il faudrait qu'il fût au
moins 100, c'est-à-dire que 475 pris cent fois, ou 47500, fût contenu dans 137432 ; c'est encore ce qui a lieu : ainsi, le quotient a
au moins trois chiffres. Continuons : pour que le quotient eût quatre
chiffres, il faudrait qu'il fût au moins 1000, par conséquent, que
475, pris mille fois, ou 475 suivi de trois zéros, ou enfin 475000,
fût contenu dans 137432. Mais il en est autrement, donc le quotient
n'est pas aussi fort que 1000, donc il n'a pas quatre chiffres, donc
il en a trois, ni plus ni moins. Remarquons que nous avons ajouté
précisément trois zéros à la suite du nombre 475 pour le rendre plus
fort que 137432. En suivant le même procédé, on trouverait que
le quotient de 3256743 par 563 est compris entre 1000 et 10000,
et qu'il a, par conséquent, quatre chiffres, nombre qui exprime encore
combien il suffit d'ajouter de zéros à la suite du diviseur 563 pour

_____

(a) Le mot *diviseur* est donc pris ici dans un sens différent de celui que nous lui avons
donné précédemment.

le rendre plus fort que 3256743. En généralisant ce que nous venons de dire, on en déduirait la règle suivante : *Pour trouver combien une division doit donner de chiffres au quotient, ajoutez à la suite du diviseur assez de zéros pour le rendre plus fort que le dividende, et le quotient aura autant de chiffres que vous aurez ajouté de zéros.*

54. Maintenant que nous savons trouver combien une division doit donner de chiffres au quotient, prenons les cas les plus simples de la division ; et d'abord :

PREMIER CAS. Supposons que nous ayons une division dans laquelle *le diviseur n'ait qu'un chiffre, le quotient ne devant en avoir qu'un;* soit, par exemple, 27 à diviser par 9. Ici, pour effectuer l'opération, il ne se présente pas d'autre moyen que la soustraction répétée dont nous avons parlé plus haut (45.); seulement nous sommes sûrs que nous n'en aurons pas un grand nombre à faire, puisque le quotient ne peut avoir qu'un chiffre. En faisant ces soustractions on trouve que 9 est contenu 3 fois dans 27.

$$\begin{array}{r} 27 \\ 9 \\ \hline 18 \\ 9 \\ \hline 9 \\ 9 \\ \hline 0 \end{array}$$

Nota 1°. — On peut remarquer que les divisions à effectuer de cette espèce n'étant pas très-nombreuses, les résultats s'en gravent facilement dans la mémoire, où on les retrouve au besoin. Ainsi, par exemple, une personne un peu exercée voit tout d'un coup que 56 : 7 (a) donne 8; que 35 : 5 donne 7. Du reste, la table de Pythagore peut être d'un grand usage pour faire ces divisions, puisqu'elle donne le produit de tous les nombres d'un seul chiffre.

Nota 2°. — Il pourrait se faire que le diviseur ne fût pas contenu un nombre exact de fois dans le dividende; on trouverait alors avec la même facilité combien de fois il y est contenu, et quel est le reste que l'on obtiendrait en retranchant le diviseur du dividende aussi souvent que possible. Ainsi on verrait, par exemple, que 66 : 9 donne 7 pour quotient avec un reste égal à 3.

Nota 3°. — La division, on ne peut trop le répéter, est l'opération inverse de la multiplication, et le premier cas que nous venons d'examiner répond au premier cas de la multiplication.

55. DEUXIÈME CAS. Supposons maintenant que nous ayons à *diviser un nombre par un autre nombre de plusieurs chiffres, le quotient ne*

_____

(a) Le Signe : s'emploie pour abréger et signifie *divisé par.*

devant en avoir qu'un. Ce deuxième cas répond au deuxième cas de la multiplication; et, puisque la division doit défaire ce qu'a fait la multiplication, examinons attentivement comment se compose le produit d'une multiplication dont le multiplicande a plusieurs chiffres, le multiplicateur n'en ayant qu'un.

Soit donc à multiplier 567 par 7. En faisant séparément le produit des unités, des dizaines et des centaines du dividende par les 7 unités du quotient, et en les ajoutant, nous avons 3969. (Voyez l'opération ci-à côté.) Cela posé, supposons qu'ayant perdu et les produits partiels, et le multiplicateur 7, on nous demande de retrouver ce multiplicateur, connaissant seulement le produit 3969 et le multiplicande.

$$
\begin{array}{r}
567 \\
7 \\
\hline
49 \\
42 \\
35 \\
\hline
3969
\end{array}
$$

Voici comment nous pouvons raisonner : Le nombre 3969, étant le produit de 567 par un nombre d'un chiffre, doit contenir les produits des 7 unités, des 6 dizaines et des 5 centaines, par ce chiffre multiplicateur. Si nous avions un de ces produits partiels, celui des 6 dizaines, par exemple, en divisant ce produit par 6 dizaines nous aurions le chiffre du quotient; mais nous n'avons pas ces produits partiels, ils se sont fondus les uns dans les autres par l'addition (*a*); cependant un de ces produits a dû être moins altéré que les autres : c'est celui des 5 centaines, et de plus il doit avoir donné un nombre exact de centaines. Nous sommes donc sûrs que ce produit se trouve dans les 39 centaines. Si donc nous divisons 39 centaines par les 5 centaines du dividende (et nous savons faire cette division, puisqu'elle rentre dans le premier cas), il pourra se faire que nous obtenions le chiffre du quotient; du moins le chiffre trouvé ne sera pas trop faible. Cette opération nous donne 7 : il est vrai que 39 centaines conte-

$$
\begin{array}{r|l}
3969 & 567 \\
3969 & \overline{7} \\
\hline
0000 &
\end{array}
$$

nant plus que le produit de 5 centaines par le chiffre du quotient, nous pouvons craindre que 7 ne soit un quotient trop fort. Pour nous en assurer, multiplions 567 par 7, et voyons si le produit peut se retrancher de 3969. Cette multiplication nous donne 3969, qui, retranché du dividende, ne donne aucun reste.

Nous venons de dire que le chiffre obtenu en divisant les centaines du dividende par celles du diviseur aurait pu être trop

---

(*a*) On voit bien, en effet, que 5969 ne représente plus ni le produit des unités 49, ni celui des dizaines 42, ni celui des centaines 55.

fort : cela arrive quelquefois. Par exemple, si l'on avait 15990 à diviser par 2662, on verrait, en raisonnant comme dans l'exemple
précédent, que, pour chercher le quotient, il faut diviser les 15
mille du dividende par les 2 mille du diviseur : cette division donne
7. Cependant, si l'on multiplie par 7 le diviseur 2662, on aura
18634, nombre qui n'est pas contenu dans le dividende; mais en
diminuant d'une unité le quotient obtenu, on a 6, qui est le quotient véritable, comme l'on peut s'en assurer (a). Il est facile de voir
la cause du fait qui se présente ici, et comment on peut toujours
reconnaître si le chiffre trouvé pour quotient est trop fort, comme
aussi ce qu'il faut faire dans ce cas.

Si le dividende ne contenait pas exactement un nombre entier de
fois le diviseur, alors, en retranchant le produit du diviseur par le
quotient trouvé, on aurait un reste, et ce reste devrait être plus
faible que le diviseur pour que celui-ci fût approché à moins d'une
unité.

Comme le procédé suivi dans l'exemple donné pourrait l'être encore dans tous les cas semblables, on est conduit à cette règle générale : *Pour diviser un nombre par un autre, lorsque le diviseur ayant
plusieurs chiffres, le quotient ne doit en avoir qu'un, divisez le premier ou les deux premiers chiffres du dividende par le premier chiffre du diviseur, et vous trouverez un quotient; multipliez ensuite le
diviseur par ce quotient, et, si le produit ne peut se retrancher du dividende, diminuez le quotient trouvé d'une ou de plusieurs unités,
jusqu'à ce que vous ayez un quotient tel qu'en multipliant par lui le
diviseur, vous puissiez effectuer cette soustraction. Si le quotient que
vous trouvez est trop faible, vous le reconnaîtrez à ce que le reste
donné par cette soustraction sera plus fort que le diviseur.*

Nota. — Observons qu'avec un peu d'habitude du calcul on peut
facilement, sans faire la multiplication tout entière du diviseur par
le quotient, reconnaître si ce quotient n'est pas trop fort.

56. Troisième cas. Enfin, le cas le plus compliqué de la division

(a) Il pourrait même arriver qu'un premier essai donnât un quotient plus fort que 9. Mais si la
division rentre dans le cas que nous examinons, ce qui se détermine bien facilement par la règle
du n. 53, on peut, à coup sûr, rejeter un pareil quotient. Ainsi, dans la division de 2344 par 293,
quoique 23 divisé par 2 donne 11, on est certain que le quotient ne peut être plus fort que 9;
et même, en effectuant la division, on trouverait qu'il est seulement 8. Cela peut arriver surtout
quand le premier chiffre du diviseur est faible, et que le deuxième est fort. Il est facile d'en trouver la raison.

est celui où , *le diviseur ayant plusieurs chiffres , le quotient doit aussi en avoir plusieurs*. Ce cas répond évidemment au cinquième cas de la multiplication , et par conséquent nous avons lieu d'espérer que nous saurons faire ces sortes de divisions , si nous commençons par observer comment se compose le produit d'un nombre de plusieurs chiffres par un autre nombre de plusieurs chiffres. Soit donc proposé de multiplier 346 par 427. Le produit 147742, qu'on

$$
\begin{array}{r}
346 \\
427 \\
\hline
2422 \\
692 \\
1384 \\
\hline
147742
\end{array}
$$

obtient par le procédé donné (32.), se compose de trois produits partiels : 1° du produit 2422 du multiplicande par les unités du multiplicateur, et ce produit, se trouve dans le produit total , à partir du chiffre des unités ; 2° du produit 692 du multiplicande par les dizaines du multiplicateur, et ce produit, étant un nombre exact de dizaines, ne se trouve dans le produit total qu'à par-

tir du chiffre des dizaines ; 3° enfin , du produit 1384 du multiplicande par les centaines du multiplicateur, et ce produit étant un nombre exact de centaines, ne se trouve dans le produit total qu'à partir du chiffre des centaines. Cela posé, si l'on nous donnait le produit total 147742, et le multiplicande 346, et qu'on nous demandât le multiplicateur, après avoir reconnu, comme nous avons appris à le faire (53.), que le quotient doit avoir trois chiffres, voici comment nous pourrions raisonner : Puisque le quotient doit avoir trois chiffres, le dividende 147742 doit contenir le produit du diviseur par les unités, les dizaines et les centaines du quotient. Si nous avions un de ces produits partiels, par exemple celui de 346 par les dizaines du quotient, il est évident qu'on obtiendrait ces dizaines en divisant ce produit partiel par 346, division qui rentrerait dans le second cas. Nous obtiendrions de même les autres chiffres du quotient si nous avions les produits partiels qui résultent de la

$$
\begin{array}{r|l}
147742 & 346 \\
1384 & \overline{427} \\
\hline
9342 & \\
692 & \\
\hline
2422 & \\
2422 & \\
\hline
0000 &
\end{array}
$$

multiplication de 346 par ces autres chiffres ; mais ces produits, par l'addition qu'on en a faite, se sont fondus les uns dans les autres , et il est impossible de les reconnaître dans 147742. Cependant le produit de 346 par le chiffre des centaines a dû être moins altéré que les autres, et, comme il a donné un nombre exact de centaines, on est sûr qu'il se trouve tout entier dans 1477 centaines.

Divisons donc 1477 par 346 (division qui rentre dans le second cas), et nous trouvons 4, c'est le chiffre des centaines du quotient (a). Maintenant, si nous multiplions 346 par 4 centaines, nous trouverons 1384 centaines; en les retranchant du dividende, on trouve pour reste 9342. Ce reste contient les 2 autres parties du produit, c'est-à-dire le produit de 346 par les dizaines et par les unités du quotient; le premier de ces produits a donné un nombre exact de dizaines, et par conséquent doit se trouver dans 934 dizaines. Si donc nous divisons 934 dizaines par 346 (et cela rentre dans le second cas), nous aurons 2, pour le chiffre des dizaines du quotient; multiplions 346 par 2 dizaines et retranchons le produit 692 dizaines de 9342, il restera 2422. Enfin ce dernier reste doit être le produit de 346 par le chiffre des unités, divisons-le donc par 346, et nous trouvons 7 pour le chiffre des unités du quotient; multiplions 346 par 7, et retranchons le produit de 2422, nous trouvons qu'il ne reste rien; par conséquent le quotient exact est 427.

On voit que nous avons résolu ce cas, qui paraissait assez compliqué, en le ramenant au deuxième cas, qui est plus simple, comme ce deuxième cas avait été ramené au premier, qui lui-même avait été ramené à la soustraction, et par suite, à la dénumération. C'est ce qu'il faut bien remarquer, car presque toujours on trouve dans ce qu'on sait faire d'autres choses qu'on ne sait pas faire, et, dans les sciences de raisonnement, on avance surtout en examinant attentivement ce que l'on sait pour en déduire ce que l'on ne sait pas.

On voit avec quelle facilité on exécuterait toutes les divisions semblables à celles que nous venons de faire : on peut s'exercer sur l'exemple ci-à côté, et, en raisonnant comme nous l'avons fait, on trouvera les motifs du calcul que nous ne faisons qu'indiquer ici. Séparant les trois derniers chiffres du dividende, nous divisons 49561 par 9648, nous trouvons 5 pour le chiffre des mille du quotient. Nous multiplions par ce chiffre le diviseur, et, retranchant le produit 48240 mille du dividende, le reste est

```
49561,776 | 9648
48240     | ------
          |  5137
13217,76
 9648
35697,6
28944
67536
67536
00000
```

1321776; nous séparons les deux derniers chiffres, et nous divi-

(a) Quoique 1477 puisse fort bien contenir plus que le produit de 346 par le chiffre des centaines du quotient, on ne doit pas craindre que le chiffre donné par cette division partielle soit trop fort; car, si 1477 contient 4 fois 346, un nombre 100 fois plus grand, c'est-à-dire 147700, doit le contenir au moins 400 fois, et, à plus forte raison, 147742 ne peut-il le contenir moins de 400 fois;

sons 13217 par le diviseur, nous trouvons 1 pour le chiffre des centaines du quotient; 9648 multiplié par 1 centaine donne 9648 centaines; en les retranchant du premier reste, on a 356976 : c'est le deuxième reste; nous séparons encore le dernier chiffre 6, et divisant 35697 par le diviseur, nous avons 3 pour le chiffre des dizaines du quotient; 9648 multiplié par 3 dizaines donne 28944 dizaines, qui, retranchées de 356976, donnent 67536 : c'est le troisième reste, qui, divisé par 9648, donne 7, c'est le chiffre des unités du quotient; 9648 multiplié par 7 donne 67536, qui, retranché du dernier reste, ne donne aucun reste; aussi le quotient exact est 5137. (On doit, en faisant cette opération, s'attacher à suppléer tous les raisonnements que nous avons omis).

57. La division, telle que nous venons de la faire, est susceptible de quelques simplifications qu'il est bon de remarquer. D'abord, dans la seconde division partielle que nous avons faite, nous n'avons eu aucun égard aux deux derniers chiffres 76 du dividende; il était donc inutile de les écrire à la suite du nombre 13217. Par la même raison, dans la troisième division partielle, il était inutile d'écrire le dernier chiffre 6 à la suite du nombre 6753. C'est ce que l'on fait ordinairement, et, pour passer d'une division partielle à la suivante, on n'écrit à la suite du reste obtenu que le chiffre suivant du dividende. L'opération prend alors la disposition qu'on lui a donnée ci-à côté.

```
49561776 | 9648
48240    | ----
------     5137
 13217
  9648
------
 35697
 28944
------
 67536
 67536
------
 00000
```

58. Il est une autre simplification plus importante à introduire dans le calcul : elle consiste à multiplier le diviseur par le chiffre du quotient que l'on vient de trouver, et à soustraire le produit du dividende à mesure qu'on obtient ce produit, et, pour ainsi dire, par une même opération. Pour le faire plus facilement, rappelons-nous l'observation du n° 44, où nous avons dit que l'on peut, sans rien changer au reste d'une soustraction, augmenter d'un même nombre d'unités le nombre

---

ainsi 4 centaines ne peuvent être un chiffre trop fort. De même, dans la deuxième division, quoique 954 puisse contenir plus que le produit de 346 par le chiffre des dizaines du quotient, on ne doit pas craindre que le chiffre 2 trouvé soit trop fort; car, si 954 contient 2 fois 346, le nombre 9542, qui est plus grand que 10 fois 954, ne peut le contenir moins de 20 fois.

à soustraire et le nombre dont il faut le soustraire, et que, par conséquent, quand on a pris une ou plusieurs unités sur un chiffre du nombre dont il faut soustraire, on peut compter ce chiffre pour ce qu'il est, pourvu que l'on augmente le chiffre correspondant de l'autre nombre d'autant d'unités qu'on en a pris sur le premier.

Prenons pour exemple la première division partielle que nous avons eu à exécuter, celle du nombre 49561 par 9648 : le quotient trouvé est 5. En partant de la remarque que nous venons de rappeler, voici comment nous procéderons pour exécuter en même temps la multiplication de 9648 par 5, et soustraire le produit de

$$\begin{array}{c|c} 49561 & 9648 \\ 1321 & 5 \end{array}$$

49561. Nous dirons d'abord : 5 fois 8 unités font 40 ; ces 40 unités ne pouvant se soustraire de 1 unité, nous prenons sur le chiffre suivant du dividende 4 dizaines, qui, réunies à 1 unité, font 41 unités, dont nous retranchons les 40 unités, produit de 8 unités par 5 ; nous écrivons le reste 1 au-dessous du premier chiffre du dividende ; nous disons ensuite : 5 fois 4 dizaines font 20 dizaines, qui, augmentées de 4 dizaines que nous avons prises sur le chiffre 6, donnent 24 dizaines ; ces 24 dizaines ne pouvant se retrancher de 6 dizaines, nous prenons sur le chiffre suivant du dividende 2 centaines, qui, réunies à 6 dizaines, font 26 dizaines ; en en retranchant 24, nous trouvons pour reste 2 dizaines que nous écrivons au-dessous du chiffre 6. Continuant la multiplication du diviseur par le quotient, nous disons : 5 fois 6 centaines font 30 centaines, qui, augmentées des 2 centaines prises sur le chiffre 5, donnent 32 centaines, ces 32 centaines ne pouvant se retrancher de 5 centaines du dividende, nous prenons sur le chiffre suivant 3 mille, qui, réunis aux 5 centaines, font 35 centaines ; en en retranchant 32, nous trouvons un reste 3 centaines que nous écrivons sous le chiffre 5. Enfin, multipliant les 9 dizaines de mille du diviseur par 5, nous avons 45 dizaines de mille, qui, augmentées des 3 dizaines de mille prises sur le chiffre 5, donnent 48 dizaines de mille ; en les retranchant des chiffres suivants du dividende, nous trouvons pour reste 1 dizaine de mille que nous écrivons au-dessous du chiffre 9, et nous avons pour reste 1321.

Le procédé que nous venons d'employer consiste donc *à faire le produit de chaque chiffre du diviseur et à le retrancher du chiffre correspondant du dividende, en augmentant celui-ci d'autant d'unités de l'ordre immédiatement supérieur qu'il est nécessaire pour que* la soustraction soit possible, en ayant soin de retenir ces unités pour les ajouter au produit de la multiplication suivante.

En appliquant ce procédé à la division précédente, elle prend la forme indiquée ci-à côté.

49561,776	9648
13217	5137
35697	
67536	
0000	

59. Il arrive quelquefois que, dans une des divisions partielles à faire, le dividende ne contient pas le diviseur : c'est une preuve que le quotient ne contient pas d'unités de l'ordre qu'il s'agit de trouver. On met alors un zéro au quotient, et, abaissant à côté du dividende partiel le chiffre suivant du dividende total, on continue la division. On peut, pour exemple de ces cas, diviser 71604 par 234, ou 627878 par 313.

60. Dans les différentes divisions partielles qu'on doit effectuer il ne peut jamais arriver qu'on trouve un quotient plus fort que 9 ; c'est une conséquence des raisonnements que nous avons faits jusqu'ici. Voici, du reste, comment on pourrait s'en convaincre. Pour qu'on pût trouver plus de 9 dans une division partielle, il faudrait que le dividende partiel fût au moins 10 fois aussi grand que le diviseur ; par conséquent, qu'il fût composé au moins des chiffres du diviseur suivi d'un zéro, et, par suite, que le reste précédent fût au moins aussi fort que le diviseur, ce qui ne peut être, à moins que la division précédente n'ait été mal faite. On voit d'ailleurs que, pour que le quotient ne soit pas trop faible d'une unité, ou, comme on s'exprime, pour que le quotient soit approché à moins d'une unité, il faut et il suffit que le reste soit plus faible que le diviseur.

61. De tout ce que nous venons de dire on peut déduire la règle suivante : *Pour faire une division, prenez à gauche du dividende autant de chiffres qu'il en faut pour contenir le diviseur ; ces chiffres formeront le premier dividende partiel ; divisez-en le premier ou les deux premiers chiffres (suivant la règle donnée pour le deuxième cas de la division), par le premier chiffre du diviseur, et vous aurez le premier chiffre du quotient. Multipliez ensuite le diviseur par ce chiffre et retranchez le produit du dividende ; à la suite du reste, écrivez le chiffre suivant du dividende total, et vous aurez un nouveau dividende partiel que vous diviserez ensuite par le diviseur, comme vous avez fait pour le premier. Vous ferez le produit du diviseur par le deuxième chiffre du quotient, vous le retrancherez du deuxième dividende partiel ; à la suite du reste, vous écrirez le chiffre suivant, et vous continuerez ainsi jusqu'à ce que vous ayez achevé la di-*

*vision. Si quelque dividende partiel était plus petit que le diviseur,
il faudrait écrire un zéro au quotient, mettre le chiffre suivant du dividende total à la suite de ce dividende partiel, et continuer la division.*

62. Quand on a un nombre à diviser par un autre nombre d'un
seul chiffre, on peut opérer un peu plus simplement que par le procédé ordinaire. Supposons, par exemple, qu'on veuille diviser
54726 par 3. Diviser 54726 par 3, c'est chercher un nombre qui
soit le tiers de 54726 : or, on y parviendra évidemment en prenant
le tiers des unités de chaque ordre, et en réunissant les résultats
obtenus. Voici comment on procède, en commençant par
les unités de l'ordre le plus élevé. On prend le tiers de 5
(dizaines de mille), qui est 1, avec un reste 2 qui vaut 20,
unité de l'ordre immédiatement inférieur : 20 et 4 font
24, dont le tiers est 8 sans reste. Passant aux unités de l'ordre suivant, on dit : le tiers de 7 est 2, avec un reste 1 qui vaut 10 unités
de l'ordre suivant : 10 plus 2 font 12, dont le tiers est 4. Enfin on
prend le tiers de 6 unités qui est 2; et, réunissant tous les résultats
obtenus, on a 18242 pour le quotient demandé. On voit facilement
comment on opérerait dans tous les cas semblables. Si le diviseur
avait plus d'un chiffre, ce moyen de procéder serait, en général, trop
compliqué.

Avant de passer plus loin, il est bon de s'exercer sur quelques
exemples. Ainsi on trouvera que 259578 : 594 donne 437; —
289755 : 423 donne 685; — 200658969 : 39837 donne 5037.

63. En traitant de la multiplication, nous avons vu quels changements éprouve un produit lorsque le multiplicande ou le multiplicateur, ou l'un et l'autre en même temps, deviennent un certain
nombre de fois plus grands ou plus petits. Il est naturel de se demander quel changement éprouvera un quotient lorsqu'on fera de
pareils changements sur le dividende ou le diviseur. Pour peu qu'on
réfléchisse à cette question, on verra :

1º Que, si le dividende devient deux, trois, quatre, etc., et, en
général, un certain nombre de fois plus grand ou plus petit, le
quotient variera de la même manière, puisque le diviseur sera contenu deux, trois, quatre, etc., et, en général, le même nombre de
fois plus ou moins souvent dans le dividende ainsi modifié;

2º Que, si le diviseur devient un certain nombre de fois plus
grand, le quotient deviendra le même nombre de fois plus petit,

54726
18242

puisque le diviseur sera contenu un même nombre de fois moins souvent dans le dividende; si, au contraire, le diviseur devient un certain nombre de fois plus petit, le quotient deviendra le même nombre de fois plus grand;

3° Que, si l'on rend le dividende et le diviseur en même temps un certain nombre de fois plus grands ou plus petits, le quotient ne changera pas.

Ainsi, *en multipliant le dividende ou en divisant le diviseur, on multiplie le quotient; en divisant le dividende ou en multipliant le diviseur, on divise le quotient; enfin, en multipliant ou en divisant même temps le dividende et le diviseur par un même nombre, on ne change pas le quotient.*

Ces remarques, bien simples et bien importantes, se déduiraient avec la plus grande facilité de ce que nous avons dit (26.) sur les changements qu'éprouve un produit, par suite des changements faits aux facteurs.

64. De ces remarques on déduit un moyen de simplifier les divisions lorsque le dividende et le diviseur sont terminés par des zéros, car alors on peut en supprimer un égal nombre dans le dividende et dans le diviseur, puisque, par cette suppression, on les divise par un même nombre (16.), ce qui ne change rien au quotient. Ainsi, si l'on avait à diviser 2370000 par 57000, on pourrait se contenter de diviser 2370 par 57.

65. Quelquefois, ayant besoin de diviser un nombre par un autre, on se propose d'effectuer la division dans le cas seulement où elle peut se faire sans reste. C'est ce qui a porté à rechercher à quels caractères on peut reconnaître qu'un nombre est divisible par un autre.

Tout ce qu'on a trouvé à cet égard est fondé sur cette proposition si évidente, qu'il suffit de l'énoncer pour la faire comprendre :

Si un nombre A est composé de deux parties m et n, de sorte qu'on ait A $= m + n$ (a), et que chaque partie soit divisible par un troisième nombre c, le nombre A sera aussi divisible par c; mais si l'une seulement des deux parties de A est divisible par c, le nombre A ne le sera pas (b).

(a) Le signe $=$ signifie *égale*, et le signe $+$ signifie *plus* ou *augmenté de*.

(b) Si l'on ne voyait pas tout d'un coup la vérité de cette proposition, voici comment on pourrait s'en convaincre. Supposons qu'une personne ait dans chaque main un nombre exact de fois 6 boules, par exemple: elle en aura évidemment en tout, un nombre exact de fois 6, et, par conséquent, la somme de ces boules sera exactement divisible par 6. Mais supposons maintenant

66. Il suit de là : 1° *Que si le dernier chiffre d'un nombre est divisible par* 2, *ce nombre tout entier est aussi divisible par* 2. Car ce nombre peut être considéré comme composé d'unités et de dizaines ; or les dizaines sont toujours divisibles par 2. Si donc le chiffre des unités l'est aussi, tout le nombre sera divisible par 2; mais il ne le serait pas si le chiffre des unités ne l'était pas. (Remarquons que tout nombre divisible par 2 s'appelle *nombre pair,* les autres nombres sont dits *nombres impairs*).

2° *Tout nombre terminé par un* 0 *ou par un* 5 *est divisible par* 5; *il ne l'est pas dans le cas contraire.* (Nous savons déjà que lorsqu'un nombre est terminé par un 0, il est aussi divisible par 10).

3° *Tout nombre dont les deux derniers chiffres forment un nombre divisible par* 4 *est aussi divisible par* 4; *il ne l'est pas dans le cas contraire.* On prouverait cette proposition, ainsi que la précédente, par un raisonnement tout-à-fait semblable à celui que nous avons fait pour établir le caractère auquel on reconnaît qu'un nombre est divisible par 2.

4° C'est encore en décomposant un nombre en deux parties, dont l'une est toujours divisible par 9, que l'on détermine si le nombre tout entier peut aussi se diviser par 9. Voici les remarques par lesquelles on parvient à le connaître :

D'abord, tout nombre exprimé par l'unité suivie d'un ou plusieurs zéros peut se décomposer en deux parties, dont l'une est divisible par 9, et l'autre est l'unité. Ainsi, $10 = 9 + 1$; $100 = 99 + 1$; $1000 = 999 + 1$, etc. De là, il est facile de conclure qu'un nombre exprimé par un chiffre significatif suivi de zéros peut se décomposer en deux parties, dont l'une est divisible par 9, et l'autre est égale à ce chiffre significatif lui-même. Ainsi, comme 40, par exemple, égale 4×10, en remplaçant 10 par $9 + 1$, on a $40 = 4 \times (9 + 1)$ *(a)*, ou bien $40 = 4 \times 9 + 4$, et la première partie de ce nombre, savoir : 4×9, est évidemment divisible par 9. De même, comme $500 = 5 \times 100$, ou $5 \times (99 + 1)$, on a $500 = 5 \times 99 + 5$, et la première partie, 5×99, est encore divisible 9. Il est évident qu'il en serait de même de tous les autres nombres exprimés par un chiffre significatif suivi de zéros. Cela posé, soit proposé de recher-

que la main droite de cette personne contenant un nombre exact de fois 6 boules, il n'en fût pas de même de la main gauche ; dès-lors la somme de ces boules ne renfermerait pas un nombre exact de fois 6 boules, et, par suite, ne serait pas exactement divisible par 6.

(a). $4 \times (9 + 1)$, exprime que 4 doit être multiplié par 9 plus 4. Mais $4 \times 9 + 4$ indique que 4 doit être multiplié par 9 et qu'il faut au produit ajouter 4.

cher si le nombre 2574 est divisible par 9 : voici comment nous raisonnerions : Le nombre 2574 se compose de 2000, 500, 70 et 4; chacune des trois premières parties est décomposable en deux autres parties, dont la première est divisible par 9, et l'autre est le chiffre significatif qui entre dans cette même partie. Écrivons-les au-dessous les unes des autres, et vis-à-vis de chacune écrivons les deux parties que donne la décomposition; joignons-y le chiffre des unités, qui ne peut se décomposer, et nous aurons :

1re colonne.	2e colonne.	3e colonne.
$2000... = 2 \times 999... + 2$		
$500 = 5 \times 99 + 5$		
$70 = 7 \times 9 + 7$		
$4 = ... \quad 4$		

Si nous additionnons ces quantités, en représentant par S la somme de la deuxième colonne, qui sera évidemment divisible par 9, puisque toutes les parties qui la composent le sont, nous aurons :

$$2574 = S + 18.$$

Ainsi, le nombre 2574 est décomposé en deux parties dont l'une S est divisible par 9; si donc l'autre partie l'est aussi, 2574 sera divisible par 9. Or, cette seconde partie 18 est précisément la somme des chiffres qui entrent dans le nombre 2574, donc la question de savoir si 2574 est divisible par 9 se réduit à savoir si cette divisibilité par 9 a lieu pour la somme des chiffres qui composent ce nombre. Comme elle a lieu en effet, puisque 18 est divisible par 9, concluons-en que le nombre 2574 est divisible par 9.

Et comme ce que nous venons de dire de 2574 pourrait s'appliquer à tout autre nombre, nous en tirerons cette règle : *Pour savoir si un nombre est divisible par 9, faites la somme des chiffres qui le composent, et, si cette somme est divisible par 9, le nombre lui-même le sera; il ne le sera pas dans le cas contraire.* On peut s'assurer par cette règle que les nombres 2574, 3645 sont divisibles par 9, mais 2076 et 358 ne le sont pas.

5° Reprenons l'expression précédente $2574 = S + 18$: la première partie S du nombre 2574 est, comme nous l'avons dit, divisible par 9 : elle est donc aussi divisible par 3. Ainsi, la question de savoir si le nombre 2574 est divisible par 3 se réduit à savoir si 18, somme des chiffres qui le composent, est divisible par 3 ; et comme ce que nous disons de ce nombre se dirait évidemment de tout autre, nous pouvons encore établir cette règle : *Pour savoir si un nombre est divisible par 3, faites la somme des chiffres qui le composent, et si cette somme est divisible par 3, tout le nombre le sera ; il ne le sera pas dans le cas contraire.*

6° On pourrait prouver (mais nous nous contentons d'énoncer ici cette proposition) que tout nombre divisible par deux autres nombres est aussi divisible par leur produit, lorsque ces deux nombres ne sont pas en même temps divisibles par un autre nombre ; qu'ainsi, si un nombre A est divisible par 8 et par 15, par exemple, il est aussi divisible par 120, parce qu'il n'y a aucun nombre qui puisse diviser en même temps 8 et 15. Il suit de là : — 1° *Que tout nombre terminé par un zéro ou par un chiffre pair est divisible par 6, si la somme des chiffres qui le composent est divisible par 3, et qu'il est divisible par 18, si cette somme l'est par 9 ; — 2° que tout nombre dont les deux derniers chiffres forment un nombre divisible par 4 est divisible par 12, si la somme des chiffres qui le composent est divisible par 3, et qu'il est divisible par 36, si cette somme l'est par 9 ; — 3° que tout nombre terminé par un zéro ou par un 5 est divisible par 15, si la somme des chiffres qui le composent est divisible par 3, et qu'il est divisible par 45, dans le cas où cette somme l'est par 9.* On pourra, en appliquant ces règles, réconnaître que les nombres suivants 6126, 21012, 27126, 19512, 12345, 37980, sont respectivement divisibles par 6, 12, 18, 36, 15, 45.

Ce qui précède contient les caractères de divisibilité d'un nombre par 2, 3, 4, 5, 6, 9, 10, 12, 15, 18, 36, 45. Il serait facile de trouver les signes de divisibilité par quelques autres nombres. On établit, dans beaucoup de Traités d'Arithmétique, ceux auxquels on reconnaît qu'un nombre est divisible par 7, 11, 13 : nous ne le ferons pas ici.

2° DE L'EXTRACTION DES RACINES.

67. Nous avons jusqu'ici résolu ce problème : *Étant donné un produit et l'un des facteurs, trouver l'autre facteur ;* et il nous serait bien facile de résoudre ce problème plus général : *Étant donné le produit de plusieurs facteurs et tous ces facteurs, excepté un seul, retrouver ce facteur inconnu.* Mais on pourrait aussi nous proposer cet autre problème : *Connaissant le produit de plusieurs facteurs et*

sachant seulement que tous ces facteurs sont égaux, trouver leur valeur. Ce problème est évidemment l'inverse de celui qui aurait pour but de trouver le produit d'un nombre multiplié une ou plusieurs fois par lui-même; et, si l'on relit ce que nous avons dit au n° 40, on verra que le produit, supposé connu dans l'énoncé précédent, est précisément ce que nous avons appelé *puissance* des facteurs inconnus, que l'on doit trouver pour résoudre le problème proposé.

Le nombre que l'on cherche prend, relativement au nombre donné, le nom de *racine deuxième, troisième, quatrième,* etc., suivant qu'on demande de trouver le nombre qui, multiplié 1 fois, ou 2 fois, ou 3 fois par lui-même (ou qui, pris 2 fois, 3 fois, 4 fois, etc., comme facteur), reproduirait ce nombre donné. Observons que les racines *deuxièmes* et *troisièmes* prennent aussi le nom de *racines carrées* et *racines cubiques.*

C'est sans doute ici qu'il faudrait résoudre le problème que nous venons de proposer; cependant nous préférons en renvoyer plus loin la solution. Mais nous ferons remarquer que ce problème, étant l'inverse de l'élévation aux puissances, laquelle est une suite de multiplication, ne peut être qu'une décomposition analogue à la division, qu'une espèce de division, et par suite de soustraction, et par suite encore qu'une dénumération abrégée.

ARTICLE III.

Preuves des opérations précédentes.

68. En faisant un calcul d'après les règles que nous venons de trouver on peut commettre des erreurs : de là, la nécessité de vérifier ce calcul par un calcul nouveau. *On appelle preuve d'une opération le nouveau calcul fait pour s'assurer qu'il ne s'est point glissé d'erreurs dans le premier.* Ce qui précède va nous fournir les moyens de faire la preuve de l'addition, de la soustraction, de la multiplication et de la division.

PREUVE DE L'ADDITION.

69. Puisque, après avoir fait une addition, la somme trouvée contient les sommes particulières des colonnes que l'on forme en écrivant au-dessous les uns des autres et avec ordre les nombres à

additionner, et ne contient que cela, il est clair qu'en retranchant successivement de la somme totale ces différentes sommes partielles on ne doit pas trouver de reste. Voici dans quel ordre ont lieu ces soustractions : Supposons qu'ayant fait l'addition que l'on voit ci-à côté, la somme trouvée soit 2645. Pour faire la preuve, on additionne la colonne des centaines; on trouve 24 centaines que l'on retranche des 26 centaines de la somme totale; on trouve 2 centaines pour reste, que l'on écrit sous 26, et qui, réunies par la pensée aux deux autres chiffres de la somme, font 245 : c'est le premier reste. On fait de même la somme de la colonne des dizaines, et l'on retranche cette somme qui est 22 dizaines des 24 dizaines du premier reste 245. On écrit 2, qui est le résultat de cette soustraction, au-dessous de 24 dizaines, et ces 2 dizaines réunies aux 5 unités font 25 unités : c'est le deuxième reste. Enfin on additionne la colonne des unités, et la somme 25 étant égale au dernier reste, le résultat de la nouvelle soustraction qu'il faut faire est zéro; d'où l'on conclut que l'addition est exacte.

```
 876
 237
 564
 321
 647
————
2645
 220
```

On voit comment on se conduirait dans tous les autres cas, et avec quelle facilité on énoncerait le procédé à suivre pour faire la preuve d'une addition quelconque.

PREUVE DE LA SOUSTRACTION.

70. Quand on a fait une soustraction, le résultat obtenu indique de combien le plus grand nombre surpasse le plus petit. Par conséquent, si l'opération a été bien faite, et qu'on ajoute le reste au plus petit nombre, on doit retrouver le plus grand; mais on ne doit pas le retrouver s'il s'est glissé quelque erreur dans la soustraction, puisque alors le résultat obtenu n'est pas la différence des deux nombres proposés. Ainsi, en retranchant 154874 de 352678, on trouvera pour reste 197804. Si l'on ajoute ensuite ce reste à 154874, on retrouvera le premier nombre 352678, ce qui prouve l'exactitude du premier calcul.

```
352678
154874
——————
197804
——————
352678
```

PREUVE DE LA MULTIPLICATION.

71. Il y a plusieurs moyens de faire la preuve de la multiplication; nous allons en indiquer quelques-uns :

1° Nous avons vu (38.) que le produit de deux nombres abstraits est le même, quel que soit celui des deux qu'on prenne pour multiplicande ou pour multiplicateur. Il suit de là que, *pour faire la preuve d'une multiplication, on peut opérer de nouveau, en prenant pour multiplicande le nombre qu'on avait pris pour multiplicateur, et réciproquement.* Le produit doit être le même que le précédent si l'on ne s'est pas trompé. Ainsi, en faisant le produit de 3472 par 7643, on trouvera 26536496; et si l'on multiplie ensuite 7643 par 3472, on retrouvera le même produit.

2° Nous avons encore vu (26.) que le produit de deux nombres ne change pas en doublant le multiplicande et en prenant la moitié du multiplicateur, ou réciproquement. De là on tire ce nouveau moyen de faire la preuve de la multiplication : *Doublez l'un des facteurs, prenez la moitié de l'autre; faites de nouveau la multiplication, et vous devez trouver le même produit, s'il n'y a pas eu d'erreur.* En appliquant ce procédé à l'exemple précédent on verrait que 1736, moitié du multiplicande, multiplié par 15286, double du multiplicateur, donnerait le même produit 26536496.

3° Un troisième moyen de faire la preuve de la multiplication consiste à *diviser le produit par l'un des facteurs; alors le quotient doit donner l'autre facteur, si l'opération est exacte.* On trouvera, en suivant cette règle, que le produit de 3472 par 7643 est réellement 26536496, car ce dernier nombre, divisé par 3472, donne 7643.

PREUVE DE LA DIVISION.

72. Pour faire la preuve de la division, *on multiplie le diviseur par le quotient trouvé, et au produit on ajoute le reste, quand la division en a donné un. Si l'opération a été bien faite, on doit retrouver le dividende.* La raison de ce procédé se déduit évidemment de l'idée même de la division (46.) On trouvera, en l'appliquant à la vérification de la division de 1348708 par 498, que le quotient 2708, avec un reste 124, est exact, car 498 multiplié par 2708 donne 1348584, et, en ajoutant à ce nombre le reste 124, on retrouve le dividende.

73. Résumé. — Dans ce chapitre, nous avons parlé des six opérations de l'Arithmétique sur les nombres entiers. Ces opérations se partagent en deux classes, celles par lesquelles on compose les nombres et celles par lesquelles on les décompose.

(A) La première classe renferme l'*addition*, la *multiplication* et l'*élévation aux puissances*.

1º Nous avons d'abord défini l'*addition;* montré comment elle revient à la numération, et exposé les procédés pour l'exécuter dans les différents cas qu'elle présente.

2º L'addition de plusieurs nombres égaux conduit à la *multiplication*. Après avoir défini la *multiplication* et les mots *multiplicande, multiplicateur, produit, facteur, nombre multiple et sous-multiple d'un autre;* après avoir remarqué que le multiplicateur doit toujours être considéré comme un nombre abstrait, et que le produit est toujours de même espèce que le multiplicande, nous avons examiné quels changements éprouve le produit quand on multiplie ou qu'on divise le multiplicande ou le multiplicateur, ou tous les deux à la fois. Puis nous avons appris à faire la multiplication dans les cinq cas qu'elle présente. (Rappeler ces cas.) Enfin, en terminant nous avons dit ce qu'on appelle *produit de plusieurs nombres*, et nous avons démontré : 1º *que multiplier un nombre entier par plusieurs autres revient à le multiplier par leur produit;* 2º *que le produit de plusieurs nombres entiers ne change pas, dans quelque ordre qu'on effectue la multiplication.*

3º La multiplication de plusieurs nombres égaux entre eux conduit à l'idée des *puissances*. Nous avons dit ce qu'on appelle *deuxième, troisième, quatrième, etc., puissance d'un nombre (carré, cube)*. Les puissances d'un nombre que l'on peut obtenir par des multiplications successives pourraient aussi s'obtenir par des procédés particuliers dont nous avons à dessein renvoyé plus loin l'exposition. Mais nous avons fait remarquer que l'élévation aux puissances étant une multiplication de facteurs égaux entre eux, comme la multiplication est une addition de nombre égaux entre eux, et l'addition n'étant qu'une numération abrégée, il n'y a dans toutes ces opérations que *numération* modifiée de différentes manières (18.).

(B) La seconde classe d'opérations, celles par lesquelles on décompose les nombres, renferme la *soustraction*, la *division*, et l'*extraction des racines*.

1º Nous avons d'abord défini la *soustraction*, fait voir comment elle revient à la *dénumération*, et exposé les procédés pour l'exécuter dans les différents cas qu'elle présente.

2º La soustraction d'un nombre retranché plusieurs fois d'un autre nombre nous a amenés à la *division*. Deux problèmes nous ont conduits à sa définition ; nous avons défini aussi les mots *dividende, diviseur, quotient*, et, après avoir montré les deux usages de la division, nous avons fait voir comment le problème, *Étant donné un produit et l'un des facteurs*, revient à cet autre : *Étant donné un produit et le multiplicande, trouver le multiplicateur.* Le quotient d'une division doit être quelquefois un nombre abstrait et quelquefois un nombre concret; nous avons indiqué dans quelles circonstances cela a lieu ; et, après avoir remarqué qu'une division ne peut pas toujours se faire exactement en nombres entiers (ce qui nous a donné occasion de définir ces mots *quotient approché à moins d'une unité, diviseur* ou *partie aliquotes d'un nombre*), nous avons procédé à la recherche de la méthode pour faire la division. Il fallait commencer par déterminer combien le quotient doit avoir de chiffres : nous avons enseigné à le faire ; et les procédés pour exécuter la division dans les trois cas qu'elle présente (rappeler ces trois cas), se sont offerts d'eux-mêmes, par l'examen de la manière dont le produit de deux nombres se compose avec le multiplicande et le multiplicateur. Nous avons terminé en indiquant quels changements éprouve le quotient par suite de multiplications ou de divisions faites sur le multiplicande, sur le multiplicateur, ou sur tous les deux à la fois ; et comme bien souvent on ne veut faire une division que parce que l'on croit qu'elle peut se faire exactement, nous avons donné les caractères auxquels on peut reconnaître si un nombre est exactement divisible par les nombres 2, 3, 4, 5, 6, 9, 10, 12, 15, 18, 36, 45.

3° La recherche d'un facteur lorsqu'on connaît un produit et l'autre facteur, ou les autres facteurs de ce produit, tel est le but de la division. La recherche d'un facteur quand on connaît un produit et qu'on sait que tous les facteurs de ce produit sont égaux, c'est *l'extraction des racines.* Nous avons défini ces mots *racine deuxième, troisième, quatrième* etc. (*racine carrée, racine cubique*), mais nous avons renvoyé à dessein plus loin la recherche des procédés pour extraire les racines des nombres. Nous avons laissé entrevoir cependant que l'extraction des racines devant rentrer dans la division, laquelle n'est qu'une suite de soustractions abrégées, et par conséquent une dénumération, tous les procédés de décomposition des nombres reviennent à la *dénumération* modifiée de diverses manières.

(C) Nous avons conclu ce chapitre en indiquant les procédés pour faire *les preuves* de l'*addition*, de la *soustraction*. de la *multiplication* et de la *division* des nombres entiers.

CHAPITRE IV.

DÉCOMPOSITION DES NOMBRES ENTIERS EN FACTEURS, CONSÉQUENCES DE CETTE DÉCOMPOSITION.

74. Dans la suite naturelle des nombres 1, 2, 3, 4, 5, 6, 7, 8, 9, etc., nous en trouvons qui peuvent être divisés par quelques-uns de ceux qui les précèdent : tel est 6, par exemple, qui peut être divisé par 2 et par 3 ; tels sont encore 4, 8, 9, 10, etc. Nous en trouvons d'autres, au contraire, qui ne peuvent être divisés par aucun autre, si ce n'est par l'unité ; tel est, par exemple, 5, qui n'est divisible que par 1 et par lui-même ; tels sont encore 7, 11, 13, etc. Cette remarque va nous conduire à quelques propositions importantes ; mais, d'abord, convenons d'appeler *nombres premiers* ces derniers nom-

bres, et les autres, *nombres non premiers*. Nous dirons, par conséquent, que *les nombres premiers sont ceux qui ne peuvent être divisés
que par eux-mêmes ou par l'unité*, et que *les nombres non premiers
sont ceux qui ne peuvent être divisés par d'autres nombres qu'eux-
mêmes ou l'unité*.

*Quand deux ou plus de deux nombres ne peuvent être divisés à la
fois par un même nombre différent de l'unité, nous dirons qu'ils sont
premiers entre eux*. Ainsi, 8 et 15 sont premiers entre eux; on peut
s'assurer, en effet, qu'aucun nombre entier ne divise exactement à
la fois les deux nombres 8 et 15. Il en est de même des trois nombres 7, 10 et 81.

75. Il suit des définitions précédentes que *deux nombres sont premiers entre eux :* 1° *Si tous les deux sont premiers;* car alors ils ne
sont divisibles à la fois que par l'unité; 2° *Si l'un d'eux étant premier ne divise pas l'autre;* car aucun des diviseurs du nombre non
premier ne peut diviser l'autre nombre, puisqu'il est premier. Ainsi
7 et 18 sont premiers entre eux, quoique 18 ne soit pas premier,
parce qu'aucun des diviseurs de 18 ne peut diviser 7 qui est premier.

76. Soit 15 un nombre non premier : ce nombre peut se diviser
par 3. Effectuant cette division, je trouve 5 pour quotient. J'ai donc,
d'après le principe que le diviseur multiplié par le quotient doit reproduire le dividende, $15 = 3 \times 5$. 15 se trouve ainsi décomposé
en deux facteurs 3 et 5, qui sont premiers. Soit encore le nombre
36 : ce nombre peut se diviser par 2, et par conséquent est égal à
2×18; 2 est un nombre premier, mais 18 ne l'est pas, car il peut
être divisé par 3, par exemple. Faisons cette division, nous trouverons
6 pour quotient; nous pourrons donc remplacer 18 par 3×6, et
alors nous aurons $36 = 2 \times 3 \times 6$. Les nombres 2 et 3 sont premiers; mais 6 ne l'est pas, car il peut se diviser par 2, par exemple.
En faisant cette division on trouve 3 pour quotient; on peut donc
remplacer 6 par 2×3, et alors on a $36 = 2 \times 3 \times 2 \times 3$. Or,
tous ces facteurs sont premiers; donc le nombre 36 est décomposé
en facteurs premiers.

On voit donc que les nombres 15 et 36, qui ne sont pas premiers,
ont pu se décomposer en facteurs premiers. Il est facile de s'assurer,
par le raisonnement, qu'il en serait de même de tout autre nombre
non premier.

En effet, soit un nombre quelconque non premier que nous désignerons par A : puisque nous le supposons non premier, il peut se diviser par un autre ; appelons b cet autre nombre. En divisant A par b, et en appelant c le quotient donné par cette opération, nous aurons :

$$A = b \times c.$$

Cela posé, b et c seront des nombres premiers ou non premiers : s'ils sont premiers, le nombre A sera décomposé en deux facteurs premiers ; s'ils ne le sont pas, nous pourrons les décomposer eux-mêmes en deux facteurs, comme nous avons décomposé A. Soit, par exemple, b décomposé en deux facteurs d et f, de sorte qu'on ait $b = d \times f$; soit de même c décomposé en deux facteurs, de sorte qu'on ait $c = g \times h$; alors, en substituant à b et à c leurs valeurs $d \times f$ et $g \times h$, nous aurons :

$$A = d \times f \times g \times h.$$

Le nombre A sera ainsi décomposé en quatre facteurs. Si ces facteurs sont premiers, le nombre A sera décomposé en facteurs premiers. S'ils ne le sont pas, ou si quelques-uns d'entre eux ne le sont pas, nous pourrons décomposer en deux facteurs ceux qui ne seront pas premiers, et le nombre A se trouvera décomposé en de nouveaux facteurs. Si quelqu'un d'entre eux n'était pas premier, nous le décomposerions en deux autres, et ainsi de suite. Cela posé, on voit que ces décompositions doivent avoir un terme; car si elles n'en avaient pas, il s'ensuivrait que le nombre A serait le produit d'une infinité de facteurs entiers, et par conséquent serait un nombre infini, ce qui n'est pas possible. Il viendra donc un moment où les facteurs obtenus ne pourront être divisés par aucun nombre, si ce n'est par eux-mêmes ou par l'unité, et par conséquent seront premiers. Donc *tout nombre qui n'est pas premier peut se décomposer en facteurs premiers.*

Appliquons ce que nous venons de dire au nombre 360. Ce nombre n'est pas premier, comme il est facile de le voir; il peut être divisé par plusieurs nombres, entr'autres par 8. Faisons cette division : le quotient est 45, nous aurons donc :

$$360 = 8 \times 45.$$

Aucun des facteurs, 8 et 45, n'est premier. Divisons 8 par 2, le quotient égale 4, d'où nous tirons $8 = 2 \times 4$. Divisons 45 par 3, le quotient est 15, d'où $45 = 3 \times 15$; en substituant à 8 et à 45 leurs valeurs 2×4, et 3×15, nous aurons :

$$360 = 2 \times 4 \times 3 \times 15.$$

360 est ici décomposé en quatre facteurs : le premier et le troisième sont des nombres premiers ; mais le deuxième et le quatrième ne le sont pas. Divisons le deuxième, qui est 4, par 2, le quotient sera 2, d'où nous tirons $4 = 2 \times 2$; divisons le quatrième, qui est 15, par 3, le quotient est 5, d'où $15 = 3 \times 5$; En remplaçant les nombres 4 et 15 par leurs valeurs 2×2 et 3×5, nous aurons :

$$360 = 2 \times 2 \times 2 \times 3 \times 3 \times 5.$$

et 360 se trouve décomposé en 6 facteurs premiers.

77. Le nombre 360, présenté sous cette forme $2 \times 2 \times 2 \times 3 \times 3 \times 5$, ne nous donne plus une idée aussi claire de sa valeur, parce que nous ne sommes pas accoutumés à considérer les nombres ainsi décomposés. Cependant, sous cet aspect, nous en apercevons, pour ainsi dire, la constitution, et nous en verrons plus facilement certaines propriétés. Que l'on demande, par exemple, si 360 est divisible par 5, on pourra répondre aussitôt affirmativement, car 360 peut être considéré comme le produit 72 des cinq premiers facteurs par le dernier facteur 5 ; or, le produit d'un nombre par 5 est essentiellement divisible par 5. De même, que l'on demande si 360 est divisible par 15, on devra répondre encore affirmativement, car 360 peut être considéré comme le produit 24 des quatre premiers facteurs par le produit des deux derniers ; or, ce produit est 15, donc 360 est divisible par 15. On verrait de même que 360 est divisible par 12, car nous avons vu (39.) que le produit de plusieurs facteurs ne change pas, quel que soit l'ordre dans lequel on fait la multiplication ;

ainsi, à $360 = 2 \times 2 \times 2 \times 3 \times 3 \times 5$

on pourra substituer $360 = 2 \times 3 \times 5 \times 2 \times 2 \times 3$.

Le nombre 360 peut donc être considéré comme le produit des trois premiers facteurs par le produit des trois derniers ; or, le produit des trois derniers est 12 ; donc 360 est divisible par 12.

78. La considération d'un nombre décomposé en facteurs va nous

servir à démontrer plusieurs propositions qu'il est bon de retenir, sous la forme qui va nous servir à les énoncer :

1° *Pour diviser un nombre par un de ses facteurs, il suffit de supprimer ce facteur.* Ainsi, le nombre 360, égal à $2 \times 2 \times 2 \times 3 \times 3 \times 5$, divisé par 5, est égal au produit des facteurs $2 \times 2 \times 2 \times 3 \times 3$; car ce produit multiplié par 5 donne 360 ou $2 \times 2 \times 2 \times 3 \times 3 \times 5$. De même, 360 divisé par 3 est égal à $2 \times 2 \times 2 \times 3 \times 5$, c'est-à-dire, au produit de tous ses facteurs, moins un facteur 3.

2° *Réciproquement, multiplier un nombre par un autre c'est lui donner un facteur de plus, égal à cet autre nombre.* Ainsi 360 multiplié par 7 est égal à $2 \times 2 \times 2 \times 3 \times 3 \times 5 \times 7$ ou 2520.

3° *Diviser un nombre par plusieurs autres (a), revient à le diviser par leur produit.* Car le diviser par 3 et par 5, par exemple, c'est lui ôter un facteur égal à 3, puis un facteur égal à 5, par conséquent deux facteurs dont le produit est 15; et le diviser par le produit de 3 par 5, c'est le diviser par 15 ou lui ôter un facteur 15. Or, ce que nous disons ici des nombres 3 et 5, nous le dirions évidemment de deux autres nombres quelconques, et le même raisonnement prouverait notre proposition, savoir : que diviser un nombre par plusieurs autres revient à le diviser par leur produit.

4° *Si l'on avait un nombre à diviser par un autre, et qu'on dût ensuite multiplier le quotient par un troisième, on pourrait commencer par multiplier le premier nombre par le dernier, et diviser le produit par le second nombre.* Soit, pour fixer les idées, 36 à diviser par 4, et supposons qu'il faille ensuite multiplier le quotient par 3 : nous disons que l'on peut commencer par multiplier 36 par 3 et diviser ensuite le produit par 4. En effet, diviser 36 par 4, c'est supprimer un de ses facteurs égal à 4; et multiplier le quotient par 3, c'est lui donner un nouveau facteur égal à 3. Mais il est évident que l'on arrivera toujours au même résultat, soit que l'on introduise d'abord le facteur 3, pour supprimer ensuite le facteur 4, soit que l'on supprime d'abord le facteur 4 et qu'on introduise ensuite le facteur 3.

5° On voit encore que le produit de plusieurs nombres, de 6, 8, 9, 12, par exemple, qui est $6 \times 8 \times 9 \times 12$, ou bien 5184, est di-

---

(a) Par ces mots : *diviser un nombre par plusieurs autres*, nous entendons diviser ce nombre par un autre; puis, le quotient qui en résulte par un troisième nombre; ce nouveau quotient par un quatrième, et ainsi de suite.

visible : 1º par chacun de ces nombres 6, 8, 9, 12, par 9, par exemple, puisqu'on peut considérer 5184 comme résultant de la multiplication du produit des trois nombres 6, 8, 12, qui est 488, par le facteur 9 : 5184 est donc un produit dont 488 est le multiplicande et 9 le multiplicateur, il est donc divisible par 9. 2º Ce même nombre 5184 est divisible par le produit de plusieurs de ses facteurs, par le produit des deux derniers, par exemple, savoir : 9 et 12, lequel produit est 108 ; car 5184 peut être considéré comme le produit des deux premiers nombres multipliés par le produit des deux derniers, qui est 108. On verrait de même que 5184 est divisible par le produit de plusieurs autres de ses facteurs 6, 8, 9, 12. 3º Enfin, le nombre 5184 formé de la multiplication des facteurs 6, 8, 9, 12, est divisible par les diviseurs ou parties aliquotes de chacun des facteurs 6, 8, 9, 12. Ainsi, comme 12, par exemple, est formé de la multiplication de 3 par 4, on peut en conclure que 5184 est divisible par 3 et par 4 ; car on peut remplacer le facteur 12 par 3×4, et alors on a $5184 = 6 \times 8 \times 9 \times 3 \times 4$, nombre qui, d'après ce qui précède, est évidemment divisible par 3 et par 4. On verrait de même qu'il est divisible par tous les autres diviseurs de 6, 8, 9, 12. Il est d'ailleurs évident que si un nombre en contient un autre, 15, par exemple, un nombre entier de fois exactement, il contiendra aussi exactement tous les nombres qui sont contenus dans 15 un nombre entier de fois, ou, ce qui est la même chose, tous les diviseurs de 15.

Les raisonnements que nous venons de faire sont d'ailleurs indépendants des nombres que nous avons employés ; donc, en résumant, on peut conclure : *qu'un nombre formé de plusieurs autres multipliés entre eux, est divisible : 1º par chacun d'eux ; 2º par le produit de plusieurs d'entre eux ; 3º par leurs diviseurs.*

79. Les considérations précédentes nous conduisent à chercher le procédé le plus simple pour décomposer un nombre en facteurs premiers. Déjà nous avons fait quelques opérations de ce genre : ainsi nous avons décomposé le nombre 360 en facteurs, qui d'abord n'étaient pas premiers ; puis en décomposant ceux-ci en d'autres, nous sommes arrivés à tous les facteurs premiers de 360. Tel est le procédé que l'on suit ordinairement, avec cette précaution toutefois, de n'employer que des nombres premiers comme diviseurs dans les divisions successives que l'on doit faire. Voici du reste comment on dispose cette série d'opération.

On écrit d'abord le nombre que l'on veut décomposer
en facteurs premiers; nous le supposons ici être 360;
puis on trace à sa droite une ligne verticale; ensuite on
divise ce nombre par un de ses facteurs premiers, le
plus simple possible, et, par conséquent, par 2 d'abord,
si la division peut se faire exactement; 360 divisé par 2

$$
\begin{array}{r|l}
360 & \\
180 & 2 \\
90 & 2 \\
45 & 2 \\
15 & 3 \\
5 & 3 \\
1 & 5 \\
\end{array}
$$

donne 180 pour quotient : on écrit 180 au-dessous de 360
et le facteur 2 à côté de 180; ensuite on divise 180 encore par le
nombre 2, puisque la division est possible; on trouve 90 pour quotient, et on écrit 90 au-dessous de 180 et le facteur 2 à côté de 90.
Le nombre 90 pouvant encore être divisé par 2, on fait cette division : le quotient est 45; on écrit ce quotient au-dessous de 90 et
le facteur 2 à côté de 45. Le nombre 45 ne pouvant plus être divisé
par 2, on essaie la division par le nombre premier qui vient immédiatement après 2, c'est-à-dire par 3. Cette division est possible et
le quotient est 15; on écrit 15 au-dessous de 45 et le facteur 3 à
côté de 15. Le nombre 15 pouvant être encore divisé par 3, le quotient est 5; on écrit 5 au-dessous de 15 et le quotient 3 à côté de 5.
Le nombre 5 ne peut plus être divisé par 3, alors on essaie la division par le nombre premier qui est immédiatement au-dessous de 3,
c'est-à-dire par 5. La division est possible et le quotient est 1; on
l'écrit au-dessous de 5, puis on écrit le diviseur 5 à côté de 1, et on
a ainsi pour facteurs premiers de 360 les nombres 2, 2, 2, 3, 3, 5.

On voit facilement comment on décomposerait tout autre nombre
en facteurs premiers et comment on formulerait le procédé à suivre
pour faire cette opération. En s'exerçant sur les nombres suivants,
on trouvera que

$$5880 = 2 \times 2 \times 2 \times 3 \times 5 \times 7 \times 7$$
$$1764 = 2 \times 2 \times 3 \times 3 \times 7 \times 7$$
$$1665 = 3 \times 3 \times 5 \times 37$$
$$5670 = 2 \times 3 \times 3 \times 3 \times 3 \times 5 \times 7$$
$$30527 = 7 \times 7 \times 7 \times 89$$
$$176400 = 2 \times 2 \times 2 \times 2 \times 3 \times 3 \times 5 \times 5 \times 7 \times 7.$$

80. Si l'on voulait avoir les autres diviseurs non premiers d'un
nombre décomposé en facteurs premiers, il faudrait se rappeler
que nous avons vu (78.) que lorsqu'un nombre est décomposé en
facteurs, il est divisible par les différents produits que l'on peut
faire en multipliant entre eux ces facteurs. Ainsi, 360 sera divisible

par tous les produits que l'on pourra faire en multipliant entre eux
les nombres 2, 2, 2, 3, 3, 5. Voici comment on peut faire avec ordre ces multiplications :

```
360|
180|2
 90|2  4
 45|2  8
 15|3  6  12  24
  5|3  9  18  36  72
  1|5  10  20  40  15  30  60  120  45  90  180  360
```

Après avoir trouvé les facteurs premiers de 360, et les avoir disposés nomme nous avons appris à le faire, on multiplie le premier
facteur 2 par le second, et l'on obtient un produit 4, nouveau diviseur de 360; on l'écrit à côté du second facteur; on multiplie ensuite séparément le premier et le second facteur, et leur produit 4
par le troisième facteur 2; on trouve deux produits égaux à 4 et
un produit égal à 8; on n'écrit pas les premiers parce qu'on a déjà
écrit 4 au nombre des diviseurs de 360; mais on écrit le produit 8
à côté du troisième facteur premier (c'est encore un nouveau diviseur de 360). Passant au quatrième facteur premier, qui est 3, on
multiplie séparément par ce nombre tous les facteurs premiers précédents et les produits déjà obtenus; on a ainsi de nouveaux produits, qui sont des diviseurs de 360 : on les écrit à la suite du quatrième facteur premier, en omettant ceux qu'on aurait déjà obtenus;
ici, les diviseurs à écrire sont 6, 12, 24. Passant ensuite au cinquième facteur premier, qui est encore 3, on multiplie séparément
par ce nombre tous les facteurs premiers qui précèdent et tous leurs
produits déjà obtenus : on a les nouveaux diviseurs 9, 18, 36, 72.
Enfin, multipliant par le dernier facteur 5 tous les nombres précédents, on obtient de nouveaux diviseurs de 360 que l'on écrit.

La règle pour obtenir les diviseurs non premiers d'un nombre,
lorsqu'on a les facteurs premiers, peut s'énoncer ainsi : *Écrivez ces
facteurs premiers les uns au-dessous des autres, et multipliez par
chacun de ces facteurs tous ceux qui les précèdent, ainsi que tous
les produits formés par les multiplications précédentes; puis écrivez
tous les produits que vous formez ainsi, ayant soin d'omettre ceux
que vous auriez déjà écrits.*

En suivant cette règle, on forme des nombres qui sont tous diviseurs du nombre proposé, et même ce sont les seuls diviseurs de ce
nombre; mais cette dernière proposition aurait besoin d'être dé-

montrée. On peut consulter pour cela la note deuxième, qui renferme plusieurs autres propositions importantes.

81. RÉSUMÉ. — Dans cé qui précède, après avoir défini ces mots *nombre
premier, nombre non premier, nombres premiers entre eux*, et avoir montré
que deux nombres sont premiers entre eux lorsque tous les deux sont premiers, ou lorsque l'un d'eux étant premier ne divise pas l'autre, nous avons
démontré que tout nombre non premier peut se décomposer en facteurs
premiers. Nous avons ensuite établi les cinq propositions renfermées dans
le n° 78, et qu'on peut y voir énoncées en caractères italiques; puis nous
avons appris à décomposer un nombre en facteurs premiers, et à trouver
tous les diviseurs d'un nombre donné.

CHAPITRE V.

DES FRACTIONS EN GÉNÉRAL, ET DES OPÉRATIONS DE L'ARITHMÉTIQUE SUR LES FRACTIONS.

82. Nous avons déjà vu (**17.**) comment on peut, en général, avec
une unité donnée, mesurer une quantité plus petite que cette unité,
et nous avons appelé *fraction l'expression de cette quantité au
moyen de l'unité*, ou, en d'autres termes, *l'expression d'une ou plusieurs parties de l'unité*. Nous avons dit aussi qu'une fraction peut
s'écrire au moyen de deux nombres séparés par une ligne, $\frac{3}{4}$, par
exemple. Nous savons, de plus, que le nombre placé au-dessous de
la ligne de séparation s'appelle *dénominateur*, et celui placé au-
dessus, *numérateur*, parce qu'ils indiquent, le premier, en combien de parties l'unité a été partagée, et, par suite, *quel nom* on
doit donner à ces parties; le second, *combien* la fraction renferme
de ces parties de l'unité. Enfin, nous avons vu comment s'énonce
une fraction. Il faut, avant de passer plus loin, relire tout le n° 17.

83. De la notion précédente d'une fraction, il suit que donner
à une personne les $\frac{3}{4}$ d'une unité, d'un franc, par exemple, c'est
partager un franc en 4 parties égales et lui en donner 3; elle a ainsi
les $\frac{3}{4}$ d'un franc. Mais il est évident qu'elle aurait la même quan-

tité si l'on eût partagé 3 francs, chacun en 4 parties égales, et qu'on lui eût donné une partie de chaque franc ; dans ce dernier cas, elle aurait le quart de 3 francs. Donc, avoir les $\frac{3}{4}$ d'une unité ou $\frac{1}{4}$ de 3 unités, c'est une même chose. Mais le quart de 3, de quelque manière qu'on l'exprime, c'est le quotient de la division de 3 par 4, et puisque ce quotient est la même chose que $\frac{3}{4}$, rien n'empêche de l'exprimer par $\frac{3}{4}$.

Donc enfin, *une expression de cette forme* $\frac{3}{4}$ *peut être considérée sous deux points de vue, qui reviennent au même, ou bien elle exprime qu'on a partagé une unité en 4 parties et qu'on en a pris 3, ou bien qu'on a pris le quart de 3 unités, c'est-à-dire qu'elle exprime le quotient de 3 par 4.* Nous pourrons donc considérer une fraction sous l'un ou l'autre de ces points de vue, suivant que cela nous conviendra mieux.

84. Et d'abord, cette remarque nous fournit le moyen d'exprimer exactement le quotient d'une division, lors même que le dividende n'est pas un multiple exact du diviseur. Supposons, par exemple, que nous ayons 23 à diviser par 4 ; le procédé donné pour effectuer la division donne 5 pour quotient avec un reste égal à 3. Le quotient 5 n'est donc pas exact, c'est celui de 20, et non pas de 23, divisé par 4 ; il faut donc encore diviser 3 par 4. Or, d'après ce qui précède, le quotient de 3 par 4 est $\frac{3}{4}$; donc le quotient véritable de 23 par 4 est $5 + \frac{3}{4}$. Et ce que nous venons de dire s'appliquant à tout autre nombre, on peut en conclure que *toutes les fois qu'une division donne un reste, on obtiendra l'expression exacte du quotient en ajoutant à la partie entière trouvée pour quotient une fraction dont le reste sera le numérateur, et dont le diviseur sera le dénominateur.* Ainsi, 123 divisé par 12 donne au quotient $10 + \frac{3}{12}$; 1348708 divisé par 498 donne $2708 + \frac{124}{498}$.

85. On pourrait même indiquer le quotient tout entier par une expression fractionnaire, car si $\frac{3}{4}$ indique le quotient de la divi-

sion de 3 par 4, $\frac{23}{4}$ peut aussi indiquer le quotient de la division de

23 par 4; $\frac{20}{5}$, celui de 20 divisé par 5, etc. Ces expressions, $\frac{23}{4}, \frac{20}{5}$,

indiquent, comme on le voit, des quantités plus grandes que l'unité;
cependant, comme elles se présentent sous la forme des fractions,
on leur donne aussi par extension le nom de *fractions* ou mieux celui
de *fractions improprement dites*. On voit facilement *qu'une fraction
est improprement dite toutes les fois que le dénominateur n'est pas
plus grand que le numérateur* (6.).

86. On a besoin quelquefois de trouver les entiers contenus dans
une fraction improprement dite. Puisqu'une fraction n'est que l'indication d'une division, *on voit que pour avoir ces entiers il suffit
d'effectuer la division; le quotient donnera les entiers, et le reste,
s'il y en a un, sera le numérateur d'une nouvelle fraction qui aura
le même dénominateur que la première*. Ainsi, pour extraire les entiers contenus dans $\frac{27}{6}$, on divise 27 par 6, ce qui donne 4 entiers,
et le reste 3 de la division exprime des 6mes (*a*); on a donc :

$$\frac{27}{6} = 4 + \frac{3}{6}. \text{ De même, } \frac{47}{5} = 9 + \frac{2}{5}.$$

87. Quelquefois, au contraire, on veut mettre un nombre entier
sous forme de fraction d'une espèce déterminée. Il est bien facile de
trouver le procédé à suivre pour cela. Soit, par exemple, proposé
de réduire 6 en septièmes. Puisqu'un entier vaut 7 septièmes, 6 entiers vaudront 6 fois 7 septièmes, c'est-à-dire, $\frac{42}{7}$. En généralisant
ce raisonnement, on verra que *pour mettre un nombre entier sous
forme de fraction d'une espèce déterminée, il faut multiplier ce nombre par le dénominateur de la fraction proposée, et donner au produit ce même dénominateur*. On trouvera par ce procédé que

8 réduit en 9mes donne $\frac{72}{9}$;

13 réduit en 11mes donne $\frac{143}{11}$.

_____

(*a*) On pourrait encore dire : puisque 27 exprime des sixièmes, et qu'il faut 6 sixièmes pour
une unité, autant de fois 6 sera contenu dans 27, autant de fois il y aura une unité dans $\frac{27}{6}$. Cherchons donc combien de fois 6 est contenu dans 27.

88. Et si l'on avait une fraction réunie avec un nombre entier et qu'il fallût réduire le tout en une seule expression fractionnaire, il *faudrait multiplier les entiers par le dénominateur de la fraction, ajouter au produit le numérateur, et conserver le même dénominateur.* Ainsi,

$$3 + \frac{2}{5} = \frac{17}{5}, \quad 6 + \frac{8}{9} = \frac{62}{9}.$$

89. Nous avons vu (63.) quels changements éprouve le quotient d'une division lorsqu'on rend le dividende ou le diviseur, ou tous les deux à la fois, un certain nombre de fois plus grands ou plus petits. Puisque une fraction n'est que le quotient indiqué d'une division dans laquelle le numérateur est le dividende, et le dénominateur est le diviseur, on peut en conclure que :

1° *Si l'on rend le numérateur d'une fraction 2 fois, 3 fois, 4 fois, etc., et, en général, un certain nombre de fois plus grand, la fraction devient le même nombre de fois plus grande;*

2° *Si l'on rend le numérateur 2 fois, 3 fois, 4 fois, et en général un certain nombre de fois plus petit, la fraction devient le même nombre de fois plus petite;*

3° *Si l'on rend le dénominateur 2 fois, 3 fois, 4 fois, et en général un certain nombre de fois plus grand, la fraction devient le même nombre de fois plus petite;*

4° *Si l'on rend le dénominateur 2 fois, 3 fois, 4 fois, et en général un certain nombre de fois plus petit, la fraction devient le même nombre de fois plus grande;*

5° *Enfin, si l'on rend en même temps les deux termes, un certain nombre de fois plus grands ou plus petits, la valeur de la fraction ne change pas* (a).

(a) Toutes ces propositions sont évidentes, d'après ce qui a été dit (63.), si l'on considère une fraction comme exprimant le quotient de la division du numérateur par le dénominateur; mais il est encore très-facile d'en voir la vérité en considérant une fraction, $^6/_{24}$, par exemple, sous le premier point de vue sous lequel nous l'avons d'abord considérée, c'est-à-dire comme exprimant qu'on a partagé l'unité en 24 parties et qu'on en a pris 6. En effet,

1° Si, sans toucher au dénominateur, c'est-à-dire sans changer la grandeur des parties dont la fraction est composée, on prend un numérateur 2 fois, 3 fois plus grand, on aura 2 fois, 3 fois plus de ces parties, et par conséquent une quantité 2 fois, 3 fois plus grande;

2° Si, sans changer le dénominateur, on prend 2 fois, 3 fois moins de par-

En résumant tout cela, on voit que :

Multiplier le numérateur ou diviser le dénominateur, c'est multiplier la fraction;

Multiplier le dénominateur ou diviser le numérateur, c'est diviser la fraction;

Multiplier le numérateur et le dénominateur, ou diviser l'un et l'autre par le même nombre, c'est ne pas changer la fraction.

Ainsi, *pour multiplier une fraction par un nombre entier, 3, par exemple, il faut ou multiplier le numérateur par 3, ce qui est toujours possible, ou diviser le dénominateur par 3;* mais on n'emploie le second procédé que quand le dénominateur est divisible exactement par 3.

On déduit de là, que *pour multiplier une fraction par son dénominateur, il suffit de supprimer ce dénominateur;* car pour multiplier $\frac{3}{7}$ par 7, on peut diviser le dénominateur par 7, ce qui donne $\frac{3}{1}$, expression qui est la même chose que 3. Il est facile de voir qu'il en serait de même dans tous les autres cas.

Et *pour diviser une fraction par un nombre entier, 3, par exemple, il faut ou multiplier le dénominateur par 3, ce qui est toujours possible, ou diviser le numérateur par 3;* et l'on n'emploie ce dernier procédé que quand le numérateur est un multiple de 3.

Ces idées sont très-simples; mais il faut se les rendre bien familières avant de passer plus loin; c'est pour cela que nous les avons reproduites sous différentes formes. Quand on sait bien ce que l'on sait, on y trouve facilement beaucoup de choses qu'on ne sait pas.

ties, c'est-à-dire un numérateur 2 fois, 3 fois moins grand, on aura une quantité 2 fois, 3 fois plus petite;

3° Si, sans changer le numérateur, on prend un dénominateur 2 fois, 3 fois plus grand, l'unité aura été partagée en 2 fois, 3 fois plus de parties, ces parties seront donc 2 fois, 3 fois plus petites, et, comme on n'en prend que le même nombre, on aura une quantité 2 fois, 3 fois plus petite;

4° Si, sans changer le numérateur, on prend un dénominateur 2 fois, 3 fois plus petit, alors l'unité aura été partagée en 2 fois, 3 fois moins de parties; ces parties seront donc 2 fois, 3 fois plus grandes, et, puisqu'on en prend le même nombre, on aura une quantité 2 fois, 3 fois plus grande;

5° Enfin, si l'on rend le numérateur et le dénominateur 2 fois, 3 fois plus grands, on prend, il est vrai, 2 fois, 3 fois plus de parties, mais ces parties sont 2 fois, 3 fois plus petites; la quantité ne change donc pas. Elle ne changera pas, et pour une raison semblable, si l'on rend les deux termes 2 fois, 3 fois plus petits.

90. Nous venons de dire qu'on ne change pas une fraction en divisant les deux termes par un même nombre; on peut quelquefois profiter de cette propriété des fractions pour les réduire à une forme plus simple; ainsi, si l'on avait la fraction $\frac{18}{36}$ et qu'on divisât les deux termes par 18, on aurait $\frac{1}{2}$, fraction égale à $\frac{18}{36}$ et plus simple.

Quand on veut réduire une fraction à une plus simple expression, il suffit pour cela d'en diviser les deux termes par un même nombre; mais si l'on voulait réduire cette fraction non pas seulement *à une plus simple* expression, mais *à la plus simple* expression dont elle est susceptible, on y parviendrait en en divisant les deux termes par les mêmes nombres jusqu'à ce qu'on ne puisse pas pousser plus loin ces divisions. Voici comment on peut obtenir ce résultat par des divisions successives. On essaie de diviser les deux termes d'abord par 2, et on le fait aussi souvent que possible; quand ils ne peuvent être divisés par 2, on essaie la division par 3, que l'on fait encore aussi souvent que possible, puis on essaie la division par 5, par 7, par 11, et par les autres nombres premiers, jusqu'à ce que les deux termes de la dernière fraction obtenue ne puissent pas être divisés en même temps par un même nombre; alors la fraction proposée est réduite à sa plus simple expression. On conçoit, du reste, qu'après avoir épuisé la division par un nombre premier, par 2, par exemple, il est inutile d'essayer la division par les multiples de ce nombre, par 4 ou par 6, par exemple; car, si les deux termes étaient encore divisibles par 4 ou par 6, ils devraient l'être aussi par 2 (78.); de même, quand on a épuisé la division par 3, il est inutile d'essayer la division par 6, par 9, par 12, par 15, etc. (a).

En appliquant cette règle à la fraction $\frac{2898}{3780}$, on trouve que les deux termes sont divisibles une fois par 2, deux fois par 3, et une fois par 7. En faisant ces divisions on obtient successivement :

$$\frac{2898}{3780} = \frac{1449}{1890} = \frac{483}{630} = \frac{161}{210} = \frac{23}{30}.$$

(a) Souvent on s'écarte de cette méthode, parce qu'on voit tout d'un coup que les deux termes de la fraction à réduire sont divisibles par deux nombres plus grands que ceux par lesquels il faudrait commencer, en la suivant; c'est ainsi que nous avons réduit $\frac{18}{36}$ à la plus simple expression en divisant les deux termes par 18.

Remarquons que si, au lieu de faire ces quatre divisions successives, on eût divisé tout d'un coup les deux nombres 2898 et 3780 par le plus grand nombre possible qui puisse les diviser en même temps, on aurait réduit, par une seule opération, la fraction proposée à sa plus simple expression $\frac{23}{30}$. De plus, dans bien des cas, il serait très-long d'employer le procédé que nous avons donné pour simplifier une fraction ; par exemple, si l'on voulait réduire à sa plus simple expression la fraction $\frac{58}{87}$, ce serait en vain qu'on essaierait la division des deux termes par les nombres premiers 2, 3, 5, 7, 11, 13, 17, 19, 23 ; le nombre 29 est le premier diviseur commun qu'on rencontrerait. Dans d'autres cas, il faudrait faire beaucoup plus d'essais inutiles, et souvent, après tous ces essais, on trouverait que la fraction proposée ne peut pas être réduite à une plus simple expression. On conçoit combien il serait utile d'avoir un moyen de trouver, dans tous les cas, le plus grand nombre qui puisse diviser en même temps les deux termes d'une fraction.

91. Nous allons donc nous occuper de résoudre ce problème : *Deux nombres étant donnés, trouver leur plus grand commun diviseur ;* Tout ce que nous allons dire, dans cette recherche repose sur deux propositions renfermées dans le n° 65, et que nous allons reproduire ici avec une légère modification dans l'énoncé de la seconde.

1° Si un nombre A est décomposé en deux parties m et n, de manière qu'on ait $A = m + n$, et que chaque partie soit divisible par un autre nombre c, le nombre A sera lui-même divisible par c.

2° Si un nombre A est décomposé en deux parties m et n, de sorte qu'on ait $A = m + n$, et que le nombre A et une de ses parties soient divisibles par un autre nombre c, l'autre partie sera aussi divisible par c.

De ces deux propositions on déduit que :

1° Si dans une division le dividende et le diviseur sont divisibles par un autre nombre, le reste de la division doit être aussi divisible par ce nombre. En effet, dans une division, le dividende est égal au produit du diviseur par le quotient augmenté du reste. Ainsi, en appelant D le dividende, D′ le diviseur, Q le quotient, R le reste, on aura :

$$D = (D' \times Q) + R.$$

Cela posé, le dividende est décomposé en deux parties, dont l'une est le produit du diviseur par le quotient, et l'autre le reste. Si le diviseur est divisible par un certain nombre, il en sera de même du produit du diviseur par le quotient, c'est-à-dire de la première des deux parties qui, réunies, forment le dividende; donc si le dividende et le diviseur sont divisibles par un certain nombre, le nombre total D et sa première partie $D' \times Q$ seront divisibles par ce nombre; il faudra donc que la seconde partie R, qui est le reste de la division, le soit aussi.

2° Si le diviseur et le reste sont divisibles par un certain nombre, les deux parties du dividende D seront divisibles par ce nombre; il faudra donc que le dividende D le soit aussi.

En résumant, on conclut que *tout nombre qui divise le dividende et le diviseur doit diviser le reste, et que tout nombre qui divise le diviseur et le reste doit diviser le dividende.*

92. Nous allons maintenant passer à la recherche du plus grand commun diviseur de deux nombres; les propositions que nous venons d'énoncer se présenteront dans cette recherche, et c'est pour n'être pas arrêtés que nous les avons établies avant de commencer.

Soit donc proposé de trouver le plus grand commun diviseur des deux nombres 3780, 2898, qui sont les deux termes de la fraction que nous avons déjà simplifiée.

D'abord, il est évident que ce plus grand commun diviseur ne

$$
\begin{array}{c|c}
3780 & 2898 \\
\hline
882 & 1
\end{array}
$$

peut être plus grand que le plus petit nombre 2898; voyons donc si 2898 n'est pas lui-même ce plus grand commun diviseur. Pour cela, il suffit qu'il divise 3780; car, comme tout nombre se divise lui-même, si 2898 divise aussi 3780, il ne pourra manquer d'être le *p. g. c. d.* cherché (a). Or, en divisant 3780 par 2898, on trouve 1 au quotient et un reste 882; donc 2898 n'est pas le *p. g. c. d.;* mais, d'après les remarques précédentes, nous savons que le *p. g. c. d.* des nombres 3780, 2898 doit diviser le reste 882; et comme de plus tout nombre qui divise le diviseur et le reste doit aussi diviser le dividende, on peut assurer que le *p. g. c. d.* des deux nombres 3780, 2898, est aussi le *p. g. c. d.* des deux nombres 2898, 882. Ainsi, rechercher le *p. g. c. d.* de 3780 et 2898, revient à rechercher celui de 2898 et 882, recherche plus simple que la première, puisque ces deux derniers nombres sont

(a) Pour abréger, nous désignerons par les lettres *p. g. c. d.* le plus grand commun diviseur.

plus faibles que les deux autres. (Il ne faut pas passer plus loin avant d'avoir bien compris ce qui précède.)

En raisonnant sur les deux nombres 2898 et 882, comme nous l'avons fait sur 3780 et 2898, on verra que le *p. g. c. d.* de 2898 et 882 ne peut être plus grand que 882, et que 882 sera ce *p. g. c. d.* s'il divise exactement 2898. Si l'on essaie la division, on trouve 3 pour quotient et un reste 252 ; donc 882 n'est pas le *p. g. c. d.* des nombres 2898 et 882 ; mais on verra, comme

$$\begin{array}{c|c} 2898 & 882 \\ \hline 252 & 3 \end{array}$$

plus haut, que le *p. g. c. d.* de ces deux nombres doit diviser le reste 252, et que tout nombre qui divise le reste 252 et le diviseur 882 doit diviser le dividende 2898. Il suit de là que le *p. g. c. d.* de 2898 et 882 est aussi celui de 882 et 252 ; et par conséquent rechercher le *p. g. c. d.* de 2898 et 882 revient à rechercher celui de 882 et 252, ce qui est simple.

Recherchons donc le *p. g. c. d.* de 882 et 252. En répétant les raisonnements que nous avons déjà faits, on est conduit à diviser 882 par 252 ; il y a un reste 126 ; mais, pour les mêmes raisons que dans les opérations précédentes, la recherche du *p. g. c. d.* de 882 et 252 revient à celle du *p. g. c. d.* de 252 et de 126.

$$\begin{array}{c|c} 882 & 252 \\ \hline 126 & 3 \end{array}$$

Pour chercher le *p. g. c. d.* de 252 et 126, on divise 252 par 126. Cette division ne donne point de reste, donc 126 est le *p. g. c. d.* des deux nombres 252 et 126. De plus, nous avons vu que le *p. g. c. d.* de 252 et 126 l'est aussi de 882 et 252 ; donc

$$\begin{array}{c|c} 252 & 126 \\ \hline 0 & 2 \end{array}$$

126 est le *p. g. c. d.* de 882 et 252. Or, celui de ces deux nombres l'est de 882 et 2898, et celui de 882 et 2898 l'est aussi de 2898 et 3780 ; donc 126 est le plus grand commun diviseur de 2898 et 3780. Nous avons donc résolu le problème proposé.

93. On voit facilement que pour trouver le plus grand commun diviseur de deux nombres, quels qu'ils soient, on devrait faire les mêmes raisonnements que nous avons faits pour trouver celui des deux nombres 3780 et 2898. Nous pouvons donc établir cette règle générale : *Pour trouver le plus grand diviseur commun de deux nombres, divisez le plus grand par le plus petit. S'il n'y a pas de reste, le plus petit nombre sera le p. g. c. d. cherché; s'il y a un reste, divisez le plus petit nombre par le reste; si cette division se fait exactement, le premier reste sera le p. g. c. d. cherché; s'il y a un reste, divisez le premier reste par le deuxième; si cette nou-*

*velle division se fait exactement, le deuxième reste sera le p. g. c.
d. cherché; s'il y a un reste, continuez à diviser le deuxième reste
par le troisième, puis le troisième par le quatrième, s'il y en a, et
ainsi de suite, jusqu'à ce que vous trouviez un quotient sans reste;
le plus grand commun diviseur sera le dernier diviseur employé.*

Voici la disposition que l'on donne ordinairement aux opérations
que nous venons de faire :

3780		2898		882		252		126
882	1	252	3	126	3	0	2	

Et l'on voit que, sans les écrire de nouveau, le diviseur de la
première division devient le dividende de la seconde, le diviseur de
la seconde devient le dividende de la troisième, et ainsi de suite; les
quotients, tels que 1, 3, etc., se mettent à part dans une petite case
pour ne pas les confondre avec le reste de la division suivante. (Il
y a un autre procédé pour trouver le *p. g. c. d.* de deux nombres.
Voyez la note troisième.)

94. *Nota* 1°. — Si les deux nombres dont on cherche le plus grand
commun diviseur étaient premiers entre eux, ils n'auraient d'autre
diviseur commun que l'unité; alors le dernier reste que l'on trouverait devrait être 1; c'est ce qui arrive en effet. On peut déduire
de là ce procédé : *Pour connaître si deux nombres sont premiers
entre eux, cherchez leur plus grand commun diviseur, et, si les
divisions que vous ferez pour cela finissent par vous donner pour
reste l'unité, les nombres proposés sont premiers entre eux.* On
reconnaîtra à cette marque que les nombres 937 et 47 sont premiers
entre eux.

95. *Nota* 2°. — Remarquons encore une proposition dont la démonstration se trouve renfermée dans la discussion précédente :
c'est que *tout nombre qui en divise deux autres divise aussi leur
plus grand commun diviseur.* Ainsi, nous avons vu que tout nombre qui divise 3780 et 2898 divise aussi 882, tout nombre qui divise 2898 et 882 divise 252, tout nombre qui divise 882 et 252
divise 126; donc tout nombre qui divise 3780 et 2898 divise 126.

96. En résumant on voit que *pour réduire une fraction à sa plus
simple expression, on peut chercher le* p. g. c. d. *des deux termes de cette fraction, puis diviser ces deux termes par ce* p. g. c. d.
Cette méthode est quelquefois plus courte et quelquefois plus longue que l'autre; mais, en l'employant, on est assuré que la fraction

est réduite *à sa plus simple expression*, ce dont on ne peut souvent s'assurer par l'autre méthode que par un très-grand nombre de divisions. En l'appliquant aux exemples suivants on trouvera que :

$$\frac{592}{999} = \frac{16}{27}; \qquad \frac{912}{3072} = \frac{19}{64};$$

on trouvera encore que $\frac{317}{873}$ ne peut se réduire à une plus simple expression. — La note quatrième placée à la fin de ce traité fournit un moyen de représenter avec différents degrés d'approximation la valeur des fractions irréductibles à une plus simple expression, dont les termes sont des nombres un peu considérables.

Nous allons passer maintenant aux opérations de l'Arithmétique sur les fractions : nous nous bornerons toutefois dans ce chapitre à l'addition, la soustraction, la multiplication et la division, et nous réserverons l'élévation aux puissances et l'extraction des racines pour un des chapitres suivants.

1º DE L'ADDITION DES FRACTIONS.

97. *Si les fractions à additionner ont le même dénominateur,* comme elles expriment des parties de l'unité de la même espèce, *il est évident qu'il faudra additionner les numérateurs, et conserver à la somme le dénominateur commun.* Ainsi,

$$\frac{3}{7} \text{ ajoutés à } \frac{2}{7} \text{ donnent } \frac{5}{7};$$

on trouvera de même que

$$\frac{2}{11} + \frac{3}{11} + \frac{4}{11} = \frac{9}{11}.$$

Quelquefois le résultat de l'addition est une fraction improprement dite; alors il est bon d'en extraire les entiers (86.) pour en avoir une idée plus juste. On trouvera ainsi que

$$\frac{2}{7} + \frac{5}{7} + \frac{6}{7} + \frac{3}{7} = \frac{16}{7}, \text{ ou } 2 + \frac{2}{7}.$$

98. Si les fractions à additionner n'ont pas le même dénominateur, on ne peut plus suivre le même procédé, puisque les parties de l'unité qu'elles expriment ne sont pas de la même espèce,

et qu'il n'y a pas de dénominateur commun à donner à la somme des numérateurs ; mais nous ramènerions évidemment ce cas au précédent si nous savions réduire les fractions données au même dénominateur.

99. Nous sommes donc conduits à rechercher un moyen de résoudre le problème suivant : *Plusieurs fractions de dénominateurs différents étant données, les réduire au même dénominateur.*

Supposons d'abord qu'on n'ait que deux fractions, $\frac{2}{3}$ et $\frac{3}{4}$, par exemple. Pour peu qu'on fasse attention au problème proposé, on verra qu'il se résout en multipliant les deux termes de la première fraction par le dénominateur 4 de la seconde, et les deux termes de la seconde par le dénominateur 3 de la première ; car, 1° ces multiplications ne changent point les valeurs des fractions $\frac{2}{3}$ et $\frac{3}{4}$ (89.) ; 2° elles doivent les réduire au même dénominateur, puisque, après la multiplication, le dénominateur de la première sera le produit de 3 par 4, et le dénominateur de la seconde celui de 4 par 3, produits évidemment égaux (38.).

En généralisant ce que nous venons de dire, on conclura que, *pour réduire deux fractions au même dénominateur, il suffit de multiplier les deux termes de chacune par le dénominateur de l'autre.*

Si l'on avait plus de deux fractions, par exemple les quatre suivantes :

$$\frac{2}{3}, \ \frac{3}{4}, \ \frac{4}{5}, \ \frac{5}{6},$$

il est facile de voir qu'on les réduirait au même dénominateur en multipliant les deux termes de chacune par le produit des dénominateurs de toutes les autres. Faisant donc le produit des trois derniers dénominateurs, on trouve 120 ; et les deux termes de la première fraction multipliés par 120 deviennent $\frac{240}{360}$. Faisant ensuite le produit du premier, du troisième et du quatrième dénominateur, on trouve 90 ; les deux termes de la seconde fraction multipliés par 90 deviennent $\frac{270}{360}$. Passant à la troisième fraction, on multiplie entre eux le premier, le second et le quatrième dénominateur, le produit est 72, et en multipliant les deux termes de la troisième fraction par 72 on a $\frac{288}{360}$. Enfin, on fait le produit des trois premiers dénominateurs, ce qui fait 60; et, en multipliant les deux termes de la dernière fraction par 60, elle devient $\frac{800}{360}$. Ainsi, les quatre fractions proposées réduites au même dénominateur sont :

$$\frac{240}{360}, \frac{270}{360}, \frac{288}{360}, \frac{300}{360}.$$

Cet exemple montre comment on se conduirait dans tous les autres cas; l'on en peut conclure cette règle générale : *Pour réduire un nombre quelconque de fractions au même dénominateur, il suffit de multiplier les deux termes de chacune par le produit des dénominateurs de toutes les autres;* car, 1° cette opération ne change la valeur d'aucune fraction ; 2° elle les réduit toutes au même dénominateur, puisque le dénominateur de chacune, après l'opération, est le produit de tous les dénominateurs, et que ce produit ne change pas, dans quelque ordre qu'on fasse la multiplication (39.).

On doit, avant d'aller plus loin, s'exercer sur quelques calculs.

On trouvera, par exemple, que

$$\frac{3}{4}, \frac{5}{6}, \frac{7}{8}, \frac{9}{10}$$

se réduisent à

$$\frac{1440}{1920}, \frac{1600}{1920}, \frac{1680}{1920}, \frac{1728}{1920}.$$

100. Le procédé que nous venons de donner est ordinairement très-long à exécuter; on voit, en effet, qu'il faut faire le produit des dénominateurs des fractions proposées autant de fois qu'il y a de fractions; et, comme le produit doit toujours être le même, on peut se demander s'il ne serait pas possible de ne le faire qu'une fois. Reprenons les fractions

$$\frac{2}{3}, \frac{3}{4}, \frac{4}{5}, \frac{5}{6};$$

si nous faisons le produit des quatre dénominateurs, nous aurons 360. Ce nombre doit être le dénominateur commun des fractions proposées lorsqu'elles seront réduites au même dénominateur, et la question est ramenée à savoir quels numérateurs il faut choisir pour qu'avec le dénominateur 360 on ait des fractions égales à

$$\frac{2}{3}, \frac{3}{4}, \frac{4}{5}, \frac{5}{6}.$$

Or, cette question est facile à résoudre : et d'abord pour réduire la première fraction $\frac{2}{3}$ en une autre qui lui soit égale et dont le dénominateur soit 360, on n'a qu'à se rappeler que pour qu'une fraction vaille $\frac{2}{3}$, il faut que le numérateur soit les $\frac{2}{3}$ de son dénominateur (a). On aura donc le numérateur cherché en prenant les $\frac{2}{3}$ de 360, c'est-à-dire, en divisant 360 par 3, et en multipliant le quotient par 2, ce qui donnera 240 ; ainsi la fraction que l'on cherche est $\frac{240}{360}$. De même on aura une fraction égale à $\frac{3}{4}$ avec le dénominateur 360, en prenant les $\frac{3}{4}$ de 360 ; c'est-à-dire en divisant 360 par 4, et en multipliant le quotient par 3, ce qui donnera 270 ; donc $\frac{3}{4} = \frac{270}{360}$. De même encore, pour trouver le numérateur de la fraction égale à $\frac{4}{5}$, il faudra diviser 360 par 5 et multiplier le quotient par 4, ce qui donnera 288, d'où l'on conclura que $\frac{4}{5} = \frac{288}{360}$. Enfin, on trouvera par le même procédé que $\frac{5}{6} = \frac{300}{360}$.

Les fractions proposées réduites au même dénominateur sont donc :

$$\frac{240}{360}, \quad \frac{270}{360}, \quad \frac{288}{360}, \quad \frac{300}{360}.$$

En résumant et en généralisant ce qui précède, on voit que, pour réduire plusieurs fractions au même dénominateur, on peut *multiplier entre eux tous les dénominateurs ; le produit obtenu sera le dénominateur commun ; et, pour réduire chaque fraction à ce dénominateur, il faudra le diviser par celui de la fraction que l'on veut réduire, et multiplier le numérateur par le quotient trouvé ; le ré-*

(a) Si l'on avait le moindre doute sur cette proposition, il suffirait de se rappeler que le dénominateur exprime en combien de parties l'unité a été partagée, et le numérateur, combien on a pris de ces parties ; il faut donc que le numérateur contienne 2 fois le tiers ou les $\frac{2}{3}$ de ces parties pour que la fraction vaille $\frac{2}{3}$. De même pour qu'une fraction vaille $\frac{3}{4}$, $\frac{4}{5}$, $\frac{2}{7}$, etc., etc., il faut que le numérateur soit les $\frac{3}{4}$, les $\frac{4}{5}$, les $\frac{2}{7}$ du dénominateur.

sultat sera le numérateur de la fraction équivalente à celle que l'on veut réduire. Il faut, avant de passer plus loin, s'exercer sur quelques exemples.

101. Pour réduire les fractions au même dénominateur par ce procédé, le nombre pris pour dénominateur commun doit être divisible par tous les dénominateurs des fractions à réduire, et c'est pour cela qu'on l'obtient en faisant le produit de tous ces dénominateurs; mais on trouve quelquefois un nombre plus simple que le produit ainsi obtenu, et cependant divisible par tous les dénominateurs, ou, en d'autres termes, on trouve *un multiple* plus simple de tous les dénominateurs; alors le calcul se simplifie comme on va le voir.

Soit proposé de réduire au même dénominateur les fractions suivantes :

$$\frac{2}{3}, \frac{3}{4}, \frac{5}{6}, \frac{7}{12}, \frac{23}{36}.$$

Si l'on fait le produit des dénominateurs pour avoir le dénominateur commun, on trouvera 31104, nombre considérable, et le calcul à effectuer sera très-long. Mais si l'on remarque que le plus grand dénominateur est divisible par tous les autres, on pourra le prendre pour dénominateur commun, et, en faisant sur le nombre 36 les mêmes opérations qu'on aurait faites sur le nombre 31104, on trouvera avec très-peu de peine que les fractions proposées deviennent

$$\frac{24}{36}, \frac{27}{36}, \frac{30}{36}, \frac{21}{36}, \frac{23}{36}.$$

Dans l'exemple que nous avons choisi, le plus grand dénominateur 36 s'est trouvé multiple de tous les autres; mais s'il n'en était pas ainsi, on essaierait son double, son triple, son quadruple, etc., et on pourrait souvent parvenir par des tâtonnements à trouver un multiple de tous les dénominateurs plus faibles que celui qu'on obtiendrait en faisant leur produit. Ainsi, si l'on avait, par exemple, les facteurs

$$\frac{3}{4}, \frac{7}{8}, \frac{11}{12}, \frac{13}{18}, \frac{17}{24},$$

on trouverait que le triple de 24, c'est-à-dire 72, est multiple de tous les dénominateurs.

Quelquefois le plus grand dénominateur est divisible par presque tous les autres; dans ce cas, on obtient le nombre que l'on cherche en multipliant le plus grand dénominateur par ceux qui ne le divisent pas; ainsi, si l'on avait les fractions

$$\frac{3}{4}, \frac{5}{7}, \frac{6}{8}, \frac{3}{24}, \frac{11}{12}.$$

En multipliant 24 par 7, on aurait 168 pour multiple de tous les dénominateurs. Si l'on avait les mêmes fractions, et de plus $\frac{3}{5}$, c'est-à-dire

$$\frac{3}{4}, \frac{5}{7}, \frac{6}{8}, \frac{3}{24}, \frac{11}{12}, \frac{3}{5}.$$

En multipliant 24 par 5 et par 7, on trouverait 840 pour multiple de tous les dénominateurs. Nous engageons à achever le travail nécessaire pour réduire ces fractions au même dénominateur.

Il est bon de ne point négliger les simplifications dont nous venons de parler; dans beaucoup de cas on peut trouver un multiple de tous les dénominateurs plus simple que celui qu'on obtient en faisant leur produit. Il y a même un moyen de trouver toujours le multiple le plus simple; mais nous en renvoyons l'explication à la note cinquième.

102. Maintenant il nous sera bien facile d'additionner les fractions qui n'ont pas le même dénominateur; *il suffira de les réduire au même dénominateur, puis d'ajouter les numérateurs, en conservant à la somme le dénominateur commun;* il sera bon d'extraire ensuite les entiers qui seraient contenus dans les sommes trouvées.

Si l'on avait à additionner des nombres fractionnaires, c'est-à-dire composés d'entiers et de fractions, *après avoir fait la somme des fractions, et en avoir extrait, s'il y a lieu, les entiers qu'elle peut contenir, on fait la somme des entiers, auxquels on ajoute ceux qui pourraient provenir de l'addition des fractions.*

Voici comment on dispose l'opération :

Supposons qu'on ait à additionner les nombres fractionnaires

$$5 + \frac{2}{3}, 2 + \frac{3}{4}, 2 + \frac{5}{6}, 3 + \frac{7}{12}, 6 + \frac{23}{36}.$$

On les écrit les uns au-dessous des autres avec ordre, c'est-à-dire, les entiers
sous les entiers, et les fractions au-dessous des fractions. Ensuite on réduit les
fractions au même dénominateur ; mais on
n'écrit le dénominateur commun qu'une
fois à la suite d'une accolade qui em-
brasse tous les numérateurs : chaque numérateur s'écrit à côté de la fraction à
laquelle il répond. On additionne ensuite
les numérateurs. Dans l'addition faite ici
on a trouvé 125, par conséquent la somme
des fractions est $\frac{125}{36}$; on extrait les en-

$$5 + \frac{2}{3} \ldots 24$$
$$2 + \frac{3}{4} \ldots 27$$
$$2 + \frac{5}{6} \ldots 30 \Big\rangle\ 36$$
$$3 + \frac{7}{12} \ldots 21$$
$$6 + \frac{23}{36} \ldots 23$$

$$21 + \frac{17}{36} \ldots 125 \ \Big|\ \frac{36}{3 + \frac{17}{36}}$$

tiers, ce qui donne 3 entiers et $\frac{17}{36}$. On écrit la fraction $\frac{17}{36}$ au-dessous des fractions à additionner, et l'on retient les 3 entiers pour
les ajouter avec les nombres entiers joints aux fractions, puis on en
fait la somme ; laquelle est ici **21**. Ainsi le résultat de l'addition
proposée est $21 + \frac{17}{36}$.

2º DE LA SOUSTRACTION DES FRACTIONS.

103. La soustraction des fractions n'offre aucune difficulté. Supposons d'abord que les deux fractions qu'il faut retrancher l'une de l'autre
aient le même dénominateur, soit, par exemple, $\frac{4}{11}$ à retrancher
de $\frac{9}{11}$. Il est évidemment *qu'il suffit de retrancher le numérateur
de la première fraction de celui de la seconde, et de donner au reste
le dénominateur commun.* Par cette soustraction on trouve que le
reste est $\frac{5}{11}$.

*Si les deux fractions n'étaient pas réduites au même dénomina-
teur, on commencerait par les y réduire.* Ainsi, pour retrancher
$\frac{2}{3}$ de $\frac{5}{7}$, on réduit ces fractions au même dénominateur, et l'on a
$\frac{14}{21}$ à retrancher de $\frac{15}{21}$. Le reste est donc $\frac{1}{21}$.

Si l'on avait une fraction ou un nombre fractionnaire à retrancher d'un nombre fractionnaire, par exemple,

$$3 + \frac{2}{3} \text{ à retrancher de } 5 + \frac{6}{7},$$

$$5 + \frac{6}{7} \cdots \frac{18}{21}$$

après la réduction au même dénominateur on aurait

$$3 + \frac{2}{3} \cdots \frac{14}{21}$$

$$3 + \frac{14}{21} \text{ à retrancher de } 5 + \frac{18}{21};$$

$$2 + \frac{4}{21}$$

ce qui se ferait en retranchant

$$\frac{14}{21} \text{ de } \frac{18}{21}, \text{ et 3 de 5};$$

on trouverait ainsi, pour reste $2 + \frac{4}{21}$. Voir à côté la forme que l'on donne au calcul.

Mais si la fraction à soustraire était plus grande que celle dont il faut la soustraire, il faudrait prendre sur les entiers qui accompagnent cette dernière fraction une unité que l'on convertirait en fraction de la même espèce et que l'on ajouterait à la fraction dont il faut soustraire.

$$5 + \frac{4}{11}$$

Supposons, par exemple, que de $5 + \frac{4}{11}$, il faille re-

$$2 + \frac{8}{11}$$

trancher $2 + \frac{8}{11}$, ne pouvant retrancher $\frac{8}{11}$ de $\frac{4}{11}$, on

$$2 + \frac{7}{11}$$

prend sur les 5 unités une unité qui vaut $\frac{11}{11}$, et qui,

réunie à $\frac{4}{11}$, donne $\frac{15}{11}$, dont on retranche $\frac{8}{11}$, ce qui

donne pour reste $\frac{7}{11}$. Puis on retranche les 2 entiers du second nombre, non pas de 5 unités, mais de 4, puisque on a déjà pris une unité sur le chiffre 5. On a donc pour reste $2 + \frac{7}{11}$.

Enfin, s'il fallait d'un nombre entier retrancher une fraction ou un nombre fractionnaire, on prendrait sur le nombre entier une unité que l'on convertirait en

$$7$$

$$3 + \frac{2}{13}$$

fraction de même espèce que celle à soustraire; on en retrancherait cette dernière fraction, et on

$$3 + \frac{11}{13}$$

achèverait la soustraction comme à l'ordinaire.

Ainsi, pour retrancher de 7 unités $3 + \frac{11}{13}$, on

prend sur 7 une unité que l'on convertit en $\frac{13}{13}$: on en retranche

$\frac{2}{13}$, ce qui donne $\frac{11}{13}$; puis on retranche 3 de 6, le reste est 3 ;

par conséquent le reste total est $3 + \frac{11}{13}$.

3° DE LA MULTIPLICATION DES FRACTIONS.

104. La multiplication des fractions embarrasse quelquefois les commençants. En partant de la définition que l'on donne ordinairement de la multiplication, ils ne comprennent pas ce que c'est que multiplier par une fraction, et sont tout étonnés des résultats auxquels conduisent les procédés que l'on donne pour faire ces multiplications. Mais toutes ces difficultés disparaîtront si l'on commence par bien fixer le sens de ces mots : *multiplier un nombre par une fraction*. Il y a même lieu d'espérer que si l'on sait bien ce que l'on veut faire, le moyen s'en présentera de lui-même.

Supposons qu'un homme ait acheté 1 mètre de drap à raison de 12 francs le mètre, il est clair qu'il doit payer 12 francs. S'il avait acheté 2, 3, 4, etc., mètres, il devrait payer 2 fois, 3 fois, 4 fois 12 francs, c'est-à-dire, 24 francs, 36 francs, 48 francs. S'il avait acheté seulement $\frac{1}{2}$ mètre, il ne devrait payer que la moitié de 12 francs, c'est-à-dire, 6 francs. S'il avait acheté $\frac{3}{4}$ de mètre, il devrait payer 3 fois le quart de 12 francs, c'est-à-dire, 9 francs.

Disposons ces différents nombres comme il suit :

Nombres de mètres achetés.	Prix d'un mètre.	Prix des mètres achetés.
1 mètre..............	12 francs..............	12 francs.
2	12	24
3	12	36
4	12	48
$\frac{1}{2}$	12	6
$\frac{3}{4}$	12	9

En jetant les yeux sur ce tableau, on voit que les nombres de la troisième colonne se composent au moyen du nombre 12 francs, comme ceux qui leur correspondent dans la première colonne se composent avec l'unité; ainsi, 24 francs se composent avec 12

6

francs, comme 2 mètres se composent avec 1 mètre; 6 francs se composent avec 12 francs, comme $\frac{1}{2}$ mètre se compose avec 1 mètre, c'est-à-dire en en prenant la moitié.

Cela posé, quand on achète un nombre entier de mètres, 3 par exemple, on voit qu'il suffit, pour en connaître le prix, de prendre 12 francs 3 fois; on a donné à l'opération faite pour cela le nom de *multiplication*, et l'on a défini la multiplication *une opération par laquelle on prend un nombre autant de fois qu'il y a d'unités dans un autre.* Au contraire, quand on achète une fraction de mètre seulement, on en trouve le prix en prenant seulement une partie de 12 francs. Et à cause de l'analogie entre ce dernier problème et le premier, on a encore appelé *multiplication* le procédé employé pour le résoudre; mais comme il ne s'agit pas de prendre 12 francs un certain nombre de fois, on a été obligé de changer la définition de la multiplication pour que cette définition comprît les deux cas, et l'on a dit : *la multiplication est une opération par laquelle deux nombres étant donnés, l'un appelé* multiplicande, *et l'autre* multiplicateur, *on en compose un troisième appelé* produit, *qui soit par rapport au* multiplicande *ce que le* multiplicateur *est par rapport à* l'unité. Nous nous en tiendrons désormais à cette définition.

105. Ainsi, multiplier un nombre par une fraction, par $\frac{2}{3}$, par $\frac{3}{4}$, par exemple, c'est en prendre les $\frac{2}{3}$, les $\frac{3}{4}$. Par conséquent toutes les fois qu'on multipliera un nombre par une fraction proprement dite, le produit sera plus petit que le multiplicande.

Passons maintenant à la multiplication des fractions et des nombres fractionnaires. Il se présente différents cas que nous allons successivement examiner :

106. PREMIER CAS. Supposons d'abord que nous ayons *une fraction à multiplier par un nombre entier.* Nous avons déjà vu (89.) qu'il *suffit pour cela de multiplier le numérateur ou de diviser le dénominateur de cette fraction par le nombre entier.* On trouvera ainsi que $\frac{5}{24}$ multiplié par 4 donne $\frac{20}{24}$ ou $\frac{5}{6}$.

107. DEUXIÈME CAS. *Si l'on avait un nombre fractionnaire à*

multiplier par un nombre entier, on pourrait réduire tout le multi-plicande en une seule expression fractionnaire (88.), et l'opération rentrerait dans le premier cas. Ainsi,

$$\left(3 + \frac{2}{3}\right) \times 5, \text{ revient à } \frac{11}{3} \times 5.$$

En effectuant l'opération, on trouve $\frac{55}{3}$ ou $18 + \frac{1}{3}$.

On pourrait aussi, dans ce cas, multiplier séparément chaque partie du multiplicande par le multiplicateur. Ainsi, en multipliant d'abord $\frac{2}{3}$ par 5, on trouve $\frac{10}{3}$, ou $3 + \frac{1}{3}$; en multipliant en-

$3 + \dfrac{2}{3}$

$\dfrac{5}{}$

$18 \quad \dfrac{1}{3}$

suite les entiers 3 par 5, on trouve 15, et, en ajou-tant les 3 unités données par la multiplication de la fraction, on trouve $18 + \frac{1}{3}$. On donne quelquefois au calcul la forme que l'on voit à côté. Dans tous les cas où l'on trouve des fractions improprement dites, il est bon d'en extraire les entiers pour avoir une idée plus précise du résultat.

108. Troisième cas. Si l'on avait un *nombre entier à multi-plier par une fraction,* 6 par exemple à multiplier par $\frac{3}{7}$, on ver-rait, d'après la définition des mots, *multiplier par une fraction,* qu'il faut prendre les $\frac{3}{7}$ de 6, par conséquent diviser 6 par 7 pour en avoir le 7me, ce qui donne $\frac{6}{7}$; et multiplier le quotient par 3 : on trouve ainsi $\frac{18}{7}$ ou $2 + \frac{4}{7}$. On renverse ordinairement l'opération, c'est-à-dire qu'on multiplie 6 par 3 et qu'on divise le produit par 7, ce qui (78.) ne change rien au résultat.

Ainsi, *pour multiplier un nombre entier par une fraction, on le multiplie par le numérateur et on divise le produit par le dénomina-teur.*

109. Quatrième cas. Supposons maintenant qu'on ait à *mul-tiplier une fraction par une fraction,* par exemple, $\frac{2}{3}$ par $\frac{5}{6}$. D'a-près la définition de ces mots *multiplier par une fraction,* multiplier $\frac{2}{3}$ par $\frac{5}{6}$, c'est en prendre les $\frac{5}{6}$. Or, pour prendre le

sixième de $\frac{2}{3}$, il suffit de multiplier le dénominateur par 6, ce

qui donne $\frac{2}{18}$, et, pour prendre 5 fois ce sixième, il faut en mul-

tiplier le numérateur par 5, on trouve ainsi $\frac{10}{18}$.

Ainsi, *pour multiplier deux fractions l'une par l'autre, il suffit de multiplier numérateur par numérateur, et dénominateur par dénominateur;* car ce que nous avons dit de l'exemple choisi, se dirait évidemment de tout autre (a).

110. Cinquième cas. *Si l'un des nombres à multiplier ou tous les deux à la fois étaient composés d'entiers et de fractions, on réduirait tout en fractions, et l'opération rentrerait dans le cas précédent.* Ainsi, $\left(3 + \frac{5}{6} \right) \times \frac{7}{8}$ revient à $\frac{23}{6} \times \frac{7}{8}$. En effectuant

le calcul, on trouve $\frac{161}{48}$ ou $3 + \frac{17}{48}$.

De même, $\left(2 + \frac{3}{4} \right) \times \left(3 + \frac{2}{3} \right)$, revient à $\frac{11}{4} \times \frac{11}{3}$, dont

le produit est $\frac{121}{12}$ ou $10 + \frac{1}{12}$.

111. Nota 1°. — On emploie quelquefois, pour multiplier un nombre par une fraction, un procédé que nous allons faire connaître.

Soit proposé, pour exemple, de multiplier 24 par $\frac{11}{12}$. Multiplier 24

par $\frac{11}{12}$, c'est, ainsi que nous l'avons dit plusieurs fois, prendre les

---

(a) Voici comment on démontre encore les procédés pour faire la multiplication dans le troisième et dans le quatrième cas. Supposons, par exemple, qu'on ait à multiplier 6 par $\frac{3}{7}$. Si l'on multipliait 6 par 3, le produit serait 18; mais ce n'est pas par 3 que l'on veut multiplier 6, c'est par un nombre 7 fois plus petit; le produit 18 est donc 7 fois trop fort; pour avoir le produit véritable, il faut donc le diviser par 7, ce que l'on fait en écrivant $\frac{18}{7}$. De même, supposons qu'on ait $\frac{2}{3}$ à multiplier par $\frac{5}{6}$: si l'on multipliait $\frac{2}{3}$ par 5, on aurait $\frac{10}{3}$; mais ce n'est pas par 5 qu'on doit multiplier, c'est par un nombre 6 fois plus faible. Le produit $\frac{10}{3}$ est donc 6 fois trop fort; on aura donc le véritable produit en le rendant 6 fois plus faible, ce que l'on fera en multipliant le dénominateur par 6; on aura ainsi $\frac{10}{18}$.

$\frac{11}{12}$ de 24. Cela posé, si nous partagions le numérateur 11 en parties aliquotes (52.) du dénominateur 12, par exemple en 6, 3 et 2, nous pourrions, à la fraction $\frac{11}{12}$, substituer les fractions $\frac{6}{12}$, $\frac{3}{12}$, $\frac{2}{12}$, et alors, au lieu de prendre en une fois les $\frac{11}{12}$ de 24, nous pourrions en prendre successivement les $\frac{6}{12}$, les $\frac{3}{12}$ et les $\frac{2}{12}$; mais les fractions $\frac{6}{12}$, $\frac{3}{12}$, $\frac{2}{12}$, peuvent se simplifier et devenir $\frac{1}{2}$, $\frac{1}{4}$, $\frac{1}{6}$; et, par conséquent, au lieu de prendre les $\frac{11}{12}$ de 24, nous pourrions en prendre le $\frac{1}{2}$, le $\frac{1}{4}$ et le $\frac{1}{6}$; puis réunir les résultats obtenus.

Voici comment on dispose l'opération :

Décomposition du multiplicateur.

$$\begin{array}{r} 24 \\ \overline{^{11}/_{12}} \end{array}$$

Pour $\frac{6}{12}$ ou $\frac{1}{2}$, on prend la moitié de 24............ 12

Pour $\frac{3}{12}$ ou $\frac{1}{4}$, on prend le quart de 24 ou la moitié du produit de 24 par $\frac{1}{2}$......................... 6

Pour $\frac{2}{12}$ ou $\frac{1}{6}$, on prend le sixième de 24 ou le tiers du produit de 24 par $\frac{1}{2}$............................. 4

Somme des produits partiels.................... 22

On voit que pour multiplier 24 par $\frac{6}{12}$, on en a pris la moitié : cette moitié est 12. Pour multiplier ensuite par $\frac{3}{12}$ ou $\frac{1}{4}$, on a pris le quart de 24, ou, ce qui revient au même et ce qui est plus simple, la moitié de la moitié déjà obtenue. Enfin, pour multiplier par $\frac{2}{12}$ ou $\frac{1}{6}$, on a pris le sixième de 24, ou le tiers de la moitié déjà obtenue. Le produit de 24 par $\frac{2}{12}$ devra être, en effet, trois fois plus petit que le produit de ce même nombre par $\frac{6}{12}$.

Pour pouvoir faire la multiplication par ce procédé, il faut que le numérateur de la fraction multiplicateur puisse se décomposer en parties aliquotes du dénominateur; alors on substitue à une seule multiplication plusieurs autres multiplications, mais par des fractions simples, telles que $\frac{1}{2}$, $\frac{1}{3}$, $\frac{1}{4}$, $\frac{1}{5}$. Multiplications qui se font en divisant le multiplicande par 2, 3, 4, 5, etc., ou même en faisant des divisions encore plus simples sur des produits déjà obtenus, comme on l'a vu dans l'exemple précédent.

On pourra pour s'exercer à ce mode d'opération faire les multiplications suivantes :

$$36 \times \frac{15}{18};\ 240 \times \frac{20}{24};\ \left(60 + \frac{12}{17}\right) \times \frac{11}{12}.$$

112. *Nota* 2º. — Si l'on avait à faire le produit de plusieurs fractions (34.), qu'on dût, par exemple, effectuer l'opération suivante :

$$\frac{2}{2} \times \frac{3}{4} \times \frac{5}{6} \times \frac{7}{8},$$

il résulte des règles données pour la multiplication des fractions, qu'on y parviendrait en faisant à part le produit des numérateurs; puis celui des dénominateurs, et en divisant le premier par le second, ce qui donnerait, dans l'exemple proposé, $\frac{210}{384}$.

Nous avons démontré que le produit de plusieurs nombres entiers ne change pas, quel que soit l'ordre qu'on observe dans la multiplication. Il suit de ce qui précède, qu'il en est de même du produit de plusieurs fractions, puisque ce produit se compose de celui des numérateurs, divisé par celui des dénominateurs, et que les numérateurs et les dénominateurs sont des nombres entiers.

113. On rencontre quelquefois des expressions de cette forme :

les $\frac{2}{3}$ *de* $\frac{3}{4}$; *les* $\frac{2}{3}$ *des* $\frac{3}{4}$ *de* $\frac{5}{6}$.

Ces expressions ont reçu le nom de *fractions de fractions;* dénomination dont on voit facilement la raison. Ce que nous avons dit de la multiplication des fractions fournit un moyen facile d'en trouver la valeur par une seule fraction ordinaire.

Supposons, en effet, qu'on nous demande ce que valent *les* $\frac{2}{3}$ *de* $\frac{3}{4}$; il résulte, de l'idée que nous avons de la multiplication des fractions, que

prendre *les* $\frac{2}{3}$ de $\frac{3}{4}$; c'est multiplier $\frac{3}{4}$ *par* $\frac{2}{3}$,

ce que nous ferons en multipliant numérateur par numérateur, et dénominateur par dénominateur ; nous aurons ainsi $\frac{6}{12}$.

Soit encore l'expression : *les* $\frac{5}{6}$ *des* $\frac{2}{3}$ *de* $\frac{3}{4}$.

Nous venons de voir que *les* $\frac{2}{3}$ *de* $\frac{3}{4}$ reviennent à $\frac{6}{12}$; l'expression proposée revient donc *aux* $\frac{5}{6}$ *de* $\frac{6}{12}$, dont nous trouverons la valeur comme dans l'exemple précédent : ce qui nous donnera $\frac{30}{72}$; et ce résultat s'obtient en multipliant les fractions $\frac{5}{6}$, $\frac{2}{3}$, $\frac{3}{4}$. numérateurs par numérateurs, dénominateurs par dénominateurs.

Soit encore l'expression : *les* $\frac{2}{3}$ *des* $\frac{3}{4}$ *de* 8.

Nous pourrons, pour en trouver la valeur, mettre 8 sous forme de fraction, en lui donnant l'unité pour dénominateur, et le calcul se fera ensuite comme dans l'exemple précédent. On trouvera pour résultat $\frac{48}{12}$ ou 4.

Si l'on généralise ce que nous avons dit jusqu'ici, on en déduira le procédé suivant : *pour avoir la valeur des fractions de fractions, il faut multiplier les numérateurs entre eux, et les dénominateurs aussi entre eux, et donner le second produit pour dénominateur au premier. Si l'on avait à prendre des fractions de fractions d'un nombre entier, on lui donnerait l'unité pour dénominateur, et le calcul rentrerait dans le cas précédent.*

Pour exemple de ce mode de calcul, supposons qu'on indique l'heure en disant qu'il est

les $\frac{3}{4}$ des $\frac{5}{6}$ des $\frac{7}{12}$ des $\frac{6}{7}$ de 24 heures.

On trouvera qu'il est 7 heures $\frac{1}{2}$.

114. La division des fractions est, comme celles des nombres entiers, *une opération par laquelle, étant donnés un produit et l'un des facteurs, on cherche l'autre facteur.* Ici, comme dans la multiplication, il se présente différents cas que nous allons successivement examiner.

115. Premier cas. Supposons d'abord que nous ayons une *fraction à diviser par un nombre entier.* Nous avons déjà vu (89.) qu'il *suffit pour cela de diviser le numérateur ou de multiplier le dénominateur de cette fraction par le nombre entier.* On trouvera ainsi que $\frac{8}{9}$ divisé par 4 donne $\frac{2}{9}$ ou $\frac{8}{36}$.

116. Deuxième cas. *Si l'on a un nombre fractionnaire à diviser par un nombre entier, on met ce nombre fractionnaire sous la forme d'une seule fraction, et on opère comme dans le premier cas.* Ainsi, $3 + \frac{2}{3}$ à diviser par 6 revient à

$$\frac{11}{3} : 6 = \frac{11}{18}.$$

On pourrait aussi, dans le cas qui nous occupe, faire la division par le procédé suivant. Supposons que nous ayons à diviser $26 + \frac{2}{11}$ par 4 : nous pouvons diviser d'abord la partie entière 26, et nous aurons pour quotient 6 avec un reste égal à 2. Convertissons ce reste en onzièmes, puis joignons-y les $\frac{2}{11}$ qui accompagnent 26, nous aurons $\frac{24}{11}$, qu'il faut maintenant diviser par 4. Cette division donne $\frac{24}{44}$ ou $\frac{6}{11}$. Le quotient cherché est donc $4 + \frac{6}{11}$. Il serait facile de formuler d'une manière générale le procédé que nous venons de suivre. Ce procédé est quelquefois préférable à celui que nous avons indiqué en premier lieu.

117. Troisième cas. Si l'on avait un *nombre entier à diviser* *par une fraction*, 3, par exemple, à diviser par $\frac{2}{7}$, voici comment on pourrait raisonner : diviser 3 par $\frac{2}{7}$, c'est chercher un nombre qui multiplié par $\frac{2}{7}$ reproduise 3; ou, en d'autres termes, qui multiplié par 2 et divisé par 7, produise 3. Donc, pour revenir du nombre 3 au nombre que l'on cherche, il faut faire sur 3 les opérations inverses, c'est-à-dire, le multiplier par 7, et diviser le produit par 2; ou, en d'autres termes, multiplier 3 par $\frac{7}{2}$, c'est-à-dire, par la fraction diviseur renversée. Concluons donc que

$$3 : \frac{2}{7} \text{ revient à } 3 \times \frac{7}{2},$$

et que le quotient demandé est

$$\frac{21}{2} \text{ ou } 10 + \frac{1}{2}.$$

Le raisonnement qui précède étant indépendant des nombres pris pour exemple, il en résulte que *pour diviser un nombre entier par une fraction, il faut le multiplier par la fraction renversée, c'est-à-dire, par la fraction qu'on obtient en mettant le numérateur à la place du dénominateur, et réciproquement* (a).

118. QUATRIÈME CAS. Si l'on avait à *diviser une fraction par une fraction*, par exemple,

$$\frac{3}{4} \text{ à diviser par } \frac{2}{7}.$$

En répétant le raisonnement que nous venons de faire, nous serions encore conduits, pour obtenir le quotient demandé, à multiplier $\frac{3}{4}$ par $\frac{7}{2}$; le quotient serait alors $\frac{21}{8}$ ou $2 + \frac{5}{8}$, et le pro-

---

(a) Voici comment on peut encore démontrer le procédé donné pour ce cas et le suivant : soit proposé de diviser 3 par $\frac{2}{7}$. Si l'on divisait 3 par 2, le quotient serait $\frac{3}{2}$. Mais ce n'est pas par 2 que l'on doit diviser, c'est par $\frac{2}{7}$; le diviseur employé est donc 7 fois trop fort, et, par conséquent, le quotient est 7 fois trop faible. Donc, pour avoir le quotient veritable, il faut multiplier $\frac{3}{2}$ par 7, ce qui donne $\frac{21}{2}$ ou $10 + \frac{1}{2}$. En répétant mot pour mot ce raisonnement, on verrait que, pour diviser $\frac{3}{4}$ par $\frac{2}{7}$, il faut diviser $\frac{3}{4}$ par 2 et multiplier le quotient par 7, ou, ce qui revient au même, multiplier par $\frac{7}{2}$, c'est-à-dire, par la fraction diviseur renversée.

cédé, pour ce cas de la division, se formulerait absolument comme pour le précédent.

Lorsque les deux termes de la fraction dividende sont respectivement divisibles par les termes correspondants de la fraction diviseur, on peut faire la division d'une autre manière. Supposons, par exemple, que nous ayons à diviser $\frac{12}{21}$ par $\frac{3}{7}$. Si nous divisons numérateur par numérateur et dénominateur par dénominateur, nous aurons $\frac{4}{3}$; or, cette fraction est bien le quotient cherché puisqu'elle est telle qu'en la multipliant par $\frac{3}{7}$, c'est-à-dire, en multipliant le numérateur par 3, et le dénominateur par 7, on doit nécessairement retrouver le dividende $\frac{12}{21}$. En général, *toutes les fois qu'ayant à diviser une fraction par une autre, les deux termes de la première seront exactement divisibles par les termes correspondants de la seconde, on pourra effectuer la division en divisant numérateur par numérateur et dénominateur par dénominateur.*

119. CINQUIÈME CAS. Enfin, *si le dividende ou le diviseur, ou tous les deux à la fois étaient des nombres fractionnaires, on mettrait le tout sous forme de fraction, et on se conduirait comme dans les cas précédents.* Ainsi,

$$\left(3+\frac{2}{3}\right):\left(2+\frac{5}{7}\right), \text{ revient à } \frac{11}{3}:\frac{19}{7},$$

ou bien à

$$\frac{11}{3}\times\frac{7}{19}=\frac{77}{57}=1+\frac{20}{57}.$$

Il arrive, quelquefois, que l'on a plusieurs fractions, ou nombres fractionnaires, ou nombres entiers, à combiner entre eux par multiplication ou par division. Supposons, par exemple, qu'on eût $\frac{2}{3}$ à multiplier par $\frac{3}{5}$, puis qu'on dût diviser le produit par $2+\frac{1}{5}$, puis, qu'on dût encore diviser le quotient par 7, et que ce nouveau quotient dût être multiplié par $\frac{4}{9}$. Voici la règle que l'on peut suivre pour faire tout d'un coup toutes ces opérations : *Réduisez les*

*nombres fractionnaires en fractions d'après la règle donnée plus haut
(88.), mettez les nombres entiers sous forme de fractions, en leur
donnant l'unité pour dénominateur; vous n'aurez plus alors que des
fractions proprement dites, ou improprement dites; renversez les
termes de celles qui doivent entrer comme diviseur, puis multipliez
tous les numérateurs entre eux, et tous les dénominateurs aussi
entre eux, et alors, en divisant le premier produit par le second,
vous aurez le résultat cherché.*

Appliquons cette règle au calcul que nous venons de proposer,
dans lequel les opérations à effectuer sont représentées par

$$\frac{2}{3} \times \frac{3}{5} : \left(2 + \frac{1}{5}\right) : 7 \times \frac{4}{9}.$$

En réduisant $2 + \frac{1}{5}$, en fraction, on a $\frac{11}{5}$; en mettant 7 sous

forme de fraction, on a $\frac{7}{1}$; ce qui change l'expression précédente

en $\qquad \frac{2}{3} \times \frac{3}{5} . \frac{11}{5} . \frac{7}{1} \times \frac{4}{9}.$

En renversant les termes des fractions diviseurs et, en multipliant numérateurs par numérateurs et dénominateurs par dénominateurs, on a :

$$\frac{2}{3} \times \frac{3}{5} \times \frac{5}{11} \times \frac{1}{7} \times \frac{4}{9}.$$

Enfin, on trouve, en effectuant la multiplication,

$$\frac{2 \times 3 \times 5 \times 1 \times 4}{3 \times 5 \times 11 \times 7 \times 9} = \frac{120}{10395}.$$

Lorsqu'on a un pareil calcul à effectuer, il y a souvent lieu à des
simplifications qu'il ne faut pas négliger; ainsi, dans l'exemple proposé, on peut remarquer qu'il y a deux facteurs, savoir, 3 et 5,
communs au numérateur et au dénominateur. Si l'on supprimait
ces facteurs, on ne changerait rien à la valeur du résultat (89.),
mais l'on aurait moins de multiplications à faire, et ce résultat se
présenterait sous une forme plus simple. En effet, le calcul se réduit alors à

$$\frac{2 \times 1 \times 4}{11 \times 7 \times 9} = \frac{8}{693}.$$

Soit encore proposé l'exemple suivant :

$$\frac{2}{3} \times \frac{4}{5} \times \frac{3}{4} \times \frac{9}{11} \times \frac{11}{13} \times \frac{5}{9} \times \frac{2}{5};$$

en supprimant, avant d'effectuer la multiplication, les termes qui deviendraient facteurs communs au numérateur et au dénominateur de la fraction que l'on trouverait pour résultat, l'expression précédente se change en

$$\frac{2 \times 2}{13 \times 5} = \frac{4}{65}$$

Dans les calculs de ce genre, il y a quelquefois lieu à d'autres simplifications qui se ramènent à celle dont nous venons de parler. Soit par exemple,

$$\frac{2}{3} \times \frac{12}{13} \text{ ou } \frac{2 \times 12}{3 \times 13}.$$

On peut supposer 12 décomposé en deux facteurs 3 et 4, et en mettant à la place de 12 ces deux facteurs, on aura

$$\frac{2 \times 3 \times 4}{3 \times 13}, \text{ ou bien, } \frac{2 \times 4}{13} = \frac{8}{13}.$$

Il est à peine nécessaire de faire remarquer que, si en opérant les simplifications dont nous venons de parler, on était conduit à supprimer tous les facteurs du numérateur ou du dénominateur, il faudrait les remplacer par l'unité. Car ces suppressions ne sont que des divisions opérées sur les deux termes de la fraction, et tout nombre divisé par lui-même donne pour quotient l'unité.

120. RÉSUMÉ. — Ce chapitre qui traite des fractions ordinaires, peut se partager en deux parties : la première renferme des préliminaires aux six opérations de l'arithmétique sur les fractions, la seconde traite de quelques-unes de ces opérations.

A. — La première partie renferme des définitions et des procédés pour exécuter sur les fractions quelques opérations préliminaires :

1º Nous avons d'abord défini les mots *fraction, numérateur, dénominateur* d'une fraction, et nous avons insisté sur les deux points de vue sous lesquels on peut considérer une fraction ; ce qui nous a fourni des moyens, soit pour exprimer exactement le quotient d'une division, soit pour indiquer une division à effectuer ; et nous avons dit ce qu'on appelle *fraction improprement dite*.

2º Les opérations préliminaires que nous avons appris à effectuer sur les fractions, sont les suivantes : 1º Extraire les entiers d'une fraction improprement dite ; 2º Mettre un nombre entier seul ou accompagné d'une fraction sous forme de fraction ; 3° Réduire une fraction à une plus simple ou à la plus simple expression ; nous aurions pu y ajouter, 4° la réduction des fractions au même dénominateur, traitée dans les n°s 99, 100, 101.

La résolution des deux premières questions ne nous a présenté aucune difficulté. Celle de la troisième : *réduire une fraction à une plus simple ou à sa plus simple expression*, nous a arrêtés un peu plus longtemps. Elle repose sur ce principe que l'on peut, sans changer la valeur d'une fraction, en diviser les deux termes par le même nombre ; principe auquel nous sommes arrivés en examinant comment on modifie une fraction quand on en multiplie ou qu'on en divise séparément chaque terme. En partant de ce principe nous en avons déduit un procédé pour réduire une fraction à une plus simple expression, quand cette réduction est possible ; mais pour la réduire tout d'un coup, non pas seulement à une plus simple, mais à sa plus simple expression, il faut savoir trouver le plus grand commun diviseur de ses deux termes ; ce qui nous a conduits à rechercher la solution de ce problème : *Deux nombres étant donnés trouver leur plus grand commun diviseur.*

B. — La seconde partie du chapitre cinquième renferme les procédés pour exécuter sur les fractions l'addition, la soustraction, la multiplication et la division : (Nous avons à dessein réservé pour un des chapitres suivants, l'élévation aux puissances et l'extraction des racines.)

1° L'addition a présenté deux cas, suivant que les fractions à additionner ont ou n'ont pas le même dénominateur. Le second cas a nécessité la recherche d'un procédé pour réduire les fractions au même dénominateur. Nous en avons indiqué deux, dont le second est souvent susceptible d'une simplification que nous avons fait connaître ;

2° La soustraction présente aussi différents cas que nous avons fait connaître ; (*les rappeler.*)

3° La multiplication des fractions nous a conduits à une nouvelle définition de la multiplication en général, qui est celle que nous retiendrons désormais. Nous avons ensuite parcouru les cinq cas que présente la multiplication des fractions, et nous avons enseigné à multiplier par une fraction en partageant le numérateur en parties aliquotes du dénominateur. — Puis, nous avons prouvé que le produit de plusieurs fractions ne change pas dans quelque ordre qu'on effectue la multiplication. Enfin, nous avons dit en terminant, ce qu'on appelle *fractions des fractions*, et enseigné à réduire les fractions des fractions en une seule expression fractionnaire ;

4° La division présente cinq cas que nous avons exposés, et nous avons terminé ce chapitre en indiquant comment on doit se conduire quand on a plusieurs expressions entières ou fractionnaires à combiner par multiplication ou par division ; et aussi les simplifications dont le procédé proposé est susceptible.

CHAPITRE VI.

DES FRACTIONS DÉCIMALES ET DES OPÉRATIONS DE L'ARITHMÉTIQUE SUR CES
FRACTIONS.

121. Dans le chapitre précédent, de l'unité, partagée en un nombre quelconque de parties égales, nous avons vu naître les fractions dont nous nous sommes occupés jusqu'ici, et qu'on appelle quelquefois *fractions vulgaires* ou *fractions ordinaires*. Mais, en assujettissant les divisions de l'unité à un mode particulier de décroissement, on est parvenu à apporter une grande simplicité dans les calculs. Nous allons nous occuper des fractions qui résultent de ce mode de division.

Supposons l'unité partagée en dix parties égales, chacune de ces parties sera un *dixième* de l'unité; si l'on partage ensuite chaque dixième en dix parties égales, ces parties seront des *centièmes* de l'unité. De même, si l'on partage chaque centième en dix parties égales, ces nouvelles subdivisions seront des *millièmes*. En continuant ce mode de division, on obtiendra des fractions de dix en dix fois plus petites et qui pourront devenir aussi petites que l'on voudra. Ces fractions s'appellent *fractions décimales;* et l'on appelle *nombres décimaux,* les nombres qui expriment des fractions décimales, soit qu'ils renferment une partie entière, soit qu'ils n'en renferment pas.

Les fractions décimales ne sont qu'un cas particulier de celles qui nous ont occupés jusqu'ici, car nous n'en avons pas exclu les fractions dont le numérateur est 10, 100, 1000, etc. Rien donc ne nous empêche de les écrire comme les autres : ainsi, $\frac{3}{10}$ exprime 3 dixièmes; $\frac{5}{100}$ exprime 5 centièmes; $\frac{2}{1000}$ exprime 2 millièmes. Mais on pourrait évidemment se dispenser d'écrire les dénominateurs, si l'on avait un autre moyen d'indiquer l'espèce de fraction qu'on veut écrire. Or, ce moyen est facile à trouver, car, si nous rappelons que dans notre système de numération, un chiffre placé à la droite d'un autre désigne des unités dix fois plus petites que cet autre chiffre, il est tout naturel de placer les dixièmes à la droite des unités, les centièmes à la droite des dixièmes, les millièmes à la droite des centièmes, et ainsi de suite. C'est aussi ce que l'on fait, en ayant soin de séparer par une virgule les unités des fractions décimales; ainsi pour écrire 7 unités et 3 dixièmes, on écrit 7,3; de même 7,35 exprime 7 unités, 3 dixièmes et 5 centièmes. S'il y avait des centièmes et point de dixièmes, on mettrait un zéro au rang des dixièmes : ainsi 7,05 exprime 7 unités et 5 centièmes; de même 7,005 exprime 7 unités et 5 millièmes; 7,00503 exprime 7 unités, 5 millièmes, et 3 cent-millièmes, etc. Enfin, s'il n'y avait pas d'unités entières, on mettrait un zéro pour en tenir la place; ainsi la fraction 5 centièmes s'écrit 0,05.

122. Il suit de là que, pour énoncer une fraction décimale (a) écrite, après avoir énoncé le nombre entier qui la précède, si du moins il y en a, on peut énoncer séparément chacun des chiffres dont elle se compose, en faisant suivre le nom que lui assigne son rang. Ainsi 0,345 peut s'énoncer 3 dixièmes, 4 centièmes, 5 millièmes; mais si l'on fait attention que 3 dixièmes valent 30 centièmes ou 300 millièmes, et que 4 centièmes valent 40 millièmes, on pourra encore énoncer cette fraction comme il suit : 345 millièmes; de même 0,0075 s'énoncera 75 dix-millièmes. Et, en généralisant, on verra qu'*un nombre exprimant une fraction décimale s'énonce comme un nombre entier, en faisant suivre cet énoncé du nom de l'espèce de fraction qu'exprime le dernier chiffre décimal.*

123. Réciproquement, pour écrire une fraction décimale dictée, *après avoir écrit les entiers qui précèdent, s'il y en a, ou un zéro et une virgule, s'il n'y en a pas, il faut écrire le nombre dicté comme on écrirait un nombre entier, en ayant soin de mettre d'abord assez de zéros, s'il est nécessaire, pour que le dernier chiffre écrit se trouve au rang que lui assigne le nom donné à la fraction décimale dictée.* Ainsi pour écrire cinq entiers et cinq cent quarante-un millièmes, on écrira 5,541; trente-sept millièmes s'écriront 0,037; cinq cent un cent-millièmes s'écriront 0,00501.

124. Des notions que nous venons de donner sur les fractions décimales et sur la manière de les écrire, on peut déduire les conséquences suivantes :

(a) Par *fraction décimale*, nous n'entendons pas seulement des dixièmes ou des centièmes ou des millièmes, etc., pris séparément; mais aussi un assemblage de dixièmes, centièmes, etc. Ainsi 0,375 est une fraction décimale.

1º Pour diviser un nombre entier par 10, 100, 1000, 10000, etc., et avoir le quotient exactement, il suffit de séparer, par une virgule, le dernier, ou les deux, trois, quatre, etc., derniers chiffres, et de regarder les chiffres placés à droite de la virgule comme exprimant une fraction décimale. Ainsi le quotient de 543786 par 1000 est 543,786 ;

2º Si l'on a un nombre composé d'une fraction décimale, précédée ou non d'une partie entière, et qu'on avance la virgule d'un, de deux, de trois, etc., rangs vers la droite, tout le nombre devient 10 fois, 100 fois, 1000 fois plus grand ; et si, au contraire, on avance la virgule d'un, de deux, de trois, etc., rangs vers la gauche, il devient 10 fois, 100 fois, 1000 fois plus petit. Ainsi le nombre 376,48 est 100 fois plus grand que 3,7648 : et le nombre 127,675 est 100 fois plus petit que 12767,5. Quand le nombre proposé n'a pas de partie entière, ou n'a pas, dans cette partie, assez de chiffres pour avancer la virgule vers la gauche d'autant de rangs qu'il faut le faire, on y supplée en ajoutant des zéros. Ainsi, pour rendre la fraction décimale 0,76, mille fois plus petite, on écrira 0,00076 ; pour rendre le nombre 3,25, cent fois plus petit, on écrira 0,0325 ;

3º Si ayant un nombre composé d'une fraction décimale, précédée ou non d'une partie entière, on supprime la virgule, ce nombre se trouve multiplié par 10, 100, 1000, etc., suivant qu'il a un, deux, trois, etc., chiffres décimaux ;

4º Lorsqu'on a une fraction décimale, et qu'on ajoute ou qu'on retranche à sa droite un ou plusieurs zéros, cette fraction ne change pas de valeur. Ainsi à la fraction décimale 0,7500, qui exprime *soixante-quinze dix-millièmes*, on pourrait substituer 0,75, ou 0,75000.

On trouve la raison de toutes les assertions précédentes, en examinant quels changements éprouve la valeur relative de chacun des chiffres qui composent le nombre sur lequel on opère, par suite du déplacement de la virgule, et de l'introduction ou de la suppression des zéros.

125. On déduit de la quatrième proposition du numéro précédent, un moyen de réduire en fractions de la même espèce des fractions décimales d'espèces différentes : il suffit, en effet, pour cela, d'ajouter assez de zéros à la suite des fractions qui ont moins de chiffres décimaux pour que toutes en aient le même nombre. Ainsi les fractions suivantes : 0,25, 0,3757, 0,2, se réduisent en fractions de la même espèce, en écrivant : 0,2500, 0,3757, 0,2000.

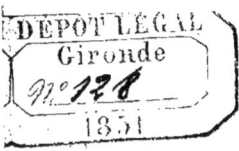

Cette opération est évidemment la réduction des fractions décimales
au même dénominateur.

127. Si, au lieu d'ajouter des zéros à la suite d'une fraction décimale, on ajoutait des chiffres significatifs, cette fraction augmente-
rait évidemment de la valeur des décimales ajoutées. Ainsi 0,3753
est plus grand que 0,37, de 53 dix-millièmes. Par la même raison,
si l'on retranchait des chiffres significatifs, la fraction diminuerait
de la valeur des décimales retranchées.

Il suit de là que, lorsqu'une quantité est exprimée par une fraction décimale, si l'on ne tenait pas à avoir l'expression exacte de
cette quantité, mais qu'on voulût se contenter d'une approximation
plus ou moins grande, on pourrait négliger quelques-uns des derniers chiffres décimaux. Ainsi, si, ayant choisi une unité pour mesurer une longueur, on avait trouvé, pour expression de cette
longueur, 3,752645, et qu'on voulût se contenter d'avoir l'expression de cette longueur à un centième près de l'unité choisie, on
pourrait négliger les quatre dernières décimales, et dire que cette
longueur a pour expression 3,75. Dans ce cas, si le premier des
chiffres que l'on supprime est plus fort que 5, on ajoute ordinairement une unité au dernier de ceux que l'on conserve. Ainsi, si la
longueur mesurée était 3,75825, en supprimant les trois dernières
décimales on écrirait : 3,76; en effet, 3,75825 est plus près de 3,76
que de 3,75.

Ces préliminaires étant bien compris, nous allons passer aux opérations de l'Arithmétique sur les nombres décimaux, en renvoyant
toutefois à un autre chapitre l'élévation aux puissances et l'extraction des racines.

1° DE L'ADDITION DES NOMBRES DÉCIMAUX.

128. L'addition des nombres décimaux n'offre aucune difficulté,
car, les chiffres qui composent ces nombres exprimant des unités ou
parties de l'unité qui sont de dix en dix fois plus grandes, à mesure qu'on avance de droite à gauche, il est évident qu'on pourra
faire l'addition des nombres décimaux comme celle
des nombres entiers. Supposons, par exemple,
qu'on ait à additionner les nombres 35,27, 0,246,
8,37, 6,9078; on dispose l'opération comme on le
voit à côté. L'addition faite, on trouve 507938,
et l'on place une virgule de manière à séparer les

$$\begin{array}{r} 35,27 \\ 0,246 \\ 8,37 \\ 6,9078 \\ \hline 50,7938 \end{array}$$

7

50 unités de la partie décimale, 7938. Le résultat est donc 50,7938.

Ainsi, *pour faire l'addition des nombres décimaux, on les dispose les uns au-dessous des autres, de manière que les unités et les sous-divisions de l'unité de même espèce soient dans une même colonne verticale; on fait ensuite l'addition comme si l'on avait des nombres entiers, en observant de placer une virgule de manière à séparer dans la somme trouvée, autant de chiffres décimaux qu'il y en a dans celui des nombres à ajouter qui en contient le plus.*

2° DE LA SOUSTRACTION DES NOMBRES DÉCIMAUX.

129. La soustraction des nombres décimaux n'offre pas plus de difficultés. Soit, par exemple, 8,2945 à retrancher

$$27,3500$$
$$8,2945$$
$$\overline{19,0555}$$

de 27,35 : on ajoute deux zéros à la suite du nombre 27,35, puis on retranche 8,2945 de 27,3500, comme si ces deux nombres étaient entiers; le reste est 190555. L'on sépare ensuite autant de chiffres décimaux qu'il y en a dans les nombres sur lesquels on a opéré; le résultat est donc 19,0555. Si l'on avait 8,2945 à retrancher de 27 seulement, on mettrait à la suite de 27 une virgule et quatre zéros

$$27,0000$$
$$8,2945$$
$$\overline{18,7055}$$

pour tenir la place des chiffres décimaux qui manquent, puis on retrancherait 8,2945 de 27,0000, comme si les nombres étaient entiers, et l'on séparerait 4 décimales, dans le résultat. On trouvera ainsi, pour le reste de la soustraction proposée, 18,7055.

130. On voit facilement comment on se conduirait dans tous les cas semblables, et l'on peut établir la règle suivante : *Pour soustraire l'un de l'autre, deux nombres décimaux, ou deux nombres, dont l'un est entier et l'autre décimal, préparez-les, de manière à ce qu'ils aient un même nombre de chiffres décimaux, en ajoutant, s'il est nécessaire, un ou plusieurs zéros à la suite de l'un des deux nombres proposés; puis faites la soustraction comme si les nombres étaient entiers, et séparez, dans le résultat, autant de chiffres décimaux qu'il y en a dans les nombres sur lesquels vous avez opéré.*

131. Les preuves de l'addition et de la soustraction des quantités décimales se feraient absolument comme celles des mêmes opérations sur les nombres entiers, et pour les mêmes raisons.

132. Nous saurons faire la multiplication des nombres décimaux, si nous savons la ramener à celle des nombres entiers; or, rien n'est plus facile, ainsi qu'on peut le voir par quelques exemples.

Soit proposé d'abord de multiplier 3,25 par 4,052. Si nous supprimons la virgule dans ces deux nombres, le multiplicande deviendra 325, c'est-à-dire, 100 fois plus grand (124. 3°), et le multiplitateur deviendra 4052, c'est-à-dire, 1000 fois plus grand; il suit de là, que le produit que l'on obtiendrait en multipliant 325 par 4052, au lieu de multiplier 3,25 par 4,052, serait 1000 fois 100 fois trop grand; ou, ce qui revient au même, 100000 fois trop grand, nous aurions donc le véritable produit en le rendant 100000 fois plus petit, et par conséquent en séparant par une virgule 5 chiffres décimaux (124. 1°), précisément autant qu'il s'en trouve dans les deux facteurs pris ensemble. En effectuant les opérations que nous venons d'indiquer, c'est-à-dire, en multipliant 325 par 4052, nous trouverons 1316900; et en séparant 5 chiffres décimaux, nous aurons 13,16900 : tel est le produit démandé.

Ce qui précède nous montre comment on devra opérer toutes les fois qu'on aura à multiplier un nombre décimal par un nombre décimal. Soit, pour second exemple, proposé de multiplier 27,3 par 3,57. Si, supprimant les virgules dans ces deux nombres, nous multiplions 273 par 357, nous trouverons 97461; mais, en supprimant la virgule dans le multiplicande, nous l'avons rendu 10 fois plus grand, en la supprimant dans le multiplicateur, nous l'avons rendu aussi 100 fois plus grand : le produit 97461 est donc 100 fois 10 fois, ou 1000 fois trop grand, et nous aurons le produit véritable en le rendant 1000 fois plus petit, c'est-à-dire, en séparant à droite 3 chiffres décimaux, précisément autant qu'il s'en trouve dans le multiplicande et le multiplicateur réunis.

133. Si l'un des facteurs seulement renfermait des chiffres décimaux (si l'on avait, par exemple, 37 à multiplier par 17,76), il est facile de voir qu'il faudrait en prendre dans le produit autant seulement qu'il y en aurait dans le second facteur.

134. Il arrive quelquefois que le produit obtenu ne renferme pas autant de chiffres qu'il faudrait en prendre pour la partie décimale du produit. Supposons, par exemple, qu'on eût 0,037 à multiplier

ARITHMÉTIQUE.

$$0,037$$
$$0,0257$$
$$\overline{}$$
$$259$$
$$185$$
$$74$$
$$\overline{}$$
$$0,0009509$$

par 0,0257. En multipliant 37 par 257, on trouve 9509, et, comme il y a 3 chiffres décimaux au multiplicande, et 4 au multiplicateur, il faut en prendre 7 au produit, c'est-à-dire, placer les chiffres qui composent le nombre 9509 de manière que le dernier exprime des dix-millionièmes; pour cela, on met des zéros devant ce nombre, ce qui n'en change pas la valeur; puis on prend, à partir du dernier chiffre, 7 chiffres décimaux, et l'on a pour le produit demandé 0,0009509. On se conduirait de la même manière dans tous les cas semblables.

135. *En résumant tout ce qui précède, on voit que pour multiplier entre eux deux nombres renfermant des décimales, ou un nombre entier par un nombre renfermant des décimales, ou réciproquement, il faut faire la multiplication comme si les nombres étaient entiers, et qu'il n'y eût pas de virgule; puis prendre dans le produit trouvé autant de chiffres décimaux qu'il y en a dans les deux facteurs à la fois, en mettant devant ce produit, s'il est nécessaire, un nombre suffisant de zéros.*

4° DE LA DIVISION DES NOMBRES DÉCIMAUX.

136. Nous saurons faire la division des nombres décimaux, si nous pouvons la ramener à celle des nombres entiers. Or rien n'est plus facile, car les deux nombres que l'on doit diviser l'un par l'autre rentrent dans une de ces trois classes : ou bien tous les deux ont un égal nombre de chiffres décimaux, ou bien l'un en a plus que l'autre, ou bien enfin, l'un a des chiffres décimaux et l'autre n'en a pas.

1° Si les deux nombres à diviser ont le même nombre de chiffres décimaux, on peut supprimer la virgule dans les deux; alors le dividende et le diviseur deviennent des nombres entiers, et comme par la suppression de la virgule on les a multipliés tous les deux par le même nombre (124. 3°), le quotient ne sera pas changé. Ainsi, diviser 27,359 par 5,468, revient à diviser 27359 par 5468, et le quotient est $5 + \dfrac{19}{5468}$. De même, diviser 0,572 par 0,782, revient à diviser 572 par 782, et le quotient est la fraction $\dfrac{572}{782}$.

2° Si les deux nombres à diviser l'un par l'autre n'ont pas le

même nombre de chiffres décimaux, on ajoute à celui qui en a le
moins assez de zéros pour qu'il en ait autant que l'autre, ce qui
n'en change pas la valeur (124. 4°), et alors la division rentre
dans le cas précédent. Ainsi, diviser 5,273 par 2,3, revient à diviser 5,273 par 2,300, ou à diviser 5273 par 2300, et le quotient
est $2 + \frac{673}{2300}$. De même, diviser 7,27 par 3,2794, revient à diviser 7,2700 par 3,2794, ou 72700 par 32794, et le quotient est
$2 + \frac{7112}{32794}$.

3° Enfin, si l'un des deux nombres est entier, c'est-à-dire, n'a
pas de chiffres décimaux, on ajoute à la suite du nombre entier une
virgule, et autant de zéros qu'il y a de chiffres décimaux dans l'autre ; ces zéros tiennent la place des chiffres décimaux qui auraient
pu se trouver à la suite de ce nombre, et ne changent rien à sa
valeur. Alors l'opération est ramenée au premier cas. Ainsi,
12,3782 ⋮ 4, revient à 12,3782 ⋮ 4,0000, ou à 123782 ⋮ 40000,
et le quotient est $3 + \frac{3782}{40000}$. De même, 5 ⋮ 1,29, revient à 5,00 ⋮
1,29, ou à 500 ⋮ 129 $= 3 + \frac{113}{129}$.

137. Dans ce qui précède, nous avons trouvé les quotients exacts
des divisions à effectuer au moyen d'un nombre entier suivi d'une
fraction ordinaire, ou au moyen d'une fraction seulement ; mais il
est naturel de chercher à exprimer ce quotient au moyen de fractions décimales. Pour y parvenir, prenons une des divisions précédentes, la dernière, par exemple, où il s'agit de diviser 5 par

```
500  | 129
1130 | 3,875
 980
 770
 125
```

1,29, ce qui revient, comme nous l'avons vu,
à diviser 500 par 129 ; la partie entière du quotient est 3 et le reste est 113. Plaçons après le
chiffre 3 du quotient une virgule pour le séparer des autres chiffres que nous allons obtenir, et qui exprimeront des décimales. Cela
fait, il nous reste encore 113 à diviser par 129 ;
si donc nous convertissons 113 en dixièmes, ce que nous ferons,
en multipliant par 10, et par conséquent en ajoutant un zéro, nous
aurons 1130 dixièmes, qui, divisés par 129, donnent 8 dixièmes
avec un reste 98 dixièmes; qu'il faut encore diviser par 129. Convertissons-les en centièmes, en ajoutant un zéro, nous aurons 980
centièmes qui, divisés par 129, donnent 7 centièmes et un nouveau

reste 77 centièmes qu'il faut encore diviser par 129 ; pour cela, on les convertit en millièmes, en ajoutant un zéro, et l'on a 770 millièmes à diviser par 129 ; le quotient est 5 millièmes, et il y a un autre reste qui est 125 millièmes. On voit comment cette opération pourrait se continuer.

En s'arrêtant aux dixièmes du quotient, dans le calcul qui précède, le quotient 3,8 ainsi obtenu n'est pas exact, mais il ne lui manque pas un dixième pour être le quotient véritable ; de même, en s'arrêtant aux centièmes, le quotient 3,87 ne diffère pas d'un centième du quotient véritable ; de même encore, 3,875 n'en diffère pas d'un millième. En continuant la division, il arrivera l'une de ces deux choses : ou bien l'on parviendra à une division qui ne donnera aucun reste, et alors le quotient sera exprimé exactement en décimales ; ou bien, quelque loin qu'on pousse la division, on trouvera toujours un reste, et alors il sera impossible d'exprimer exactement le quotient au moyen des décimales ; mais, dans ce cas, on pourra approcher aussi près que l'on voudra du quotient véritable : il suffira pour cela de pousser la division assez loin. Par exemple, si l'on voulait approcher du quotient, à moins d'un cent-millionième près, il faudrait pousser la division jusqu'à ce qu'on eût 8 décimales au quotient. Nous reviendrons bientôt sur une particularité que présente le quotient, dans le cas où l'on ne peut pas l'obtenir exactement en décimales.

138. En résumant tout ce que nous venons de dire, voici la règle que l'on pourrait donner pour faire la division des nombres décimaux : *Faites en sorte que le dividende et le diviseur aient le même nombre de chiffres décimaux : pour cela, ajoutez des zéros à la suite de celui de ces deux nombres qui en aurait le moins ; et si l'un est entier, faites-le suivre d'une virgule et d'autant de zéros qu'il y a de chiffres décimaux dans l'autre ; supprimez ensuite les virgules, et il vous reste deux nombres entiers à diviser l'un par l'autre. Faites la division comme à l'ordinaire : s'il n'y a pas de reste, vous aurez le quotient exactement en nombre entier. S'il y a un reste, et si vous voulez exprimer ce qui manque au quotient au moyen des décimales, écrivez une virgule après la partie trouvée, ajoutez un zéro à la suite du reste, divisez par le diviseur le reste ainsi modifié, et le quotient trouvé exprimera des dixièmes ; ajoutez au dernier reste obtenu un autre zéro, faites la division, et le quotient trouvé exprimera des centièmes. Continuez ainsi jusqu'à ce vous arriviez à une division qui ne donne aucun reste, ou jusqu'à ce que vous ayez au quotient au-*

tant de décimales que vous vous proposez d'en avoir. Dans le premier cas, vous aurez le quotient exactement; dans le second, le quotient obtenu approchera du quotient véritable à moins d'une sous-division de l'unité de l'espèce marquée par le rang du dernier chiffre décimal.

139. Nota 1º. — Toutes les fois que le dividende est plus petit que le diviseur, le quotient est une fraction, et par conséquent on doit mettre un zéro pour la partie entière. Ainsi, si nous avons 0,572 à diviser par 0,702, cette division revient à celle de 572 par

782. Comme 572 ne contient pas 782, on écrit

5720	782
246	0,7

au quotient un zéro pour la partie entière, puis une virgule; ajoutant ensuite un zéro à la suite de 572, on a 5720 dixièmes qui, divisés par 782 donnera 7 dixièmes et un reste 246. On continuerait la division comme nous l'avons fait plus haut.

140. Nota 2º. — Quand le diviseur est un nombre entier, ou quand il contient moins de chiffres décimaux que le dividende, le procédé général donné plus haut est susceptible d'une petite simplification. Supposons d'abord que le diviseur soit un nombre entier : soit, par exemple, 343,76 à diviser par 23. On peut, sans supprimer la virgule du dividende, diviser d'abord par 23 la partie en-

343,76	23
113	14,94
217	
106	
14	

tière 343, on trouve pour quotient 14 et un reste 21 ; ces 21 unités, converties en dixièmes et réunies aux 7 dixièmes du dividende, font 217 dixièmes qui, divisés par 23, donnent pour quotient 9 dixièmes, et pour reste 10 dixièmes. Ces 10 dixièmes, convertis en centièmes et réunis aux 6 centièmes du dividende, donnent 106 centièmes qui, divisés par 23, donnent 4 centièmes, et pour reste 14 centièmes; on pousserait la division plus loin, en ajoutant un zéro à la suite du dernier reste, puis on diviserait 140 millièmes par 23, et ainsi de suite, jusqu'à ce qu'on eût obtenu le nombre de chiffres décimaux que l'on désire avoir au quotient.

Si le diviseur, sans être un nombre entier, avait moins de chiffres décimaux que le dividende, on supprimerait seulement la virgule du diviseur, et on avancerait celle du dividende d'autant de rangs vers la droite qu'il y a de chiffres décimaux dans le diviseur. Ce changement multiplierait évidemment par un même nombre le dividende et le diviseur, par conséquent ne changerait rien au quotient, et on n'aurait plus ainsi qu'un nombre décimal à diviser par un nombre entier, ce que l'on ferait comme dans le cas précédent. Ainsi, si l'on avait 127,73265 à diviser par 25,36, en supprimant la virgule dans le diviseur, et en l'avançant de deux rangs vers la droite dans le dividende, on aurait 12773,265 à diviser par 2536; division qui peut se faire comme la précédente.

141. Il arrive souvent qu'ayant une fraction ordinaire, on veut la changer en une fraction décimale : c'est précisément le cas traité au n° 139, où l'on veut trouver au moyen des décimales, le quotient d'une division dans laquelle le dividende est plus petit que le diviseur. En relisant ce que nous avons dit dans cet article et en généralisant, on établira le procédé suivant : *Pour convertir une fraction ordinaire en fraction décimale, disposez le numérateur et le dénominateur comme vous le feriez pour diviser le premier par le second, puis écrivez au quotient un zéro et une virgule. Cela posé, ajoutez à la droite du numérateur un zéro, et divisez le nombre ainsi obtenu par le dénominateur, vous trouverez un quotient qui exprimera des dixièmes et un certain reste; écrivez un zéro à la droite de ce reste, et divisez le nombre résultant par le dénominateur, vous obtiendrez un quotient qui exprime des centièmes et un nouveau reste; sur lequel vous opérerez de la même manière, jusqu'à ce que vous obteniez un quotient sans reste, si cela est possible, ou jusqu'à ce que vous ayez obtenu autant de décimales que vous vous êtes proposé d'en avoir.*

$$
\begin{array}{r|l}
30 & 8 \\
60 & \overline{0,375} \\
40 & \\
0 & \\
\end{array}
$$

En appliquant ce qui précède à la fraction $\frac{3}{8}$, on trouve qu'elle vaut exactement 0,375.

142. Lorsqu'on veut convertir une fraction ordinaire en fraction décimale, il arrive quelquefois, comme nous l'avons déjà dit, qu'en effectuant les divisions nécessaires pour cette conversion, on ne peut pas obtenir un quotient sans reste, et que, par conséquent, on ne peut pas exprimer exactement en décimales la fraction sur laquelle on opère. Dans ce cas, il se présente une singularité qu'il est bon de remarquer.

Supposons, par exemple, qu'on veuille évaluer en décimales la fraction $\frac{13}{37}$. En faisant l'opération suivant le procédé donné, on

```
130  |   37
     |_____
190  | 0,351351351
 50
130
190
 50
130
etc.
```

trouve 0,351351351 ; et, en observant que les dividendes partiels qui donnent au quotient les chiffres 3, 5 et 1 se reproduisent toujours dans le même ordre, on voit que quelque loin qu'on poussât la division, on ne trouverait jamais que les chiffres 351, et toujours dans le même ordre. La fraction 0,351351351351......, et toutes les fractions qui, comme celle-là, seraient composées des mêmes chiffres revenant toujours dans le même ordre, en supposant qu'on puisse la prolonger indéfiniment, s'appellent *fractions périodiques.*

Quelquefois, la période commence dès le premier chiffre décimal, comme dans l'exemple précédent ; quelquefois aussi, elle ne commence qu'à quelqu'un des chiffres décimaux suivants. Telle est, par exemple, la fraction 0,275320320320....., où la période ne commence qu'au quatrième chiffre. Dans le premier cas, on lui donne le nom de *fraction périodique simple;* dans le second, elle prend celui de *fraction périodique mixte.* Toutes les fois qu'une fraction ordinaire ne peut pas s'exprimer exactement en décimales, elle donne lieu à une fraction périodique. Nous laissons le soin de chercher la raison de cette assertion.

Il est facile de voir que si les mêmes dividendes partiels reviennent dans le même ordre, il y aura lieu à une période ; il suffit même que l'on trouve un seul dividende partiel égal à l'un de ceux qui ont précédé, pour qu'on puisse assurer qu'il y aura une période, et dire combien elle aura de chiffres. Les raisons de ces assertions sont faciles à trouver. — Il est évident que, lorsqu'on a reconnu la période, il est inutile de continuer les divisions, puisqu'on sait d'avance quels chiffres on trouverait au quotient.

143. Dans le cas où la fraction qu'il faut exprimer par des décimales a pour dénominateur l'un des nombres 10, 100, 1000, 10000, etc., on n'a pas besoin de faire les divisions que prescrit le procédé donné au nᵒ 141, puisque cette fraction est une véritable fraction décimale. Il suffit alors d'écrire un zéro et une virgule, puis, à la suite de cette virgule, le numérateur de la fraction décimale, de manière que son dernier chiffre exprime des sous-divisions de l'ordre marqué par le dénominateur. Ainsi,

$\frac{375}{1000} = 0,375 ; \quad \frac{17}{10000} = 0,0017 ;$ etc. ; etc.

144. Nous avons résolu, dans ce qui précède, cette question : *Étant donnée une fraction ordinaire, la convertir en une fraction décimale.* Nous allons nous occuper de la question inverse, *étant donnée une fraction décimale, la convertir en une fraction ordinaire.*

Il peut ici se présenter deux cas, ou bien la fraction décimale donnée renferme un nombre déterminé de chiffres, telle serait, par exemple, 0,378; ou bien elle est périodique et la période doit être supposée prolongée à l'infini, telle serait, par exemple, la fraction 0,37373737...., telle serait encore la fraction 0,72346346346,...

145. Si la fraction renferme un nombre déterminé de chiffres, rien n'est plus facile que de lui donner la forme des fractions ordinaires, on n'a qu'à effacer le zéro et la virgule qui précèdent les décimales, et aussi les zéros qui pourraient se trouver avant le premier chiffre significatif, et mettre pour dénominateurs 10, 100, 1000, etc., suivant que le dernier chiffre décimal exprimera des dixièmes, des centièmes, des millièmes, etc. Ainsi, $0,7 = \dfrac{7}{10}$; $0,375 = \dfrac{375}{1000}$;

$0,000032 = \dfrac{32}{1000000}$, etc., on réduit ensuite la fraction trouvée à une plus simple expression, si elle en est susceptible.

146. Examinons maintenant le cas où la fraction donnée est périodique et se prolonge indéfiniment, et supposons d'abord que la période commence dès le premier chiffre décimal. Pour exprimer en fraction ordinaire ces sortes de fractions, on a imaginé de les comparer à d'autres fractions de la même espèce, et dont l'expression par une fraction ordinaire soit connue. Supposons que l'on convertisse en fractions décimales, par le procédé donné (141.), les fractions $\dfrac{1}{9}$, $\dfrac{1}{99}$, $\dfrac{1}{999}$, $\dfrac{1}{9999}$, etc., on trouvera :

$$\frac{1}{9} = 0,11111111......... \text{ etc.}$$

$$\frac{1}{99} = 0,01010101......... \text{ etc.}$$

$$\frac{1}{999} = 0,001001001 .... \text{ etc.}$$

$$\frac{1}{9999} = 0,000100010001 ... \text{ etc.}$$

....

Cela posé, si l'on demande la valeur de la fraction périodique,

0,44444..., il est clair que cette fraction est 4 fois plus grande que la fraction 0,11111....; or, celle-ci vaut $\frac{1}{9}$ donc l'autre vaut $\frac{4}{9}$. — Supposons encore qu'on demande la valeur de la fraction 0,363636....; cette fraction est évidemment 36 fois plus grande que 0,010101....; or, celle-ci vaut $\frac{1}{99}$, donc, l'autre vaut $\frac{36}{99}$. — Si l'on demandait la valeur de la fraction 0,02340234..., on verrait encore qu'elle est 234 fois plus grande que 0,000100010001...; or, cette dernière vaut $\frac{1}{9999}$, donc, l'autre vaut $\frac{234}{9999}$.

Remarquons que nous avons trouvé la valeur de la première fraction 0,4444... etc., dans laquelle la période n'a qu'un chiffre, en prenant ce chiffre pour numérateur, et en lui donnant 9 pour dénominateur. De même nous avons trouvé la valeur de la seconde fraction 0,363636..., dans laquelle la période a deux chiffres, en prenant ces deux chiffres 36 pour numérateur, et en leur donnant 99 pour dénominateur. Enfin, nous avons trouvé la valeur de la troisième fraction 0,023402340234..., dans laquelle la période a quatre chiffres, savoir, 0234, en prenant pour numérateur le nombre 0234 ou 234 que forment ces quatre chiffres, et en lui donnant 9999 pour dénominateur. Il serait facile de généraliser ce procédé, et de faire voir que pour *convertir une fraction décimale périodique en une fraction ordinaire, lorsque la période commence au premier chiffre décimal, il faut prendre pour numérateur le nombre formé par les chiffres de la période, et lui donner pour dénominateur un nombre composé d'autant de 9 qu'il y a de chiffres dans la période.*

147. Supposons maintenant que la période ne commence pas au premier chiffre décimal. Soit, par exemple, la fraction périodique mixte 0,321270270....., dans laquelle la période commence au quatrième chiffre seulement. En transportant la virgule jusqu'à ce chiffre, nous aurons 321,270270....., et ce nombre est mille fois plus grand que la fraction dont on veut avoir la valeur. De plus, la partie périodique, qui accompagne la partie entière 321, vaut, d'après ce qui précède, $\frac{270}{999}$, et la partie entière réunie à la fraction vaut, $321 + \frac{270}{999}$. Si nous convertissons tout en fraction (88.),

nous aurons $\dfrac{320949}{999}$; or, cette fraction est 1000 fois plus grande que la proposée, 0,321270270... : donc, nous aurons la valeur de celle-ci en divisant $\dfrac{320949}{999}$ par 1000, ou en ajoutant trois zéros au dénominateur, ce qui donnera pour la valeur de la fraction périodique mixte proposée, $\dfrac{320949}{999000}$.

On voit sans peine comment on se conduirait dans tous les cas semblables, et avec quelle facilité on formulerait le procédé général pour obtenir en fraction ordinaire la valeur d'une fraction périodique mixte.

148. Résumé. — Ce chapitre peut se partager en trois parties : la première renferme des notions préliminaires sur les fractions décimales ou nombres décimaux ; la seconde contient l'exposé du procédé pour exécuter sur les nombres décimaux les opérations de l'arithmétique ; la troisième enseigne à convertir une fraction vulgaire en fraction décimale et réciproquement.

(A) Préliminaires aux opérations sur les fractions décimales ou nombres décimaux :

1º Nous avons défini ces mots : *fraction décimale* et *nombre décimal*, et nous avons fait voir que les fractions décimales ne sont qu'un cas particulier des fractions ordinaires, dans lequel le système de numération que nous avons adopté permet de supprimer les dénominateurs. Puis nous avons dit comment on énonce une fraction décimale écrite, et réciproquement, comment on écrit une fraction décimale énoncée.

2º Nous avons examiné ensuite comment on peut, au moyen des fractions décimales diviser exactement un nombre par 10, 100, 1000, etc., et quels changements produit, dans un nombre décimal, le déplacement ou la suppression de la virgule, et aussi l'addition ou la suppression de zéros à la suite des chiffres significatifs dont se compose une fraction décimale. Nous avons déduit de là un moyen de réduire les fractions décimales au même dénominateur.

3º Nous avons enfin examiné quel changement produit sur une fraction décimale la suppression des derniers chiffres significatifs qui la composent, ou l'addition de nouveaux chiffres significatifs ; et nous en avons déduit un moyen pour avoir, avec une approximation plus ou moins grande, la valeur d'une quantité exprimée en décimales.

(B) Opérations sur les nombres décimaux. — Les préliminaires précédents étant posés, nous avons donné les procédés pour effectuer sur les nombres décimaux l'*addition*, la *soustraction*, la *multiplication*, et la *division*. Cette dernière opération nous a présenté trois cas, suivant que le dividende et le diviseur ont le même nombre de chiffres décimaux, ou qu'il en est autrement, ou même que les chiffres décimaux manquent dans l'un de ces nombres. Nous avons complété l'exposé des procédés à suivre dans ces différents cas par les deux observations des nᵒˢ 139 et 140.

(C) Conversion d'une fraction ordinaire en décimale, et réciproquement.

— Le procédé établi pour la division des nombres décimaux nous a donné le moyen de résoudre le problème suivant : *Étant donné une fraction ordinaire trouver sa valeur en fraction décimale;* et nous avons vu que quand ce problème ne peut se résoudre exactement, le procédé employé conduit à une fraction décimale d'une espèce particulière que nous avons appelée *périodique.* Nous avons enseigné à résoudre le problème inverse : *Une fraction décimale non périodique ou périodique étant donnée, la ramener à une fraction ordinaire.*

CHAPITRE VII.

DE L'ÉLÉVATION DES NOMBRES A LEURS PUISSANCES, ET DE L'EXTRACTION DE LEURS RACINES.

149. Nous avons vu (34.) ce qu'on appelle *faire le produit de plusieurs nombres,* et nous avons dit (40.) que lorsque les facteurs, dont on fait le produit, sont tous égaux, le produit prend alors le nom de *puissance de ces facteurs.* Ainsi, 9 et 27 sont des puissances de 3, parce que 9 est égal à 3×3, et que 27 est égal à $3 \times 3 \times 3$.

Les différentes puissances d'un nombre se distinguent, ainsi que nous l'avons déjà dit, par les noms de *deuxième puissance, troisième puissance, quatrième puissance, etc.*, suivant que ces nombres sont multipliés 1 fois, 2 fois 3 fois, etc., par eux-mêmes, ou suivant qu'ils sont pris 2 fois, 3 fois, 4 fois, etc., comme facteurs. Ainsi, 9 est la deuxième puissance de 3 ; 27 en est la troisième puissance ; 64 est la sixième puissance de 2.

La deuxième puissance d'un nombre prend encore le nom de *carré* de ce nombre ; et la troisième, celui de *cube.* Nous verrons la raison de ces dénominations quand nous étudierons la géométrie.

Nous avons également vu (67.) que les nombres considérés par rapport à leurs puissances, prennent le nom de *racines;* et nous savons que les différentes racines d'un nombre se distinguent par les noms de *racine deuxième, racine troisième, racine quatrième, etc.* suivant qu'elles entrent 2 fois, 3 fois, 4 fois, etc., comme facteurs dans ce nombre, ou, en d'autres termes, suivant qu'il faut les élever à la deuxième, troisième, quatrième, etc., puissance, pour obtenir ce nombre. Ainsi, 3 est la racine deuxième de 9; 27 en est la racine troisième; la racine deuxième de 64 est 8, et la racine sixième du même nombre est 2.

Observons que la racine deuxième d'un nombre prend aussi le nom de *racine carrée;* et que la racine troisième prend aussi celui de *racine cubique.*

Enfin, par un abus de langage, on donne aussi le nom de *première puissance,* et de *racine première* d'un nombre, à ce nombre lui-même. Ainsi, 6, par exemple, est à lui-même sa première puissance et sa racine première.

Nous allons nous occuper bientôt de l'élévation aux puissances et de l'extraction des racines des nombres; mais auparavant observons que quelquefois on se propose d'indiquer le carré, ou le cube, ou tout autre puissance d'un nombre, plutôt que d'obtenir la valeur de cette puissance. Alors on se sert d'un chiffre égal au degré de la puissance dont il s'agit, et on le met à droite de ce nombre, un peu au-dessus. Ainsi, 3^5 représente la cinquième puissance de 3; 5^4 représente la quatrième puissance de 5. Si le nombre à élever à une puissance déterminée, avait plusieurs chiffres, on le mettrait entre parenthèse, ou on le couvrirait d'une ligne : Ainsi, par exemple,

$\overline{357}^3$ et $(357)^3$ expriment également la troisième puissance du nombre 357; de même $(3 + 8)^3$ exprime la troisième puissance de $3 + 8$ ou de 11.

Pour indiquer les racines d'un nombre, on se sert du signe $\sqrt{}$ que l'on place devant ce nombre, et l'on met dans l'ouverture de ce signe, le chiffre qui exprime le degré de la racine à indiquer; mais on n'en met aucun lorsqu'il s'agit de la racine carrée. Ainsi,

ces expressions $\sqrt{4}$ $\sqrt[3]{4}$ $\sqrt[5]{4}$ désignent les racines carrée, cubique, et cinquième du nombre 4. Il faut bien remarquer ces notations.

I. *Élévation des Nombres à leurs puissances.*

150. Pour élever un nombre à une puissance quelconque, il n'y a aucune difficulté, puisqu'il suffit de le multiplier par lui-même un certain nombre de fois. Mais il est bon de remarquer que, si ce nombre est une fraction, l'opération revient à élever séparément les

deux termes à la puissance dont il s'agit. Ainsi, la troisième puis-
de $\frac{3}{4}$, par exemple, est égale à $\frac{3}{4} \times \frac{3}{4} \times \frac{3}{4}$ ou à $\frac{27}{64}$; fraction
dans laquelle le numérateur 27 et le dénominateur 64, sont respec-
tivement la troisième puissance du numérateur et du dénominateur
de la fraction proposée. Il est évident qu'il en serait de même dans
tous les autres cas.

Passons maintenant à l'extraction des racines.

II. Extraction des Racines des Nombres.

151. Nous nous occuperons successivement des racines carrées
et cubiques, puis nous ajouterons un mot sur les racines d'un degré
supérieur.

1° EXTRACTION DES RACINES CARRÉES.

152. Commençons par les nombres entiers. Pour procéder avec
ordre à la recherche de la méthode à suivre dans l'extraction de la
racine carrée des nombres entiers, nous devons prendre d'abord le
cas le plus simple, nous laisser conduire par le raisonnement, et
tâcher de nous élever aux cas les plus compliqués.

Or, les cas les plus simples du problème à résoudre sont d'abord
celui où la racine demandée ne doit avoir qu'un chiffre, puis ceux
où il doit en avoir deux, trois, quatre, etc. Nous sommes donc
conduits à rechercher le caractère auquel on peut reconnaître qu'un
nombre doit avoir un, deux, trois, quatre, etc., chiffres à sa racine
carrée.

Pour y parvenir, faisons le carré des nombres 1, 10, 100, 1000, etc,
nous aurons :

Le carré de 1   est 1
Le carré de 10   est 100
Le carré de 100   est 10000
Le carré de 1000   est 1000000
Etc.   etc.

Il résulte de là que tous les nombres compris entre 1 et 10,
c'est-à-dire, *tous les nombres d'un chiffre*, ont leurs carrés compris
entre 1 et 100, c'est-à-dire, ont à *leurs carrés un ou deux chiffres*.
Tous les nombres compris entre 10 et 100, c'est-à-dire, *tous les*

nombres de deux chiffres, ont leurs carrés compris entre **100** et **10000**, c'est-à-dire, *ont à leurs carrés trois ou quatre chiffres.*

Tous les nombres compris entre **100** et **1000**, c'est-à-dire, *tous les nombres de trois chiffres,* ont leurs carrés compris entre **10000** et **1000000**, c'est-à-dire, *ont à leurs carrés cinq ou six chiffres.*

On verrait absolument de la même manière qu'un nombre de quatre chiffres doit avoir à son carré sept ou huit chiffres, et qu'en général *un nombre doit avoir à son carré deux fois autant de chiffres, ou deux fois autant de chiffres moins un, qu'il en a lui-même.*

153. Il suit de là que, réciproquement, tout nombre d'un ou deux chiffres n'aura qu'un chiffre à sa racine carrée ; que tout nombre de trois ou quatre chiffres en aura deux ; que tout nombre de cinq ou six chiffres en aura trois, etc.; d'où l'on peut conclure cette règle : *Pour savoir combien un nombre doit avoir de chiffres à sa racine carrée, partagez-le en tranches de deux chiffres chacune, la dernière pouvant n'en avoir qu'un, et la racine carrée devra avoir autant de chiffres qu'il y aura de tranches.*

Après avoir trouvé une règle pour connaître combien un nombre doit avoir de chiffres à sa racine carrée, passons à la recherche des procédés pour l'extraction des racines carrées, en commençant par le cas le plus simple :

154. Premier cas. Le cas le plus simple est, avons-nous dit, celui où *le nombre proposé n'a qu'un ou deux chiffres,* puisqu'alors la racine carrée n'en a qu'un ; et comme dans ce cas la racine carrée, ou du moins la partie entière de cette racine (et c'est seulement cette partie que nous nous proposons de trouver ici), doit être un des nombres **1, 2, 3, 4, 5, 6, 7, 8, 9**, faisons une fois pour toutes les carrés de ces nombres, et gravons ces carrés dans notre mémoire, nous trouverons :

Nombres.....	1	2	3	4	5	6	7	8	9	10
Carrés.......	1	4	9	16	25	36	49	64	81	100

Cela posé, si l'on demandait la racine carrée d'un des nombres compris dans la seconde ligne, de 49 par exemple, en jetant les yeux sur le tableau précédent, on verrait tout d'un coup que cette racine est 7. Mais si le nombre proposé n'était pas un de ceux compris dans la seconde ligne, il tomberait entre deux de ces der-

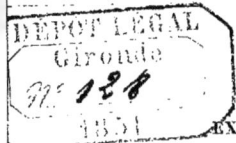

niers, et sa racine serait entre les deux racines correspondantes ; la partie entière de cette racine serait donc égale à la plus petite des deux. Supposons, par exemple, qu'on demande la racine carrée de 40 : ce nombre est entre les deux carrés 36 et 49, sa racine est donc entre 6 et 7, et, par conséquent, la partie entière de cette racine est 6.

Ce qui précède suffit pour nous faire connaître comment on peut obtenir exactement, ou à une unité près, la racine carrée de tous les autres nombres depuis 1 jusqu'à 99 (c'est-à-dire, de tous les nombres d'un ou de deux chiffres), suivant qu'ils sont ou ne sont pas des carrés parfaits (a).

155. Deuxième cas. Examinons maintenant le *cas où le nombre proposé a trois ou quatre chiffres*, et où, par conséquent, la racine cherchée doit en avoir deux. Si nous savions comment se compose le carré d'un nombre de deux chiffres, il est probable que nous trouverions le moyen de décomposer ce carré et d'en obtenir la racine carrée.

Examinons donc comment se compose le carré d'un nombre de deux chiffres. Pour le trouver, faisons le carré d'un pareil nombre, celui de 57, par exemple ; et, pour mieux voir toutes les parties qui entrent dans ce carré, écrivons séparément chaque produit partiel comme dans le calcul suivant :

$$
\begin{array}{r}
57 \\
57 \\
\hline
49 \quad \text{.... Carré des unités.} \\
35 \quad \text{.... Produit des dizaines par les unités.} \\
35 \quad \text{.... Produit des unités par les dizaines.} \\
25 \quad \text{.... Carré des dizaines.} \\
\hline
3249 \quad \text{.... Carré du nombre 57.}
\end{array}
$$

Nous voyons par là que le carré de 57 se compose : 1° du carré des unités 49 ; 2° du produit 35 des dizaines par les unités et du produit 35 des unités par les dizaines, ou, en réunissant ces deux parties en une seule, de 2 fois le produit des dizaines par les unités ;

(a) On appelle *carré parfait* tout nombre tel que l'on en peut trouver un autre qui, multiplié par lui-même, le reproduit exactement. Nous verrons plus loin que tout nombre entier, qui n'a pas de racine carrée exacte en nombre entier, n'en a pas non plus en nombre fractionnaire, et par conséquent n'est pas un carré parfait.

8

3⁰ enfin, du carré 25 des dizaines. — On peut remarquer de plus qu'en faisant la somme 3249 de ces différentes parties, pour avoir le carré du nombre 57, la première partie 49 unités se trouve dans ce nombre à partir des unités; la seconde, 35 + 35 ou 70 dizaines, s'y trouve à partir des dizaines; enfin, la troisième partie, 25 centaines, s'y trouve à partir des centaines. En d'autres termes, le carré des unités donne un nombre exact d'unités; le double produit des dizaines par les unités donne un nombre exact de dizaines; et le carré des dizaines donne un nombre exact de centaines.

Or, comme ce que nous venons de dire de 57, nous le dirions de tout autre nombre de deux chiffres, nous pouvons conclure que le carré de tout nombre composé de dizaines et d'unités contient trois parties :

1⁰ *Le carré des unités*, et cette partie donne un nombre exact d'unités;

2⁰ *Deux fois le produit des dizaines par les unités*, ou *le produit du double des dizaines par les unités*, et cette partie donne un nombre exact de dizaines;

3⁰ *Le carré des dizaines*, et cette partie donne un nombre exact de centaines.

Si nous composons le carré du nombre 67, en calculant séparément ces trois parties, nous aurons :

$$
\begin{array}{l}
67 \\
67 \\
\hline
49 \ \dots \ \text{Carré des unités.} \\
84 \ \dots \ \text{Double produit des dizaines par les unités.} \\
36 \ \dots \ \text{Carré des dizaines.} \\
\hline
4489 \ \dots \ \text{Carré du nombre 67.}
\end{array}
$$

Maintenant, pour revenir du nombre 4489 à sa racine carrée, le procédé se présente de lui-même. Voici, en effet, comment nous pouvons raisonner :

Puisque 4489 est le carré d'un nombre composé de dizaines et d'unités, il doit renfermer trois parties : 1⁰ le carré des dizaines; 2⁰ le produit du double des dizaines par les unités, et 3⁰ le carré des unités. Or, la première de ces parties donne un nombre exact de centaines; elle ne se trouve donc pas dans les deux derniers chiffres 89, mais bien dans les deux premiers 44. Séparons les

deux derniers par une virgule : cela fait, puisque 44 centaines sont
le carré du chiffre des dizaines que nous cher-
chons, ou du moins ne contiennent que ce carré
et ce qu'a pu donner l'addition des autres parties du carré, nous obtiendrons le chiffre des
dizaines en extrayant la racine carrée de 44, ou
du plus grand carré contenu dans 44, ce qui
rentre dans le premier cas. Cette racine carrée
est 6 ; tel est le chiffre des dizaines du nombre que nous cherchons ;
nous l'écrivons, comme on le voit, dans le calcul ci-joint. Si maintenant nous faisons le carré de ces 6 dizaines et que nous retranchions ce carré, qui est 36 centaines, des 44 centaines du nombre
proposé, en abaissant à côté du reste les dizaines et les unités suivantes, nous aurons 889.

Ce reste doit contenir les deux autres parties du carré, savoir :
le produit du double des dizaines par les unités et le carré des unités. Or, le produit du double des dizaines par les unités donne un
nombre exact de dizaines ; il doit donc se trouver dans 88 dizaines.
Séparons-les des 9 unités par une virgule. Cela fait, puisque 88
est le produit, ou du moins contient le produit du double des dizaines par les unités, en divisant 88 par le double des dizaines, il
pourra arriver que nous trouvions le chiffre des unités. Faisons
donc le double des dizaines, et écrivons ce double, qui est 12, au-
dessous des 6 dizaines déjà trouvées ; divisons 88 par 12, le quotient 7 pourra être le chiffre des unités, et alors la racine carrée
cherchée sera 67. Mais pour qu'il en soit ainsi, et que le chiffre 7
trouvé par la division précédente ne soit pas trop fort, il faut que
le nombre 889 contienne les deux dernières parties du carré de 67.
Faisons donc ces deux dernières parties et ajoutons-les. Voici le
procédé très-simple que l'on suit pour cela : à côté du double des
dizaines trouvées (et ce double est ici 12), on ajoute le chiffre des
unités, ce qui donne 127, puis on multiplie 127 par le chiffre
trouvé 7. Par cette multiplication on formera d'abord le carré des
unités, puis le produit du double des dizaines par les unités : leur
somme est 889 ; en la retranchant du reste trouvé 889, la soustraction ne donne point de reste ; donc 67 est exactement la racine
carrée de 4489.

Comme le nombre 88, que, dans le calcul précédent, nous avons
dû diviser par 12 pour avoir les unités de la racine cherchée, ne
contient pas seulement le produit du double des dizaines par les

unités de cette racine, il aurait pu se faire que, dans la division effectuée pour obtenir le chiffre cherché, nous eussions trouvé un quotient plus fort que ce chiffre d'une ou même de plusieurs unités. Quand il en sera ainsi, on s'en apercevra facilement, parce qu'en cherchant à achever le calcul on ne pourra pas retrancher du reste trouvé (qui, dans l'exemple précédent, était 889), la somme des deux dernières parties du carré des chiffres obtenus. Dans ce cas, il faudra diminuer d'une ou même, s'il est nécessaire, de plusieurs unités le chiffre donné par la division, et essayer les nouveaux chiffres jusqu'à ce qu'on arrive à celui que l'on cherche. On aura lieu de faire l'application de cette remarque, en extrayant les racines carrées des nombre 784 et 289.

Si le nombre proposé n'était pas un carré parfait, après avoir fait toutes les opérations nécessaires pour en obtenir la racine carrée, on aurait un reste; mais, lorsqu'on aura opéré comme dans le calcul précédent, on sera sûr d'avoir la partie entière de la racine cherchée, et c'est à cela que nous nous bornons pour le présent. On peut, pour exemple de ce cas, chercher la racine carrée du nombre 3538.

156. En résumant tout ce que nous venons de dire, voici le procédé qu'on en déduit pour extraire la racine carrée d'un nombre de trois ou quatre chiffres : *Séparez par une virgule les deux derniers chiffres du nombre proposé, extrayez la racine carrée du plus grand carré contenu dans les chiffres qui précèdent la virgule; cette racine est le chiffre des dizaines du nombre que vous cherchez, écrivez-le à côté du nombre proposé en les séparant par un trait. Faites le carré du chiffre trouvé, et retranchez ce carré des centaines du nombre proposé; à la suite du reste, écrivez les deux derniers chiffres de ce nombre, et séparez par une virgule les unités. Faites ensuite le double des dizaines trouvées, que vous écrirez au-dessous de ces mêmes dizaines, et divisez par ce double les chiffres qui précèdent celui des unités dans le reste obtenu : le quotient pourra être le chiffre des unités de la racine cherchée. Pour vous assurer qu'il n'est pas trop fort, écrivez-le à côté du double des dizaines, et multipliez le nombre qui en résulte par ce même chiffre des unités. Si le produit peut se retrancher du reste obtenu, le chiffre trouvé ne sera pas trop fort. Si cette soustraction se fait sans reste, la racine trouvée sera exactement celle du nombre proposé; et s'il y a un reste, la racine sera approchée à moins d'une unité (pourvu que ce reste ne soit pas trop fort, ce qui ne sera jamais, quand on aura opéré comme nous l'avons dit. Nous verrons plus loin à quoi on reconnaît que le*

reste est trop fort). Si la soustraction ne peut se faire, le chiffre trouvé est trop fort, diminuez-le d'une unité, et voyez si le nouveau chiffre trouvé n'est pas encore trop fort; et s'il l'était, vous le diminueriez encore d'une unité, et ainsi de suite, jusqu'à ce que vous ayez le véritable chiffre

Il ne faut pas passer plus loin avant d'avoir bien compris tout ce qui précède, et avoir répété sur plusieurs exemples le raisonnement que nous avons fait. On trouvera, par exemple, que la racine carrée du nombre 6196 est 78 avec un reste 112; que celle du nombre 341 est 29, et que celle de 5682 est 75 avec un reste 57.

157. Troisième cas. Supposons maintenant que nous ayons à extraire *la racine carrée d'un nombre de cinq ou de six chiffres*, par exemple, de 568214. Voici comment nous pourrons raisonner :

Puisque le nombre proposé a six chiffres, sa racine carrée devra en avoir trois; donc on peut la considérer comme composée de dizaines et d'unités, en regardant comme des dizaines le nombre exprimé par les deux premiers chiffres. Par conséquent, son carré renfermera les trois parties qui entrent dans le carré d'un nombre composé de dizaines et d'unités. Or, le carré des dizaines doit donner un nombre exact de centaines, et se trouver par conséquent dans les quatre premiers chiffres du nombre proposé, c'est-à-dire,

```
5 6,8 2,1 4 | 753
4 9        |
           | 145    1503
  7 8,2    |   5       3
  7 2 5    |
           | 725    4509
    5 7 1,4
    4 5 0 9
    1 2 0 5
```

dans 5682. Nous verrons comme plus haut que, pour trouver ces dizaines, il faut extraire la racine carrée du plus grand carré contenu dans 5682; ce qui rentre dans le deuxième cas. En extrayant cette racine d'après la règle donnée (156.), nous trouvons 75 et un reste 57 : le nombre 75 exprime donc les dizaines de la racine cherchée. En raisonnant comme nous l'avons déjà fait (155.), on verra que pour trouver le chiffre des unités, il faut, à côté du reste 57, abaisser les deux derniers chiffres du nombre proposé, ce qui donne 5714, séparer le dernier par une virgule, et diviser 571 par le double des dizaines trouvées, c'est-à-dire, par 150. Cette division donne 3 pour quotient; on l'écrit à la suite de 150, et on multiplie 1503 par 3, ce qui donne 4509. Ce nombre peut se retrancher de 5714, et le reste est 1205. Ainsi la racine cherchée est 753 à moins d'une unité près.

158. Quatrième cas. Si le nombre proposé *avait sept ou huit chiffres*, nous ramènerions facilement l'extraction de sa racine carrée à celle de la racine carrée d'un nombre de cinq ou de six chiffres, comme nous avons ramené celle-ci à celle d'un nombre de trois ou de quatre. Si, par exemple, il fallait extraire la racine carrée de 56821444, en raisonnant comme précédemment, on verrait que

```
5 6,8 2,1 4,4 4 | 7538
4 9            |
               | 145   1503    15068
  7 8,2        |   5      3         8
  7 2 5        | ─────  ─────   ──────
               | 725   4509    120544
    5 7 1,4
    4 5 0 9

      1 2 0 5 4,4
      1 2 0 5 4 4

      0 0 0 0 0 0
```

cette racine, devant avoir quatre chiffres, peut être considérée comme contenant des unités et des dizaines en regardant les trois premiers chiffres commé exprimant des dizaines; on verrait de plus qu'on obtiendrait ces trois premiers chiffres en extrayant à moins d'une unité près, la racine carrée du nombre exprimé par les six premiers chiffres 568214; cette racine est 753, avec un reste 1205. Enfin on verrait encore que, pour obtenir le chiffre des unités, il faut, à côté du reste 1205, mettre les deux derniers chiffres, ce qui donne 120544; séparer le dernier chiffre par une virgule, et diviser 12054 par le double des chiffres déjà trouvés, c'est-à-dire, par 1506. En continuant, comme dans l'exemple précédent, et pour les mêmes raisons, on trouvera que la racine du nombre proposé est 7538.

159. Cas le plus général. Si l'on a compris ce qui précède, et si l'on s'est donné la peine de faire toutes les opérations, on en déduira le procédé suivant :

« *Pour extraire la racine carrée d'un nombre quelconque, parta-*
» *gez-le en tranches de deux chiffres, en commençant par la droite,*
» *la dernière pouvant n'avoir qu'un chiffre seulement. Prenez la ra-*
» *cine du plus grand carré contenu dans la première tranche à gau-*
» *che, et vous aurez le premier chiffre de la racine cherchée; retran-*
» *chez ensuite le carré du chiffre trouvé de la première tranche à*

» *gauche. A côté du reste, abaissez la seconde tranche, et séparez le*
» *dernier chiffre par une virgule, puis divisez la partie qui précède*
» *la virgule par le double du chiffre de la racine déjà trouvée : vous*
» *aurez le second chiffre de la racine ; écrivez-le à côté du double du*
» *premier chiffre, multipliez le nombre qui en résulte par le second*
» *chiffre trouvé, et retranchez le produit du premier reste, suivi de*
» *la seconde tranche. A côté du second reste, abaissez la troisième*
» *tranche, séparez le dernier chiffre par une virgule, et divisez la*
» *partie qui précède la virgule par le double des deux premiers chif-*
» *fres trouvés : le quotient sera le troisième chiffre ; écrivez ce quo-*
» *tient à côté du double des deux premiers chiffres, multipliez le*
» *nombre qui en résulte par le troisième chiffre trouvé, et retran-*
» *chez le produit du second reste, suivi de la troisième tranche.*
» *Enfin, continuez de même, jusqu'à ce que vous ayez opéré sur toutes*
» *les tranches. — Si quelqu'une des divisions qu'indique ce procédé*
» *donnait un chiffre trop fort on s'en apercevrait par l'impossibilité*
» *d'effectuer la soustraction suivante, et l'on se conduirait comme*
» *nous l'avons dit dans le n° 156. »*

160. Nous avons vu (55.) que, dans la division des nombres entiers, on peut se tromper en prenant pour le quotient un chiffre trop
fort ou trop faible; mais nous avons vu aussi qu'on est averti de cette
erreur par cette circonstance, que, si ce chiffre est trop fort, le
produit du diviseur par ce chiffre ne peut se retrancher du dividende, et que, s'il est trop faible, le reste qu'on obtient est plus
fort que le diviseur. De même, dans les différentes opérations pour
extraire la racine carrée d'un nombre, on peut prendre un chiffre
trop fort pour cette racine, et nous avons vu encore comment on
reconnaît qu'il est trop fort. Mais si ce chiffre était trop faible, comment le reconnaîtrait-on? Le reste que donnerait la soustraction
prescrite par le procédé donné (159.) pourrait-il servir à le faire
reconnaître, et quel caractère devrait-il présenter alors? Telle est
la question que nous nous proposons.

Pour résoudre cette question de la manière la plus générale, représentons par n le nombre dont il faut extraire la racine; par a la
racine obtenue, et par r le reste. Le nombre n devra être égal au
carré de a augmenté du reste r, nous aurons donc :

$$1° \ldots\ldots n = a^2 + r.$$

Mais si le nombre a est trop faible au moins d'une unité, il faudra que la racine cherchée soit, au moins, $a + 1$, et par conséquent que le nombre n contienne, au moins, le carré de $a + 1$. Or, le carré d'un nombre composé de deux parties, tel que $a + 1$, contient : 1° le carré de la première partie, c'est-à-dire a^2; 2° le double produit de la première par la seconde, c'est-à-dire $2a$; 3° le carré de la seconde, c'est-à-dire 1. Donc, pour que le nombre n contienne le carré de $a + 1$, il faut que l'on ait (a) :

2° ..... n au moins aussi grand que $a^2 + 2a + 1$.

Si, à la place de n, on met sa valeur $a^2 + r$, on aura :

3° ..... $a^2 + r$ au moins aussi grand que $a^2 + 2a + 1$.

Et si $a^2 + r$ est au moins aussi grand que $a^2 + 2a + 1$, il faut que l'on ait, en retranchant a^2 de ces deux quantités :

4° ..... r au moins aussi grand que $2a + 1$.

Telle est la condition nécessaire pour que le nombre n contienne le carré de $a + 1$, et par conséquent, pour que la racine trouvée qui est a soit trop faible d'une unité ; c'est-à-dire qu'il faut pour cela *que le reste soit au moins aussi fort que deux fois la racine trouvée plus un*. Ainsi, dans l'exemple donné pour le troisième cas, on voit que la racine est approchée à moins d'une unité, puisque la racine est 753, dont le double plus 1 est 1507, et que le reste n'est que 1205.

161. On fera bien, avant de passer plus loin, de s'exercer sur quelques exemples. Ainsi, en extrayant la racine carrée de 17698849, on obtiendra 4207. De même on trouvera que la racine carrée de 698485 est 835 avec un reste 1260.

162. Passons maintenant à l'extraction des racines carrées des fractions. Puisqu'on élève une fraction au carré en élevant le nu-

---

(a) Nous supposons ici que le carré d'un nombre composé de deux parties contient trois parties, savoir : *le carré de la première partie, 2 fois le produit de la première par la seconde, et le carré de la seconde*. Nous avons fait voir plus haut qu'il en est ainsi quand le nombre est composé de dizaines et d'unités; il est bien facile de voir qu'il en est de même quelle que soit la valeur des deux parties qui composent le nombre. Par exemple, pour élever 3 + 2 au carré, il faudra multiplier successivement les deux parties 3 et 2 par les mêmes nombres 3 et 2, et réunir les produits partiels comme on voit à côté. Or, il est évident que ce carré contiendra : 1. le carré de la première partie; 2. deux fois le produit de la première partie par la deuxième; 3. le carré de la deuxième.

$$
\begin{array}{r}
5 + 2 \\
5 + 2 \\
\hline
9 \\
6 \\
6 \\
4 \\
\hline
25
\end{array}
$$

mérateur et le dénominateur à cette puissance (150.), réciproquement, *on extraira la racine carrée d'une fraction, en extrayant séparément celles de ses deux termes;* car il est clair que la nouvelle fraction qui en résultera sera telle, qu'élevée au carré elle redonnera la première, et par conséquent elle en sera la racine carrée; mais il peut se présenter ici plusieurs cas.

Premier cas. Supposons d'abord que *les deux termes soient des carrés parfaits; alors, en extrayant la racine carrée de ces deux termes, on aura exactement celle de la fraction proposée.* On trouvera par ce procédé, que la racine carrée de $\frac{4}{9}$ est $\frac{2}{3}$, celle de $\frac{25}{49}$ est $\frac{5}{7}$.

Deuxième cas. Supposons maintenant que *le dénominateur seulement soit un carré parfait :* on en extrairait exactement la racine, et l'on extrairait celle du numérateur à une unité près. Le résultat que l'on obtiendrait ainsi ne serait pas, il est vrai, la racine carrée demandée; mais il en approcherait jusqu'à un certain point, et il est facile de déterminer ce degré d'approximation. Soit, par exemple, proposé d'extraire la racine carrée de $\frac{20}{49}$: en opérant comme nous venons de l'indiquer, on obtiendra $\frac{4}{7}$; et cette fraction approche de la racine cherchée à moins de $\frac{1}{7}$, puisqu'il ne manque pas une unité au numérateur, et que ce numérateur exprime des septièmes. On peut facilement généraliser ce que nous venons de dire, et en conclure que *pour extraire la racine carrée d'une fraction, lorsque le dénominateur seulement est un carré parfait, il faut extraire la racine carrée du numérateur à moins d'une unité, et celle du dénominateur exactement, et la fraction que l'on obtiendra ainsi sera la racine carrée demandée, approchée à moins d'une partie de l'unité marquée par son dénominateur, ou, ce qui revient au même, par la racine carrée du dénominateur de la fraction proposée;* on trouve, en suivant cette règle, que la racine carrée de $\frac{50}{144}$ est $\frac{7}{12}$ à moins de $\frac{1}{12}$ près; celle de $\frac{12}{64}$ est $\frac{3}{8}$ à moins de $\frac{1}{8}$ près.

Troisième cas. Supposons, enfin, qu'*aucun des termes de la fraction proposée ne soit un carré parfait.* Soit, par exemple, proposé d'extraire la racine carrée de $\frac{4}{7}$. Il est évident que nous saurons faire cette opération, si nous pouvons la ramener au cas précédent ; or, rien n'est plus facile : il suffit, en effet, pour cela, de multiplier les deux termes de $\frac{4}{7}$ par le dénominateur 7 ; ce qui n'en changera pas la valeur, et la fraction $\frac{28}{49}$, que l'on obtiendra, ayant un carré parfait pour dénominateur, sera ramenée au second cas. En extrayant la racine carrée, on aura $\frac{5}{7}$ à moins de $\frac{1}{7}$ près. On voit sans peine comment on se conduirait pour toute autre fraction, et combien il est facile d'établir le procédé suivant : *Pour extraire la racine carrée d'une fraction dont aucun terme n'est un carré parfait, multipliez les deux termes par le dénominateur, puis extrayez la racine carrée de la fraction qui en résulte, d'après la règle donnée pour le second cas, et vous aurez la racine carrée de la fraction proposée à moins d'une partie de l'unité de l'espèce marquée par le dénominateur ; ou, ce qui revient au même, multipliez le numérateur par le dénominateur, extrayez la racine carrée du produit à moins d'une unité, et donnez à cette racine, le dénominateur de la fraction proposée.* On trouve ainsi, que la racine carrée de $\frac{4}{15}$ est $\frac{7}{15}$ à moins de $\frac{1}{15}$.

Nota. — Quand on multiplie les deux termes de la fraction par le dénominateur, c'est pour avoir une fraction dont le dénominateur soit un carré parfait. Mais il y a des cas où l'on peut arriver à ce but plus simplement, c'est-à-dire, en multipliant les deux termes par un nombre plus petit que le dénominateur. Si l'on avait, par exemple, à extraire la racine carrée de $\frac{11}{32}$, en multipliant les deux termes de cette fraction par 2, on aurait $\frac{22}{64}$, fraction dont le dénominateur est un carré parfait, et dont la racine est $\frac{4}{8}$ à moins de $\frac{1}{8}$ près. (*Voir la note sixième*).

163. Jusqu'ici, nous avons appris à extraire la racine carrée des nombres entiers à une unité près seulement ; mais ce que nous venons de dire sur les racines carrées des fractions, nous fournit un moyen bien simple d'extraire la racine carrée d'un nombre entier, à

moins d'une partie déterminée de l'unité. Supposons, par exemple, que l'on ait à extraire la racine carrée de 7 à moins de $\frac{1}{5}$ près. Il est évident qu'on y parviendra, si l'on met le nombre 7 sous forme de fraction, en lui donnant pour dénominateur le carré de 5, c'est-à-dire 25. Car, en extrayant, d'après la méthode donnée (162.), la racine carrée de cette expression fractionnaire, on aura cette racine, et, par conséquent aussi, celle de 7 à moins de $\frac{1}{5}$. Multipliant donc 7 par 25, et donnant au produit 25 pour dénominateur, on a $7 = \frac{175}{25}$, dont la racine à moins de $\frac{1}{5}$ est $\frac{13}{5} = 2 + \frac{3}{5}$.

164. En généralisant ce qui précède, on en déduira le procédé suivant : *Pour extraire la racine carrée d'un nombre entier, à moins d'une partie déterminée de l'unité, multipliez ce nombre par le carré du dénominateur de la fraction qui exprime l'approximation que vous voulez avoir*; ainsi, par exemple, par 36, si vous voulez avoir la racine à moins de $\frac{1}{6}$; par 81, si vous voulez l'avoir à moins de $\frac{1}{9}$, etc.; *puis extrayez la racine carrée du produit à moins d'une unité, et donnez à cette racine le dénominateur de la fraction qui détermine le degré d'approximation demandé.* Ainsi, pour extraire la racine de 11, à moins de $\frac{1}{8}$, on multiplie 11 par 64; le produit est 704 dont la racine, à moins d'une unité, est 26, et par conséquent, la racine carrée de 11 à moins de $\frac{1}{8}$ est $\frac{26}{8}$ ou $3 + \frac{2}{8}$.

165. *Nota.* — Si l'on voulait extraire la racine carrée d'un nombre fractionnaire, par exemple, de $3757 + \frac{2}{3}$, à moins d'une unité, il est facile de voir qu'il suffirait d'extraire la racine carrée de 3757 aussi à moins d'une unité; car le reste que l'on obtiendrait serait tout au plus deux fois aussi fort que la racine trouvée (160.), et, en y ajoutant $\frac{2}{3}$, on ne le rendrait pas assez fort pour que la racine trouvée fût trop faible d'une unité; car, pour qu'il en soit ainsi, il faut que ce reste soit au moins égal à deux fois cette racine plus 1. Mais, si l'on voulait avoir la racine à moins d'une partie de l'unité marquée par le dénominateur de la fraction qui suit, on ré-

duirait les entiers et la fraction en une seule fraction (88.), et l'on aurait une fraction improprement dite qui rentrerait dans le deuxième ou le troisième cas de l'extraction des racines carrées des fractions.

166. Il suit de ce qui précède que, si l'on demandait de chercher la racine carrée d'un nombre entier, avec une approximation déterminée par une fraction décimale, par exemple, à moins de 0,1, 0,01, 0,001, etc. $\left(\text{ou } \frac{1}{10}, \frac{1}{100}, \frac{1}{1000}, \text{ etc.}\right)$, il faudrait multiplier le nombre proposé par le carré des dénominateurs 10, 100, 1000, etc., ce que l'on ferait en ajoutant à sa suite 2, 4, 6, etc. zéros; puis extraire, à moins d'une unité près, la racine carrée du nombre ainsi obtenu, et diviser cette racine par 10, 100, 1000, etc., c'est-à-dire, séparer 1, 2, 3, etc. chiffres décimaux, d'où il résulte cette règle : *Pour avoir la racine carrée d'un nombre entier avec un certain nombre de décimales, écrivez à la suite deux fois autant de zéros que vous voulez avoir de décimales, puis extrayez la racine à moins d'une unité, et séparez à la droite de cette racine autant de chiffres décimaux que vous vous êtes proposé d'en avoir.* On trouvera par ce moyen que la racine carrée de 14526 est 120,52 à moins d'un centième près; celle de 130734 est 361,5 à moins d'un dixième près; et celle de 2 est 1,4142 à moins d'un dix-millième près.

167. On ajoute 2, 4, 6, etc. zéros à la suite du nombre dont on veut avoir la racine carrée à moins de 0,1; 0,01; 0,001, pour le multiplier par 100, 10000, 1000000, etc.; mais, si aux entiers étaient joints des chiffres décimaux, il est clair qu'il ne faudrait plus ajouter autant de zéros, mais *seulement préparer le nombre proposé, de manière qu'il s'y trouvât deux fois autant de chiffres décimaux que l'on voudrait en avoir à la racine, puis supprimer la virgule* (ce qui multiplie le nombre proposé par 100, 10000, 1000000, etc.), *extraire la racine du nombre entier qui résulterait de cette suppression, et séparer dans cette racine autant de chiffres décimaux qu'on s'était proposé d'en avoir.* Ainsi, pour extraire la racine carrée de 3,425 à moins d'un centième près, on ajoute un zéro, ce qui donne 3,4250; on supprime la virgule, et l'on a 34250. En extrayant la racine carrée de ce nombre, à moins d'une unité près, on trouve 185; puis on sépare par une virgule deux chiffres décimaux, ce qui donne 1,85 pour la racine carrée de 3,425, à moins d'un centième près.

168. Si l'on avait à extraire la racine carrée d'une fraction déci-

male avec un certain nombre de chiffres décimaux, il est évident qu'il faudrait suivre le même procédé, c'est-à-dire, *préparer la fraction proposée de manière qu'il s'y trouvât deux fois autant de chiffres décimaux qu'on voudrait en avoir à la racine, supprimer la virgule, extraire la racine carrée, et prendre sur la racine trouvée le nombre de chiffres décimaux qu'on se serait proposé d'avoir.* On trouvera ainsi que la racine carrée de 0,027 = 0,1643 à moins d'un dix-millième.

169. Supposons que nous ayons à extraire la racine carrée de 3,5729378 ; à moins d'un centième près. D'après tout ce que nous avons dit jusqu'ici, il faut multiplier ce nombre par le carré de 100, c'est-à-dire, 10000, et pour cela avancer la virgule de quatre rangs vers la gauche, cela donne 35729,378 ; extraire la racine carrée de ce dernier nombre, à moins d'une unité près, et prendre sur la racine trouvée deux chiffres décimaux ; or, il résulte de ce que nous avons dit (165.) que, pour extraire la racine carrée de 35729,378, à moins d'une unité près, on doit négliger les trois chiffres décimaux 378, et extraire seulement la racine de 35729. Cette racine est 189 : donc la racine de 35729,378 est 189, à moins d'une unité près, et par conséquent celle de 3,5729378 est 1,89, à moins d'un centième près. On voit que le nombre proposé contenait plus du double des chiffres décimaux que nous nous proposions d'avoir à la racine, et que nous avons négligé tous ceux qui se trouvaient de plus que ce double. Il faudra faire la même chose dans tous les cas semblables.

170. Il nous reste à voir comment on peut extraire la racine carrée d'une fraction ordinaire, et celle d'un nombre fractionnaire avec une approximation déterminée en décimales.

D'abord, si l'on avait une fraction seulement, $\frac{3}{7}$ par exemple, dont on voulût extraire la racine carrée avec une approximation en chiffres décimaux, *il suffirait de convertir cette fraction en décimales par le procédé donné au n° 141, et de chercher deux fois autant de chiffres décimaux que l'on voudrait en avoir à la racine carrée ; puis on extrairait, par le procédé du n° 168, la racine carrée de la fraction décimale trouvée.* En appliquant ce procédé à la fraction $\frac{3}{7}$, pour rechercher sa racine carrée à moins d'un centième près, on trouve que $\frac{3}{7}$ vaut 0,4285, dont la racine carrée est 0,65, à un centième près.

Le même procédé s'appliquerait au cas où l'on voudrait extraire avec une approximation en chiffres décimaux la racine carrée d'un nombre fractionnaire; soit, par exemple, proposé d'extraire la racine carrée de $57 + \frac{2}{3}$ à moins d'un centième près, on trouvera que $57 + \frac{2}{3}$ égale 57,6666, dont la racine carrée est **7,59**, à un centième près.

171. Quand un nombre entier n'a pas de racine carrée en nombre entier, on peut approcher, comme nous venons de le voir, autant qu'on le veut de sa racine carrée (*a*); mais on démontre que, dans ce cas, on ne peut d'aucune manière obtenir exactement en fraction cette racine carrée. On appelle ces sortes de racines, qu'on ne peut obtenir exactement, *nombres incommensurables ou irrationnels*. Peut-être vaudrait-il mieux les appeler *expressions de quantités incommensurables*. (Voir la note huitième).

EXTRACTION DES RACINES CUBIQUES.

172. Nous allons passer maintenant à l'extraction des racines cubiques; mais comme les raisonnements qui conduisent aux procédés à suivre pour extraire ces racines, ressembleraient beaucoup à ceux que nous avons déjà faits à l'occasion de l'extraction des racines carrées, nous supprimerons plusieurs de ces raisonnements, et nous laisserons à ceux qui étudieront ces leçons le soin de les suppléer. C'est dire assez qu'il ne faut pas commencer cet article avant d'avoir parfaitement compris ce qui précède, et de le posséder entièrement.

(*a*) Nous avons parlé plusieurs fois dans ce chapitre de *la racine carrée d'un nombre qui n'est pas un carré parfait*. Il résulte de ce que nous disons ici que cette expression n'est pas exacte, car une pareille racine n'existe pas. Ainsi 40, par exemple, n'a pas de racine carrée, puisqu'il n'est aucun nombre, ni entier ni fractionnaire, qui, multiplié par lui-même, puisse donner 40. Seulement, on pourra trouver des nombres fractionnaires tels que leurs carrés diffèrent de 40 aussi peu qu'on le voudra; et c'est à ces nombres que l'on arrive, par les procédés que nous avons donnés dans ce chapitre, pour extraire avec une approximation déterminée *la racine carrée d'un nombre qui n'est pas un carré parfait*. Il faut en dire autant des racines cubiques, quatrièmes, et de tous les degrés, des nombres entiers qui ne sont pas des puissances parfaites des degrés correspondants.

173. Dans la recherche d'un procédé pour extraire la racine cubique d'un nombre entier, la première chose à faire, c'est de trouver un signe auquel on puisse reconnaître combien un nombre donné doit avoir de chiffres à sa racine cubique. Or, si l'on fait le cube des nombres 1, 10, 100, 1000, etc., on trouvera que :

Le cube de 1   est 1.
Le cube de 10   — 1000.
Le cube de 100   — 1,000,000.
Le cube de 1000   — 1,000,000,000.

Et l'on en conclura qu'*un nombre entier a dans son cube trois fois autant de chiffres qu'il en a lui-même, ou trois fois autant moins un, ou trois fois autant moins deux;* d'où il suit que, pour savoir combien un nombre entier doit avoir de chiffres à sa racine cubique, *il faut le partager en tranches de trois chiffres, la dernière pouvant n'en avoir qu'un ou deux, et le nombre devra avoir autant de chiffres à sa racine cubique que l'on aura formé de tranches.* Passons à l'extraction des racines cubiques.

174. PREMIER CAS. C'est celui où *le nombre proposé a un, deux ou trois chiffres seulement*, et, par conséquent, où la racine cubique ne doit en avoir qu'un. Pour extraire la racine cubique dans ce cas, nous serons conduits, comme dans le cas correspondant de l'extraction des racines carrées, à faire une fois pour toutes les cubes des nombres 1, 2, 3, 4, 5, 6, 7, 8, 9, 10. On trouvera ainsi :

Nombres.. 1, 2, 3, 4, 5, 6, 7, 8, 9, 10.
Cubes..... 1, 8, 27, 64, 125, 216, 343, 512, 729, 1000.

Cela posé, si le nombre proposé est un de ceux compris dans la seconde ligne, on aura sa racine cubique en prenant le nombre correspondant dans la première ligne : ainsi, la racine cubique de 343 est 7; mais si le nombre proposé est compris entre deux des nombres de la seconde ligne, par exemple, si l'on demande la racine cubique de 311, cette racine sera comprise entre celle de 216 et 343, et, par conséquent, entre 6 et 7, et, par conséquent encore, sera 6 à moins d'une unité près. On se borne donc, dans ce cas, à prendre la racine cubique du plus grand cube contenu dans le nombre proposé, et l'on a la racine demandée à moins d'une unité près.

175. DEUXIÈME CAS. C'est celui où le *nombre proposé a quatre ou* *cinq chiffres,* et où, par conséquent, la racine cubique doit en avoir deux. Ici, comme dans le cas correspondant de l'extraction des racines carrées, la première chose à faire est de rechercher de quelles parties se compose le cube d'un nombre qui renferme des dizaines et des unités. Or, pour former le cube d'un nombre, il faut, après en avoir fait le carré, multiplier ce carré par le nombre lui-même. Si ce nombre a des dizaines et des unités, nous avons vu que son carré contiendra trois parties, savoir : 1º le carré des unités; 2º deux fois le produit des dizaines par les unités; 3º le carré des dizaines. Or, multiplier le carré du nombre proposé par ce nombre lui-même, c'est multiplier ces différentes parties du carré par les unités et par les dizaines du nombre proposé, et ces multiplications nous donneront les parties qui composent le cube dans l'ordre suivant :

Le carré des unités multiplié par les unités......................	donnera 1º	Le cube des unités.
Deux fois le produit des dizaines par les unités multiplié par les unités......................	— 2º	Deux fois le produit des dizaines par le carré des unités.
Le carré des dizaines multiplié par les unités......................	— 3º	Une fois le produit du carré des dizaines par les unités.
Le carré des unités multiplié par les dizaines......................	— 4º	Une fois le produit des dizaines par le carré des unités.
Deux fois le produit des dizaines par les unités, ou (ce qui est la même chose) deux fois le produit des unités par les dizaines multiplié par les dizaines......................	— 5º	Deux fois le produit du carré des dizaines par les unités.
Le carré des dizaines multiplié par les dizaines......................	— 6º	Le cube des dizaines.

En réunissant la deuxième partie avec la quatrième, et la troisième avec la cinquième, on en conclura que le cube d'un nombre qui a des dizaines et des unités, se compose de quatre parties :

1º *Le cube des unités;*
2º *Trois fois le produit des dizaines par le carré des unités;*
3º *Trois fois le produit du carré des dizaines par les unités;*
4º *Le cube des dizaines.*

176. On pourrait donc, si l'on avait à faire le cube d'un nombre composé de dizaines et d'unités, chercher séparément chacune de ces quatre parties, et les réunir ensuite. Or, il est facile de voir que la première partie, à savoir le cube des unités, donnera un nombre exact d'unités; la deuxième partie, ou trois fois le produit des dizaines par le carré des unités, donnera un nombre exact de dizaines; la troisième partie, ou trois fois le produit du carré des dizaines par les unités, donnera un nombre exact de centaines (puisque le carré des dizaines est déjà un nombre exact de centaines); enfin, la quatrième partie, ou le cube des dizaines, donnera un nombre exact de mille (puisque le cube de 10 est 1000). — Donc, ces différentes parties se trouvent dans le cube du nombre proposé, la première à partir du chiffre des unités; la deuxième à partir des dizaines; la troisième à partir des centaines; la quatrième enfin à partir des mille.

Pour ne pas laisser le moindre doute sur le sens de ce qui précède, formons d'après ces notions le cube de 75, nous aurons :

75

125 .... Cube des unités.
525 .... 3 fois le produit des dizaines par le carré des unités.
735 .... 3 fois le produit du carré des dizaines par les unités.
343 .... Cube des dizaines.

421875 .... Cube du nombre 75.

177. Ce qui précède étant bien compris, un raisonnement analogue à celui que nous avons fait pour le cas correspondant des racines carrées, va nous conduire au procédé pour extraire la racine cubique d'un nombre de quatre, de cinq ou de six chiffres.

Soit proposé, par exemple, d'extraire la racine cubique de 421875, voici comment on peut raisonner : Puisque le nombre 421875 doit avoir à sa racine cubique des dizaines et des unités, on peut le considérer comme composé de quatre parties : 1° du cube des dizaines; 2°, 3°, 4° des trois autres parties qui composent le cube d'un nombre de deux chiffres. Or, la première partie, le cube des dizaines, donne un nombre exact de mille, et par conséquent ne se trouve pas dans les trois derniers chiffres 875. En séparant donc

```
4 2 1,8 7 5 | 75
3 4 3       |————
————        147 .... 75
7 8 8,7 5        75
                ———
                375
                525
421875          ————
421875          5625
———————          75
0 0 0 0 0 0     ————
                28125
                39375
                ————
                421875
```

9

ces trois chiffres de ceux qui les précèdent, on verra que **421** est le cube des dizaines, ou du moins contient le cube des dizaines, plus quelque chose des autres parties du cube. Donc, si l'on extrait la racine du plus grand cube contenu dans **421**, on aura le chiffre des dizaines (*a*). Or, le plus grand cube contenu dans **421** est **343**, dont la racine est **7**. Donc le chiffre des dizaines est **7**, et si de **421** on retranche le cube de ce chiffre **7**, on aura un reste égal à **78**.

A côté de ce reste, écrivons les trois derniers chiffres **875** du nombre proposé, nous aurons **78875**, nombre qui doit renfermer les trois autres parties du cube dont on cherche la racine, savoir : 1° trois fois le produit du carré des dizaines par les unités, ou, ce qui est la même chose, le produit de trois fois le carré des dizaines par les unités ; 2° et 3° les deux autres parties. Or, le produit de trois fois le carré des dizaines par les unités ayant dû donner un nombre exact de centaines, ne se trouve pas dans les deux derniers chiffres. En séparant par une virgule ces deux derniers chiffres de ceux qui les précèdent, ceux-ci, à savoir **788**, devront contenir le produit de trois fois le carré des dizaines par les unités. Si donc, on divise **788** par trois fois le carré des dizaines *on pourra* avoir le chiffre des unités (*b*). Faisons donc le carré du chiffre trouvé, ce qui donne **49**; multiplions ce carré par **3**, nous aurons **147** : puis, écrivons ce nombre **147** au-dessous du chiffre **7**, et divisons **788** par **147**. Le quotient **5** sera le chiffre des unités, si du moins il n'est pas trop fort. Pour nous en assurer, nous pourrions chercher les trois dernières parties du carré de **75**, en faire la somme et voir si elle peut se retrancher de **78875**, mais il est plus simple de faire le cube du nombre trouvé **75**, et de voir s'il peut se retrancher du nombre proposé. En faisant ce cube, on trouve **421875**, et, en retranchant ce nombre de celui dont il fallait extraire la racine cubique, on trouve **0** pour reste, ce qui montre que **75** est exactement la racine cubique demandée.

Remarquons, avant d'aller plus loin, que si le chiffre des unités,

(*a*) Il faut bien comprendre que, quoique **421** puisse contenir autre chose que le cube des dizaines, cependant le chiffre que nous obtenons, en opérant comme nous le faisons ici, ne peut pas être trop fort, car, si **421** contient le cube de **7** dizaines, il n'est pas possible que la racine cherchée soit plus faible que **7** dizaines.

(*b*) Nous disons, *on pourra avoir le chiffre des unités :* le nombre **788** contient, en effet, quelque chose de plus que le produit de trois fois le carré des dizaines multiplié par les unités, il pourra donc arriver que le chiffre obtenu par la division soit trop fort ; mais il sera facile de s'en assurer, comme on enseigne à le faire dans les lignes suivantes, et alors, en le diminuant d'une ou de plusieurs unités, on parviendra au chiffre que l'on cherche.

5, donné par le calcul précédent eût été trop fort, ce qu'on aurait reconnu à l'impossibilité de soustraire le cube de 75 du nombre proposé, il aurait fallu diminuer ce nombre d'une unité, puis opérer sur 74 comme nous l'avons fait sur 75 ; et, si l'on eût trouvé que le cube de 74 ne pouvait pas non plus se soustraire du nombre proposé, il aurait fallu le diminuer encore d'une unité, et continuer ainsi jusqu'à ce qu'on eût trouvé un nombre dont le cube pût être retranché de 421875. On aura occasion de faire l'application de cette remarque en extrayant la racine cubique de 19683.

Remarquons encore que, si le nombre proposé n'eût pas été un cube parfait, et qu'on en eût retranché le cube de la racine trouvée, on aurait eu un reste. Nous examinerons plus loin ce que doit être ce reste pour que la racine soit approchée à moins d'une unité.

Il ne faut pas aller plus loin avant d'avoir bien compris ce qui précède, et répété sur quelques exemples le raisonnement que nous avons fait pour extraire la racine cubique du nombre 421875. On peut s'exercer sur les nombres suivants : 140608, dont la racine cubique est 52 ; 25587, dont la racine cubique est 29, avec un reste 1198 ; 47205, dont la racine cubique est 36 avec un reste 549.

178. TROISIÈME CAS. C'est celui dans lequel le nombre dont il faut extraire la racine cubique a sept, huit ou neuf chiffres, et par conséquent doit en avoir trois à sa racine.

Soit proposé, pour exemple, d'extraire la racine cubique de 43725658 :

4 3,7 2 5,6 5 8	352	.... racine trouvée.		
2 7				
	27	35	3675	352
1 6 7,2 5		35		352
		175		704
4 3 7 2 5		105		1760
4 2 8 7 5				1056
		1225		
8 5 0 6,5 8		35		123904
		6125		352
4 3 7 2 5 6 5 8		3675		247808
4 3 6 1 4 2 0 8				619520
Reste... 1 1 1 4 5 0		42875		- 371712
				43614208

En raisonnant comme pour le cas correspondant des racines carrées, nous verrons que la racine cubique du nombre demandé est composée de dizaines et d'unités, en appelant dizaines, dans cette racine, les deux premiers chiffres. Nous verrons de plus que, pour avoir ces deux premiers chiffres, il faut extraire la racine cubique du nombre exprimé par les deux premières tranches du nombre proposé, c'est-à-dire, de 43725; ce qui rentre dans le second cas. Ce calcul nous donnera 35 pour cette racine. Si nous en faisons le cube pour le retrancher de 43725, nous aurons 850 pour reste.

En poursuivant le raisonnement, nous serons conduits à écrire à côté de ce reste la tranche 658 (ce qui donne 850658), à séparer par une virgule les deux derniers chiffres, et à diviser 8506 par le triple du carré des deux chiffres trouvés, qui est 3675. La division donne 2, c'est le chiffre des unités, si toutefois ce chiffre n'est pas trop fort. Pour nous en assurer faisons le cube de 352 : ce cube, 43614208, peut se retrancher du nombre proposé; la racine demandée, ou plutôt la partie entière de cette racine est donc 352, avec un reste 111450. Nous engageons à faire attention à la disposition donnée au calcul ci-dessus, et à suppléer à tous les raisonnements omis.

179. CAS LE PLUS GÉNÉRAL. Si l'on a bien compris ce qui précède, on en verra découler le procédé suivant qui s'applique à tous les nombres : *Pour extraire la racine cubique d'un nombre quelconque, partagez ce nombre en tranche de trois chiffres en commençant par la droite, de telle sorte que la première à gauche pourra n'en avoir qu'un ou deux. Extrayez la racine cubique du plus grand cube contenu dans la première tranche, vous aurez le premier chiffre de la racine; faites-en le cube et retranchez-le de la première tranche. A côté du reste abaissez la tranche suivante, séparez les deux derniers chiffres par une virgule, et divisez ce qui précède la virgule par trois fois le carré du premier chiffre trouvé, vous aurez le second chiffre de la racine, si toutefois il n'est pas trop fort (nous avons dit comment, dans ce cas, on s'en apercevrait, et comment on arriverait au chiffre véritable); faites le cube du nombre exprimé par les deux premiers chiffres trouvés, et retranchez-le du nombre compris dans les deux premières tranches. A côté du reste, abaissez la troisième tranche, séparez par une virgule les deux derniers chiffres et divisez ce qui précède la virgule par trois fois le carré des deux premiers chiffres trouvés, vous aurez le troisième chiffre de la racine; faites le cube du nombre exprimé par ces trois premiers chiffres et retranchez-le du nombre compris dans les trois premières tranches.*

A côté du reste abaissez la quatrième tranche, etc., et continuez tou-jours ainsi jusqu'à ce que vous ayez épuisé toutes les tranches.

180. Toutes les fois que le nombre dont il faut extraire la racine cubique n'est pas un cube parfait, on trouve par ce procédé la par-tie entière de sa racine avec un reste. Si l'on voulait chercher ce que doit être ce reste, pour que la racine demandée fût réellement approchée à moins d'une unité, et que le reste trouvé ne fût pas trop fort, on verrait, par un raisonnement tout semblable à celui que nous avons fait au n° 160, que, pour qu'il en soit ainsi, il faut, en représentant par *n* le nombre donné, par *a* la racine trouvée, et par *r* le reste, que l'on ait :

$$r \text{ plus petit que } 3a^2 + 3a + 1.$$

c'est-à-dire que le reste doit être plus faible que trois fois le carré de la racine trouvée, plus trois fois cette racine plus un (*a*). On peut voir d'après cela que le reste obtenu dans le dernier calcul que nous avons fait n'est pas trop grand, et que 352 est réellement la racine du nombre 43725658, à moins d'une unité.

181. On fera bien, avant de passer plus loin, de s'exercer sur quelques exemples. Ainsi, l'on trouvera que la racine cubique de **483249** est **78**, avec un reste 8697. Celle de 91632508641 est 4508, avec un reste 20644129. Celle de 32977340218432 est 32068.

182. Nous allons maintenant nous occuper de l'extraction des racines cubiques des fractions.

Puisque le cube d'une fraction se forme en élevant au cube les deux termes qui la composent, il est évident qu'on devra en obtenir

---

(*a*) Ce que nous disons ici suppose que le cube d'un nombre composé de trois parties, est com-posé *du cube de la première partie*, plus *trois fois le produit du carré de la première par la se-conde*, plus *trois fois le produit de la première par le carré de la seconde*, plus *le cube de la seconde*. Nous avons prouvé (175.) qu'il est ainsi quand ce nombre est composé de dizaines et d'unités. Or, il est facile de voir qu'il en sera de même quelles que soient les parties qui le com-posent.

En effet, nous avons déjà prouvé (note du n. 160.) que le carré d'un nombre composé de deux parties 5 + 2 par exemple, se compose du carré de la première partie, plus deux fois le pro-duit de la première par la seconde, plus le carré de la seconde. Cela posé pour faire le cube de 5 + 2; il faudra multiplier les trois parties qui composent son carré par 5 + 2. Or, si l'on répète mot pour mot le raisonnement du n. 175, en remplaçant seulement les mots *unités* et *di-zaines* par les mots *première partie*, et *seconde partie*, on verra que le cube du nombre 5 + 2 (et nous dirions la même chose du cube de tout autre nombre composé de deux parties) se com-pose des quatres parties que nous avons énumérées dans le premier alinéa de cette note.

la racine cubique en extrayant séparément la racine cubique de chaque terme; mais ici, comme pour l'extraction des·racines carrées, il peut se présenter trois cas :

PREMIER CAS. *Si les deux termes sont des cubes parfaits, on en extraira la racine*, et l'on aura celle de la fraction exactement. Ainsi, la racine cubique de $\frac{8}{27}$ est $\frac{2}{3}$; celle de $\frac{313}{729}$ est $\frac{7}{9}$.

DEUXIÈME CAS. — *Si le dénominateur seul est un cube parfait, on en extraira la racine cubique exactement, et celle du numérateur à moins d'une unité, et l'on aura la racine cubique de la fraction proposée à moins d'une partie de l'unité de l'espèce marquée par le dénominateur de la fraction obtenue ou, ce qui est la même chose, par la racine cubique du dénominateur de la fraction proposée.* Ainsi, la racine cubique de $\frac{350}{729}$ est $\frac{7}{9}$ à moins de $\frac{1}{9}$ près.

TROISIÈME CAS. *Si le dénominateur de la fraction proposée n'est pas un cube parfait, il faut faire en sorte de le rendre tel, sans changer la valeur de la fraction, et l'on y parvient en en multipliant les deux termes par le carré du dénominateur;* la fraction rentre alors dans le deuxième cas. Ainsi, pour extraire la racine cubique de $\frac{3}{5}$, on multiplie les deux termes de cette fraction par le carré de 5, c'est-à-dire par 25, et l'on a $\frac{75}{125}$, dont la racine cubique est $\frac{4}{5}$ à moins de $\frac{1}{5}$ près.

Nota. — Remarquons encore ici que, si l'on multiplie les deux termes de la fraction proposée par le carré du dénominateur, c'est pour rendre le dénominateur un cube parfait; mais quelquefois on peut parvenir plus simplement au même but. Par exemple, si l'on avait la fraction $\frac{17}{32}$, en multipliant les deux termes par 2, on aurait $\frac{34}{64}$, dont le dénominateur est un cube parfait. (*Voir la note septième.*)

183. Si l'on voulait extraire la racine cubique d'un nombre entier à moins d'une partie déterminée de l'unité, on verrait, comme

pour le cas correspondant des racines carrées, qu'il *faut multiplier le nombre proposé par le cube du dénominateur de la fraction qui exprime l'approximation qu'on veut avoir, puis extraire la racine cubique du produit à moins d'une unité, et donner à cette racine le dénominateur de cette même fraction* (de celle qui exprime l'approximation demandée). Ainsi, pour extraire la racine de 7 à moins.de $\frac{1}{5}$ près, on multiplie 7 par 125, le produit est 875, dont la racine est 9. Par conséquent la racine cubique de 7 est $\frac{9}{5}$ ou $1 + \frac{5}{4}$ à moins de $\frac{1}{5}$ près.

184. Si l'on voulait avoir la racine cubique d'un nombre entier avec une approximation déterminée en décimales, *il faudrait ajouter à la suite de ce nombre trois fois autant de zéros qu'on veut avoir de chiffres décimaux à la racine ; extraire, à moins d'une unité près, la racine cubique du nombre qui en résulterait, et prendre sur cette racine autant de chiffres décimaux qu'on s'est proposé d'en avoir.* On trouvera de cette manière que la racine cubique de 3467, à moins de 0,01 près, est **15,13.**

185. Si l'on avait une fraction décimale seule ou précédée d'un nombre entier, pour en extraire la racine cubique avec une approximation déterminée en décimales, *il faudrait préparer cette fraction de telle sorte qu'elle eût trois fois autant de chiffres décimaux qu'on veut en avoir à la racine, et, par conséquent, ajouter des zéros ou supprimer les derniers chiffres décimaux, s'il est nécessaire, puis supprimer la virgule, extraire à moins d'une unité près la racine cubique du nombre ainsi préparé, et prendre sur cette racine autant de chiffres décimaux qu'on s'est proposé d'en avoir.* On trouvera par ce moyen que la racine cubique de 3,00415 est 1,442, à moins d'un millième près ; que celle de 0,00101 est 0,10, à moins d'un centième près.

186. Enfin, si l'on voulait *extraire la racine cubique d'une fraction ordinaire ou d'un nombre fractionnaire avec une approximation déterminée en décimales, on convertirait d'abord la fraction en décimales, et on chercherait trois fois autant de chiffres décimaux qu'on voudrait en avoir à la racine*, puis le calcul rentrerait dans le cas précédent. On trouvera par ce moyen que la racine cubique de $\frac{14}{25}$ est **0,824,** à moins d'un millième près.

187. Lorsqu'un nombre entier n'a pas de racine cubique exacte en nombre entier, on prouve, comme pour le cas correspondant des racines carrées, que ce nombre n'a pas non plus de racine cubique exacte en fraction. On dit alors que sa racine cubique est incommensurable. (*Voir le n° 171 et la note qui y est jointe; voir aussi la note huitième à la fin de ce traité.*)

3° EXTRACTION DES RACINES D'UN DEGRÉ QUELCONQUE.

188. En suivant une marche toute semblable à celle que nous avons suivie jusqu'ici, on parviendrait à établir des procédés pour extraire les racines de tous les degrés d'un nombre quelconque. Mais on peut entrevoir que, ces procédés devant se compliquer à mesure que le degré de la racine à extraire irait croissant, bientôt le calcul deviendrait impraticable à cause de sa longueur. Aussi n'a-t-on jamais recours à ces procédés. Nous verrons, en étudiant l'algèbre, comment on y a suppléé. (*Voir, pour l'extraction des racines* 4e, 8e, 16e..., 9e, 27e, 81e..., 6e, 12e, 18e, *etc., la note neuvième.*)

189. On prouverait du reste, comme nous l'avons fait dans la note huitième, pour les racines carrées et les racines cubiques, que si un nombre entier n'a pas en nombre entier une racine d'un degré déterminé, il n'en a pas non plus en nombre fractionnaire, et, par conséquent, que cette racine est *incommensurable*. (*Voir la note huitième*).

190. RÉSUMÉ. — Dans ce chapitre, après avoir défini ce qu'on entend par *puissances* et par *racines* d'un nombre, avoir fait connaître les signes usités pour désigner les puissances et les racines de divers degrés, et avoir vu comment on peut former une puissance quelconque d'un nombre, soit entier, soit fractionnaire, nous avons traité successivement de l'extraction des racines carrées, des racines cubiques et des racines d'un degré quelconque.

(A) Pour extraire la racine carrée d'un nombre entier, la première chose à faire est de reconnaître combien cette racine doit avoir de chiffres à sa partie entière; nous avons trouvé une règle au moyen de laquelle il est toujours facile de le savoir; puis, nous avons appris successivement à rechercher la racine carrée d'un nombre entier, exactement ou à moins d'une unité près, dans les cas où cette racine doit avoir, un, deux, trois, et, en général, un nombre quelconque de chiffres à sa partie entière. L'examen du second cas nous a conduits à étudier avec attention la manière dont se compose le carré d'un nombre qui a des unités et des dizaines; nous avons reconnu qu'il est formé de trois parties auxquelles nous avons pu assigner leur place dans le carré, ce qui nous a fourni un procédé pour extraire la racine carrée d'un nombre composé de trois ou de quatre chiffres, et, par suite, d'un nombre quelconque à moins d'une unité près, et nous avons donné la marque pour reconnaître que cette racine n'est ni trop forte ni trop faible d'une unité. Nous avons passé ensuite à l'extraction des racines carrées des fractions dans les trois cas qui peuvent se présenter, suivant que les deux termes sont des carrés parfaits, ou que le dénominateur seulement est un carré parfait, ou, enfin, qu'aucun terme ne jouit de cette propriété. Ce que nous avons dit à ce sujet nous a conduits aux procédés pour extraire la racine carrée d'un nombre entier avec une approximation déterminée, soit en fraction vulgaire, soit en fraction décimale, et aussi aux procédés pour extraire, avec une approximation déterminée en décimale, la racine carrée d'un nombre composé d'une partie entière et d'une partie décimale, puis d'une fraction décimale, d'une fraction vulgaire, et enfin d'un nombre entier suivi d'une fraction vulgaire. Nous avons terminé en disant ce qu'on appelle *nombre incommensurable*, et en établissant que la racine carrée de tout nombre entier, qu'on ne peut obtenir exactement en nombre entier, ne peut pas non plus s'obtenir exactement en fraction, et est *incommensurable*.

(B) Le résumé de ce que nous avons dit sur l'extraction des racines cubiques serait en tout semblable à celui relatif aux racines carrées; il suffirait, pour avoir ce résumé, de substituer dans celui-ci les mots *cube* et *racine cubique* aux mots *carré* et *racine carrée*.

(C) Pour l'extraction des racines d'un degré supérieur au troisième, nous n'avons fait qu'indiquer comment on pourrait parvenir aux procédés pour extraire ces racines, et nous avons conclu en remarquant, comme dans les deux cas précédents, que la racine d'un degré quelconque de tout nombre entier, qu'on ne peut obtenir exactement en nombre entier, ne peut pas non plus s'obtenir en fractions, et est, par conséquent, *incommensurable*.

CHAPITRE VIII.

DES NOMBRES COMPLEXES; DES ANCIENNES ET DES NOUVELLES MESURES.

191. Nous avons appris, dans ce qui précède, à faire les différentes opérations de l'Arithmétique sur les nombres entiers et sur les nombres fractionnaires. Il semble, d'après cela, que nous pouvons terminer ici ce Traité; car tout nombre étant nécessairement entier ou fractionnaire, toutes les opérations que nous aurons à faire sur quelque nombre que ce soit, rentreront dans celles que nous avons déjà faites.

192. Mais quand, au lieu de partager l'unité en un nombre quel-

conque de parties, pour avoir des fractions de dénominateurs quelconques, nous avons assujéti l'unité à un mode de décroissement ré-
gulier ; quand, par exemple, nous l'avons partagée en dix *dixièmes*,
le dixième en dix *centièmes*, le centième en dix *millièmes*, etc., n'ad-
mettant que des fractions dont le dénominateur soit un des nombres
10, 100, 1000, etc., nous avons vu naître de là une grande simplicité dans les calculs, et l'on peut facilement pressentir qu'en adop-
tant un autre mode de décroissement dans l'unité, on aurait trouvé
d'autres procédés de calcul plus ou moins simples, selon que l'on
aurait plus ou moins heureusement choisi ce mode de décroissement.

193. Et d'abord, un premier avantage que l'on rencontre à adopter un mode de décroissement fixe, et à n'admettre que des fractions
de dénominateurs déterminés, qui soient des sous-divisions les unes
des autres, c'est qu'on peut se dispenser d'écrire ces dénominateurs.
Supposons, par exemple, que nous adoptions pour unité de temps
la durée connue sous le nom de *jour*, et convenons de partager le jour
en 24 parties que nous appellerons *heures*, l'heure en 60 parties
appelées *minutes*, la minute en 60 parties appelées *secondes*, etc.;
les heures seront des 24mes du jour, la minute des 60mes de l'heure
ou des 1440mes du jour, et la seconde des 60mes de la minute ou des
86400mes du jour. Mais si nous voulons exprimer un certain nombre
de jours, d'heures, de minutes et de secondes, nous n'aurons pas
besoin de dire, par exemple, 4 jours plus $\frac{3}{24}$ de jours, plus $\frac{5}{24}$ de
$\frac{1}{60}$ ou $\frac{5}{1440}$ de jours, plus $\frac{7}{24}$ de $\frac{1}{60}$ de $\frac{1}{60}$ ou $\frac{7}{86400}$ de jours;
nous dirons tout simplement, 4 *jours*, 3 *heures*, 5 *minutes*, 7 *se-
condes*.

Le nombre 4 *jours*, 3 *heures*, 5 *minutes*, 7 *secondes*, est ce que
nous avons appelé un nombre *complexe* (7.). Un nombre complexe
est donc véritablement un nombre fractionnaire; mais comme on
peut prendre l'heure, la minute, la seconde, pour unités de temps,
puisque le choix d'une unité est tout-à-fait arbitraire, nous avons
dit qu'un *nombre complexe est un nombre composé d'unités de différentes valeurs qui sont des sous-divisions les unes des autres, et se
rapportent toutes à une unité principale.*

194. Les unités autrefois adoptées en France pour mesurer les
différentes espèces de quantités, donnaient lieu à des nombres complexes dans lesquels les sous-divisions de l'unité principale variaient
de bien des manières différentes, et l'on avait trouvé, pour exécuter

sur ces nombres les opérations de l'Arithmétique, des procédés particuliers dont l'exposé occuperait ici beaucoup de place. Mais ces mesures ayant été, presque toutes du moins, remplacées par un nouveau système, nous nous abstiendrons de les faire connaître ici, et d'exposer les procédés que nous venons de rappeler : on peut, du reste, consulter à ce sujet la *note dixième*. Observons seulement ici, qu'un nombre complexe n'étant après tout qu'un nombre fractionnaire composé en général de plusieurs fractions dont les dénominateurs sont des multiples les uns des autres, on pourra toujours, avec un peu d'attention, ramener aux procédés donnés dans les chapitres cinquième et sixième, toutes les opérations que l'on peut avoir à effectuer sur les nombres complexes.

195. Nous allons maintenant exposer le système des mesures actuellement usitées en France.

Les mesures adoptées autrefois présentaient surtout deux inconvénients : d'abord, ces mesures n'étaient pas les mêmes pour toute la France, mais elles variaient fréquemment en passant d'une localité à une autre; ensuite, les calculs auxquels elles donnaient lieu étaient souvent très-longs et très-compliqués. Depuis longtemps on ressentait le besoin d'un système de mesure uniforme, qui pût être facilement adopté par les différentes nations, et qui fît disparaître les complications et les longueurs qu'amène le calcul sur les nombres complexes. Il y a cinquante ans environ qu'un pareil système a été établi en France : on lui donne le nom de *système des nouvelles mesures*, et aussi celui de *système métrique;* dénomination dont nous verrons bientôt la raison.

Pour établir ce système, il fallut d'abord choisir une unité qui en fût la base : c'est l'unité de longueur que l'on a prise pour cela, et, pour que cette unité pût se retrouver, si on venait à la perdre, on l'a déterminée d'après la dimension du globe terrestre. On a mesuré le quart d'un méridien, dont on a pris la dix-millionnième partie, et l'on a trouvé une longueur qui est à peu près la moitié de la hauteur d'un homme d'une stature élevée. Telle est l'unité que l'on a choisie, et à laquelle on a donné le nom de *mètre*, du mot grec *metron*, qui veut dire *mesure*. On voit maintenant pourquoi on a donné le nom de *système métrique* au système que nous allons exposer, en faisant connaître successivement les mesures de longueur, de superficie, de volume, de poids, de valeur monétaire. Nous ajouterons ensuite quelques mots sur la mesure du temps.

MESURES DE LONGUEURS.

196. Nous venons de dire que l'unité de longueur est le mètre, et que le mètre sert de base à tout le nouveau système de mesures; nous avons essayé d'en donner une première idée en disant qu'il est à peu près égal à la moitié de la taille d'un homme de stature très-élevée; mais ce n'est que par la vue directe du mètre, ou par son expression précise au moyen d'une longueur déjà connue qu'on peut en avoir une idée exacte.

Pour exprimer des longueurs de 10, 100, 1000, 10000 mètres, on se sert des mots grecs : *déca, hecto, kilo, myria,* que l'on place devant le mot *mètre.* De même pour désigner le dixième, le centième, le millième d'un mètre, on se sert des mots tirés du latin, *déci, centi, milli,* que l'on place aussi devant le mot *mètre.* Les différentes mesures de longueurs sont donc :

Le myriamètre qui vaut............. dix mille mètres.
Le kilomètre qui vaut............... mille mètres.
L'hectomètre qui vaut.............. cent mètres.
Le décamètre qui vaut.............. dix mètres.
Le MÈTRE.
Le décimètre qui vaut.............. un dixième de mètre.
Le centimètre qui vaut............. un centième de mètre.
Le millimètre qui vaut............. un millième de mètre.

197. *Nota.* — Observons que pour mesurer les grandes distances, on prend ordinairement le *kilomètre,* et quelquefois même le *myriamètre;* alors toutes les unités d'un ordre inférieur au kilomètre ou au myriamètre deviennent des fractions décimales par rapport à l'unité choisie.

MESURES DE SUPERFICIE.

198. L'unité principale employée pour mesurer les surfaces est le *mètre carré,* c'est-à-dire, un carré (a) dont les côtés ont un mètre de longueur. Et pour désigner des carrés dont les côtés ont un *dé-*

(a) Un *carré* est une surface plane, terminée par quatre lignes droites égales et perpendiculaires les unes sur les autres. Les faces d'un dé à jouer peuvent en donner une idée, car ces faces sont des carrés.

cimètre, un *centimètre*, un *millimètre*, on se sert des mots *décimètre carré, centimètre carré, millimètre carré*. Il suit de là que
1 mètre carré vaut 100 décimètres carrés, que le décimètre carré
vaut 100 centimètres carrés, et que le centimètre carré vaut 100
millimètres carrés, ou en d'autres termes que :

Le décimètre carré vaut..... un centième de mètre carré.
Le centimètre carré vaut.... un dix-millième de mètre carré.
Le millimètre carré vaut.... un millionième de mètre carré.

199. *Nota* 1°. — Si l'on ne voyait au premier aperçu que le mètre carré vaut 100 décimètres carrés, voici comment on pourrait y
parvenir : Soit un carré ABCD
(Voir la figure à côté.) dont tous
les côtés sont supposés avoir 1
mètre. Ce carré sera 1 *mètre
carré*. Supposons, maintenant,
qu'on divise chaque côté en dix
parties égales : chacune de ces
parties sera 1 décimètre. Si par
les points de division on tire les
lignes intérieures que renferme
le carré ABCD, il sera partagé
en cent parties, qui seront chacune un carré dont les côtés auront
1 décimètre, et seront, par conséquent, des décimètres carrés. Donc
le mètre carré vaut 100 décimètres carrés. On verrait de la même
manière que le décimètre carré vaut 100 centimètres carrés, et que
le centimètre carré vaut 100 millimètres carrés.

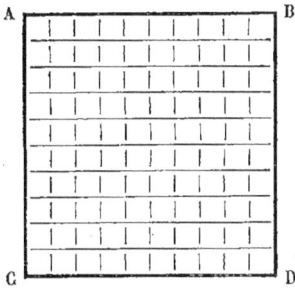

200. *Nota* 2°. — On pourrait employer les dénominations de *décamètre carré, hectomètre carré, kilomètre carré, myriamètre carré*,
pour exprimer des carrés dont les côtés auraient 10, 100, 1000,
10000 mètres carrés; mais de ces dénominations, la première est
peu usitée, et les trois autres ne le sont pas. On verrait, du reste,
par une démonstration semblable à la précédente, que le décamètre
carré vaut 100 mètres carrés, et que l'hectomètre, le kilomètre et le
myriamètre carré valent 10000, 1000000, 100000000 mètres carrés.

201. Pour mesurer la superficie des terrains, l'unité que l'on a
adoptée est le décamètre carré, qui prend alors nom *d'are*, et vaut
100 mètres carrés. On pourrait former des multiples et des sous-multiples de l'are, en faisant précéder le mot *are*, des mots *déca, hecto,*

kilo, myria; déci, centi, milli; mais de ces dénominations trois seulement sont usitées : le *myriare,* l'*hectare,* (au lieu de *myriaare* et *hectoare*), et le *centiare.* Voici leur valeur en are·et en mètres carrés :

Le myriare vaut... dix mille ares, ou un million de mètres carrés.
L'hectare vaut..... cent ares, ou dix mille mètres carrés.
Le centiare vaut... un dixième d'are, ou un mètre carré.

MESURES DE VOLUME.

202. L'unité principale employée pour mesurer les *volumes* est le *mètre cube,* c'est-à-dire, un *cube* dont chaque face a un mètre carré (*a*), et pour exprimer des cubes dont les côtés ont un décimètre, un centimètre, un millimètre cube, on se sert des mots *décimètre cube, centimètre cube, millimètre cube.* Il suit de là, que le mètre cube vaut 1000 décimètres cubes; le décimètre cube, 1000 centimètres cubes; le centimètre cube, 1000 millimètres cubes, ou en d'autres termes que :

Le décimètre cube vaut......... un millième de mètre cube.
Le centimètre cube vaut........ un millionième de mètre cube.
Le millimètre cube vaut........ un billionième de mètre cube.

203. *Nota.* — Si on ne voyait pas au premier aperçu que le mètre cube vaut 1000 décimètres cubes, on pourrait parvenir à le comprendre par le raisonnement suivant. Supposons que sur la figure placée à la page 141, et qui est censée représenter un mètre carré, on applique une plaque de bois, par exemple, ayant même grandeur et même forme que le carré ABCD avec un décimètre d'épaisseur. Si l'on suppose ensuite cette plaque partagée dans toute son épaisseur, comme l'est le carré ABCD, chacun des fragments que l'on obtiendra sera évidemment un décimètre cube, et, par conséquent, la plaque supposée renfermera 100 décimètres cubes. Si maintenant on suppose neuf autres plaques semblables à la première, placées sur celle-ci, l'ensemble de ces dix plaques formera un seul volume qui sera évidemment un mètre cube, et chacune

_____
(*a*) Le *volume* ou la *solidité* d'un corps, c'est l'espace qu'il occupe. — Le *cube* est un volume terminé par 6 faces, qui sont des carrés égaux, et respectivement perpendiculaires les unes sur les autres. Un dé à jouer peut en donner une idée, car ce corps a la forme d'un cube.

d'elles renfermant 100 décimètres cubes, il s'ensuit que leur ensemble, ou un mètre cube, renferme 10 fois 100, ou 1000 décimètres cubes. On verrait de la même manière que le décimètre cube renferme 1000 centimètres cubes, et, par conséquent, que le mètre cube vaut un million de centimètres cubes, etc.

204. Pour mesurer les bois de construction et de chauffage, on se sert du *mètre cube* qui, dans cet usage particulier, prend le nom de *stère*; puis l'on emploie le nom de *décastère* pour exprimer dix stères, et celui de *décistère* pour exprimer la dixième partie du stère. Les noms des autres multiples et sous-multiples du stère sont inusités.

205. Pour mesurer les liquides et les grains, on se sert d'un vase, dont la capacité est égale à un *décimètre cube*, et qui prend le nom de *litre*; puis l'on emploie les mots *hectolitre, décalitre, décilitre, centilitre,* pour exprimer 100 litres, 10 litres, 0,1 de litre, 0,01 de litre; cependant les deux dernières dénominations sont peu usitées.

206. *Nota.* — Remarquons que pour mesurer des quantités de grains ou de liquide un peu considérables, on prend ordinairement pour unité principale l'*hectolitre*, et alors les unités inférieures à l'hectolitre deviennent des fractions décimales relativement à cette unité.

MESURES DE PESANTEUR.

207. Pour obtenir l'unité de poids, on a pesé avec la plus grande précision un centimètre cube d'eau pure, à une température particulière bien déterminée. Le poids trouvé est celui que l'on a pris pour unité, et on l'a appelé *gramme*. Les multiples et les sous-multiples du gramme sont suffisamment déterminés par le tableau suivant.

Le kilogramme qui vaut...... mille grammes.
L'hectogramme qui vaut...... cent grammes.
Le décagramme qui vaut.... dix grammes.
Le décigramme qui vaut...... un dixième de gramme.
Le centigramme qui vaut.... un centième de gramme.
Le milligramme qui vaut..... un millième de gramme.

208. *Nota.* — Le *gramme* n'est guère employé comme unité principale que pour peser les matières précieuses, ou qui doivent

être pesées en petites quantités et avec une grande précision. Mais, pour les pesées ordinaires, c'est le *kilogramme* que l'on prend pour unité principale, et alors l'*hectogramme*, le *décagramme* et le *gramme* deviennent des fractions décimales, relativement au *kilogramme*. Quelquefois même, pour évaluer des poids considérables, on emploie comme unité principale un poids de 100 kilogrammes, que l'on appelle *quintal métrique;* dix quintaux métriques forment encore une *unité*, que l'on emploie ordinairement pour évaluer le poids des marchandises que l'on transporte sur mer; c'est l'unité connue sous le nom de *tonneau de mer*.

MESURES DES VALEURS MONÉTAIRES.

209. L'unité que l'on a adoptée pour les monnaies est une pièce du poids de 5 grammes, qui est composée de neuf dixièmes d'argent et d'un dixième d'alliage. On l'appelle *franc*. Le franc se partage en dix parties qu'on appelle *décimes*, et le décime en dix parties qu'on appelle *centimes*.

MESURES DU TEMPS.

210. Quand on établit le nouveau système de mesures, on essaya aussi d'appliquer la division décimale à la mesure du temps. L'unité choisie fut le *jour :* le jour fut partagé en 10 *heures;* l'heure, en 100 *minutes;* la minute, en 100 *secondes;* mais on abandonna bientôt cette manière de diviser le temps, pour conserver l'ancienne division du jour en 24 heures, de l'heure en 60 minutes, de la minute en 60 secondes.

———

211. Nous venons d'exposer le système des mesures employées aujourd'hui en France; le peu que nous avons dit des anciennes mesures suffit pour faire comprendre combien le nouveau système l'emporte sur l'ancien par sa simplicité. Cette simplicité tient surtout à ce que, dans le nouveau système, les unités composées sont des multiples et des sous-multiples par 10, 100, 1000, etc., de l'unité principale, et peuvent, par conséquent, comme les unités de différents ordres dans les nombres entiers, et les sous-divisions de l'unité dans les fractions décimales, s'indiquer par le rang qu'on leur fait occuper relativement à l'unité principale. Ainsi, par exemple, pour écrire *cinq kilomètres, trois hectomètres, deux décimè-*

tres, six mètres, cinq décimètres, trois centimètres, on peut écrire indifféremment : 5 kilomètres, 3 hectomètres, 2 décamètres, 6 mètres, 5 décimètres, 3 centimètres, ou, ce qui est beaucoup plus simple, 5326m,53, que l'on prononce *cinq mille trois cent vingt-six mètres et cinquante-trois centièmes.* C'est même ainsi que l'on écrit et que l'on énonce ordinairement les nombres qui expriment les valeurs des quantités au moyen des nouvelles mesures. Il suit de là que toutes les opérations sur les nombres de cette espèce se réduisent aux opérations sur les nombres entiers et sur les nombres décimaux.

212. Lorsqu'on aura écrit, ainsi que nous venons de le dire, une fraction décimale d'une espèce particulière d'unité faisant partie du système métrique, il sera ordinairement très-facile de déterminer quels sont les chiffres de cette fraction qui correspondent aux sous-divisions de l'unité que nous avons désignées par les mots *déci, centi, milli.* Mais s'il s'agissait d'un nombre exprimant une fraction de mètre carré ou de mètre cube, il faudrait, pour faire cette détermination, tenir compte de l'observation que nous allons faire.

Puisque le mètre carré vaut cent décimètres carrés, dix mille centimètres carrés, un million de millimètres carrés, il ne faut pas confondre le *décimètre carré* avec le *dixième de mètre carré,* le *centimètre carré* avec le *centième de mètre carré,* le *millimètre carré* avec le *millième de mètre carré;* mais il faut bien se rappeler que les *centièmes de mètre carré* sont des *décimètres carrés,* que les *dix-millièmes de mètre carré* sont des *centimètres carrés,* et que les *millionièmes de mètre carré* sont des *millimètres carrés.* Ainsi, pour avoir le nombre de décimètres carrés compris dans la partie décimale du nombre 5mm,4487567 (5mm signifie 5 mètres carrés), il faut prendre les deux premiers chiffres décimaux; pour avoir les centimètres carrés, il faut prendre les quatre premiers chiffres décimaux; et pour avoir les millimètres carrés, il faut prendre les six premiers chiffres. Ainsi le nombre 5mm,44 peut s'énoncer indifféremment : 5 *mètres carrés et 44 centièmes,* ou 5 *mètres carrés et 44 décimètres carrés;* le nombre 5mm,4487 s'énoncera : 5 *mètres carrés et 4487 dix-millièmes,* ou 5 *mètres carrés et 4487 centimètres carrés;* le nombre 5mm,448756 s'énoncera : 5 *mètres carrés et 448756 millionièmes,* ou 5 *mètres carrés et 448756 millimètres carrés.*

Il suit de là que pour exprimer des décimètres, des centimètres ou des millimètres carrés, une fraction de mètre carré doit avoir

10

deux, quatre ou six chiffres décimaux; et, par conséquent, s'il en était autrement, et qu'on voulût énoncer cette fraction en décimètres, centimètres ou millimètres carrés, il faudrait ajouter un ou plusieurs zéros à la suite du dernier chiffre décimal, ce qui est toujours permis (124.). Ainsi, par exemple, pour énoncer en décimètres carrés la fraction 0^{mm},7, il faut ajouter un zéro après le 7 et dire : 70 *décimètres carrés;* pour énoncer en centimètres carrés la fraction 0^{mm},375, il faut ajouter un zéro et dire : 3750 *centimètres carrés;* pour énoncer la même fraction en millimètres carrés, il faut ajouter trois zéros et dire : 375000 *millimètres carrés.*

213. Nous devons faire une observation semblable sur la manière d'énoncer une fraction décimale de mètres cubes. En effet, puisque le mètre cube vaut mille décimètres cubes, un million de centimètres cubes, et un billion de millimètres cubes, il ne faut pas confondre le *décimètre cube* avec le *dixième de mètre cube,* le *centième de mètre cube* avec le *centimètre cube,* et le *millimètre cube* avec le *millième de mètre cube;* mais il faut bien se rappeler que les *millièmes de mètre cube* sont des *décimètres cubes,* que les *millionièmes de mètre cube* sont des *centimètres cubes,* et que les *billionièmes de mètres cubes* sont des *millimètres cubes.* Ainsi, pour avoir le nombre de décimètres cubes compris dans la partie décimale du nombre 5^{mmm},3578497838 (5^{mmm} signifie 5 mètres cubes), il faut prendre les trois premiers chiffres décimaux; pour avoir les centimètres cubes, il faut prendre les six premiers chiffres décimaux, et pour avoir les millimètres cubes il faut prendre les neuf premiers chiffres. Ainsi le nombre 5^{mmm},375, peut s'énoncer indifféremment : 5 *mètres cubes et 375 millièmes* ou 5 *mètres cubes et 375 décimètres cubes;* de même 5^{mmm},375849 peut s'énoncer : 5 *mètres cubes et 375849 millionièmes,* ou 5 *mètres cubes et 375849 centimètres cubes,* etc.

Il suit de là que pour exprimer des décimètres, des centimètres, ou des millimètres cubes, une fraction décimale doit avoir trois, six ou neuf chiffres décimaux, et que si cette condition n'était pas remplie, il faudrait, avant d'énoncer de cette manière une fraction décimale de mètres cubes, ajouter assez de zéros pour qu'elle le fût. Ainsi la fraction 0^{mmm},59 s'énoncera : 590 *décimètres cubes;* la fraction 0^{mmm},5487 s'énoncera : 548700 *centimètres cubes,* ou 548700000 *millimètres cubes.*

214. Avant de terminer ce chapitre, nous allons poser quelques

questions que l'on devra résoudre pour s'assurer si l'on a bien compris le système des mesures qui vient d'être exposé.

1° Combien y a-t-il de kilomètres, de décamètres, de centimètres et de millimètres dans le nombre 3757^m,527?

2° Combien y a-t-il de décamètres carrés, de décimètres carrés et de centimètres carrés dans le nombre 897^{mm},577 ?

3° Combien y a-t-il d'ares et de centiares dans le même nombre?

4° Combien y a-t-il de décimètres et de centimètres cubes dans 67^{mmm},5765 ?

5° Combien y a-t-il de litres, de décalitres, d'hectolitres et de décilitres dans 678^{mmm},5768?

6° Combien dans le même nombre y a-t-il de décastères?

7° Combien pèse 1 mètre cube d'eau pure? — Combien pèsent 275 litres d'eau pure? — Quel est le volume qu'occupe 1 kilogramme d'eau pure? — Quel est le volume qu'occupent 375 grammes?

8° Combien pèsent 375 francs? — On a 348 grammes d'argent monnayé : quelle en est la valeur?

9° Combien y a-t-il de grammes d'alliage dans 248 francs?

RÉPONSES. — 1° 37 kilomètres; — 375 décamètres; — 375752 centimètres; — 3757527 millimètres.

2° 8 décamètres carrés; — 89757 décimètres carrés; — 8975770 centimètres carrés.

3° 8 ares; — 897 centiares.

4° 67576 décimètres cubes; — 67576500 centimètres cubes.

5° 678576 litres; — 67857 décalitres; — 6785 hectolitres; — 6785768 décilitres.

6° 67 décastères.

7° 1000 kilogrammes; — 275 kilogrammes; — 1 décimètre cube; — 375 centimètres cubes ou 0^{mmm},000375.

8° 1 kilogramme, 875; — 69 francs, 60 centimes.

9° 124 grammes.

215. RÉSUMÉ. — Le chapitre que nous venons de terminer renferme deux choses : 1° Quelques notions sur les nombres complexes et sur les anciennes mesures usitées en France; — 2° l'exposé du nouveau système de mesures ou du système métrique.

(A) Nous avons fait voir comment en assujétissant l'unité à certains modes particuliers de décroissement, on est conduit aux nombres complexes dont nous avons rappelé la définition, et nous avons dit que la plupart des anciennes mesures adoptées en France donnaient lieu à des nombres complexes. Puis, nous avons fait pressentir comment, les nombres complexes n'étant que des nombres fractionnaires composés de fractions dans lesquelles les dénominateurs sont des sous-multiples les uns des autres, les opérations sur les nombres complexes doivent pouvoir se ramener aux opérations sur les fractions ordinaires.

(B) Nous avons ensuite exposé le système des nouvelles mesures usitées en France. Pour cela nous avons dit d'abord quelle est l'unité qui sert de base à tout ce système, et comment on a déterminé cette unité; puis, nous avons successivement fait connaître les mesures de *longueur*, de *superficie*, de *volume*, de *poids*, de *valeur monétaire*; et nous avons ajouté un mot sur l'unité de *temps* et ses sous-divisions dans le système décimal.

Nous avons terminé cet exposé par quelques remarques sur la numération des nombres exprimant des nouvelles mesures, et par une série de questions destinées à s'assurer si l'on a bien compris l'exposé que nous en avons fait.

CHAPITRE IX.

DES PROPORTIONS ET DES ÉQUIDIFFÉRENCES.

216. Nous avons, dans les chapitres précédents, appris à combiner les nombres par addition, soustraction, multiplication, division; à les élever à des puissances; à en extraire des racines. C'est à cela que se borne l'Arithmétique. Lorsqu'on propose un problème, c'est-à-dire, lorsqu'on demande de trouver une quantité inconnue qui remplisse certaines conditions, si les données (*a*) de ce problème sont exprimées par des nombres, il faut, pour trouver la quantité demandée, combiner ces nombres de différentes manières. L'Arithmétique enseigne les moyens de faire ces combinaisons; mais c'est le bon sens et le raisonnement qui doivent montrer, dans chaque cas particulier, quelles sont les combinaisons à faire et dans quel ordre il faut les effectuer. Ainsi, par exemple, on voit sans beaucoup d'efforts que, toutes les fois qu'on donnera le prix d'une chose, et qu'on demandera le prix de plusieurs choses semblables, la question se résoudra par une multiplication; on voit encore facilement que, toutes les fois qu'on donnera le prix d'un certain nombre de

(*a*) Par les *données* d'un problème, on entend les quantités connues par le moyen desquelles on peut parvenir à trouver celles que l'on cherche. Ainsi, quand on demande combien coûteront 20 mètres d'ouvrage à 6 francs le mètre, les données sont 20 mètres et 6 francs le prix d'un mètre.

choses semblables, et qu'on demandera le prix d'une de ces choses, la question se résoudra par une division.

Il s'en faut de beaucoup que tous les problèmes soient aussi simples que ceux que nous venons d'énoncer : bien souvent on n'aperçoit pas sans beaucoup d'attention les combinaisons à faire pour arriver à la solution désirée, et nous verrons, en étudiant l'Algèbre, que cette difficulté a contribué à l'invention d'un langage plus simple que le langage ordinaire, et qui laisse apercevoir plus facilement les rapports qui lient les données d'un problème avec la quantité inconnue que l'on cherche; mais un grand nombre de problèmes peuvent se résoudre par le moyen de quelques remarques que nous allons faire, et c'est ce qui nous a engagés à ajouter ce chapitre au Traité d'Arithmétique, quoiqu'il en soit bien distinct par la nature des choses dont nous allons nous occuper.

217. Et d'abord proposons-nous le problème suivant : *2 hommes ont fait 6 mètres d'ouvrage dans un certain temps, combien en feraient 10 hommes dans le même temps, en supposant qu'ils travaillassent autant que les premiers?*

Pour résoudre ce problème, remarquons que, si nous savions combien chaque homme fait de mètres de l'ouvrage dont il s'agit ici, en multipliant par 10 ce nombre de mètres, nous trouverions le nombre de mètres demandé. Or, l'énoncé du problème nous dit que 2 hommes font 6 mètres de cet ouvrage : nous trouverons donc ce que fait chaque homme en divisant 6 mètres par 2, ce qui donne 3 mètres pour l'ouvrage de chacun; en multipliant ensuite 3 mètres par 10, nous aurons 30 mètres pour l'ouvrage de 10 hommes. La solution du problème proposé s'obtient donc par deux opérations : une multiplication et une division.

218. Écrivons comme il suit les quatre nombres qui entrent dans le problème précédent :

$$2^h \quad 10^h \quad 6^m \quad 30^m.$$

Pour peu qu'on fasse attention à ces quatre nombres, on verra que le premier est contenu 5 fois dans le second, précisément autant de fois que le troisième est contenu dans le quatrième. On exprime cette circonstance, en disant que ces quatre nombres sont en PROPORTION, et l'on définit la proportion : *une suite de quatre nombres, tels que le premier contient le second ou est contenu dans le second, comme le troisième contient le quatrième ou est contenu dans le qua-*

trième. On voit, d'après cette définition, que les quatre nombres 6, 3, 8, 4, forment une proportion.

219. On appelle *rapport ou raison de deux nombres, le quotient du premier par le second*. Il suit de là que, dans une proportion, le rapport des deux premiers nombres est le même que le rapport des deux derniers, ce qui fournit cette nouvelle définition de la proportion : *c'est une suite de quatre nombres tels que le rapport des deux premiers est égal à celui des deux derniers*.

Il y a deux manières d'exprimer que quatre nombres sont en proportions : la première consiste à mettre deux points entre le premier et le deuxième nombre aussi bien qu'entre le troisième et le quatrième, puis quatre points entre le deuxième et le troisième, de cette manière :

$$6 : 3 :: 8 : 4,$$

et alors la proportion s'énonce ainsi : 6 *est à* 3, *comme* 8 *est à* 4.

La seconde manière consiste à indiquer par une fraction le quotient des deux premiers nombres et celui des deux derniers, puis à écrire que ces quotients sont égaux, de cette sorte :

$$\frac{6}{3} = \frac{8}{4}$$

Nous emploierons indifféremment ces deux manières d'écrire une proportion.

220. La proportion consiste donc en deux rapports égaux. On appelle *antécédent le premier terme de chaque rapport* et *conséquent le second terme*. Ainsi, dans la proportion précédente, 6 est le *premier antécédent* ou l'antécédent du premier rapport; 3 est le *premier conséquent* ou le conséquent du premier rapport; 8 est le *second antécédent* ou l'antécédent du second rapport; enfin, 4 est le *second conséquent* ou le conséquent du second rapport. Le premier et le dernier nombre 6 et 4 s'appellent encore les *extrêmes* de la proportion; le deuxième et le troisième s'appellent les *moyens*.

221. Nous allons maintenant exposer quelques propriétés des proportions; mais pour plus de généralité dans nos raisonnements, convenons de représenter par des lettres les nombres qui entrent dans les proportions. Ces lettres n'ayant aucune valeur particulière, tout ce que nous dirons de la proportion que nous aurons choisie sera vrai de toute proportion, puisque ce sera indépendant de la valeur des nombres que nous pourrions substituer aux lettres employées. Il est d'ailleurs très-bon de s'accoutumer à considérer ainsi les rai-

sonnements d'une manière générale et indépendamment des exemples que l'on choisit. Cependant, on fera bien, en étudiant ce chapitre, d'appliquer à des nombres déterminés, par exemple à la proportion $8 \stackrel{.}{.} 2 \stackrel{..}{..} 12 \stackrel{.}{.} 3$, ce que nous disons ici de la proportion exprimée par des lettres.

222. Soit donc quatre nombres a, b, c, d, entre lesquels on ait la proportion :

$$\frac{a}{b} = \frac{c}{d} \quad \text{ou} \quad a \stackrel{.}{.} b \stackrel{..}{..} c \stackrel{.}{.} d$$

1° Si l'on multiplie les deux termes de chaque fraction $\frac{a}{b}$, $\frac{c}{d}$ par un nombre quelconque m, ces fractions ne changeront pas de valeur, et resteront par conséquent égales. Il en sera de même, si on divise les quatre termes par le nombre m. Or, cette multiplication et cette division donneront les deux proportions suivantes :

$$\frac{am}{bm} = \frac{cm}{dm} \quad \text{ou} \quad am \stackrel{.}{.} bm \stackrel{..}{..} cm \stackrel{.}{.} dm \ (a).$$

$$\frac{\frac{a}{m}}{\frac{b}{m}} = \frac{\frac{c}{m}}{\frac{d}{m}} \quad \text{ou} \quad \frac{a}{m} \stackrel{.}{.} \frac{b}{m} \stackrel{..}{..} \frac{c}{m} \stackrel{.}{.} \frac{d}{m}$$

D'où l'on conclut que *l'on peut multiplier ou diviser les quatre termes d'une proportion par un même nombre sans détruire la proportion.*

223. 2° Si l'on multipliait ou si l'on divisait les deux termes d'une des deux fractions, de $\frac{a}{b}$, par exemple, par un même nombre m, cette fraction ne changerait pas et serait encore égale à $\frac{c}{d}$; on aurait ainsi :

$$\frac{am}{bm} = \frac{c}{d} \quad \text{ou} \quad am \stackrel{.}{.} bm \stackrel{..}{..} c \stackrel{.}{.} d$$

$$\frac{\frac{a}{m}}{\frac{b}{m}} = \frac{c}{d} \quad \text{ou} \quad \frac{a}{m} \stackrel{.}{.} \frac{b}{m} \stackrel{..}{..} c \stackrel{.}{.} d.$$

(a) Nous avons déjà dit que pour indiquer la multiplication on se sert du signe $\times$; mais quand les nombres sont représentés par des lettres, on se contente quelquefois de les écrire à côté l'une de l'autre. Ainsi, am exprime le produit de a par m.

D'où l'on conclut *que l'on peut, sans détruire une proportion, multiplier ou diviser les deux termes d'un rapport par un même nombre.*

224. 3° Si l'on multipliait ou si l'on divisait les deux numérateurs seulement des fractions $\frac{a}{b}$ et $\frac{c}{d}$ par un même nombre m, elles changeraient, mais de la même manière : elles seraient donc encore égales après ce changement. On aurait ainsi :

$$\frac{am}{b} = \frac{cm}{d} \quad \text{ou} \quad am \; \vdots \; b \; \vdots\vdots \; cm \; \vdots \; d$$

$$\frac{\frac{a}{m}}{b} = \frac{\frac{c}{m}}{d} \quad \text{ou} \quad \frac{a}{m} \; \vdots \; b \; \vdots\vdots \; \frac{c}{m} \; \vdots \; d.$$

D'où l'on conclut *qu'on peut, sans détruire une proportion, multiplier ou diviser les deux antécédents par un même nombre.*

225. 4° Si l'on multipliait ou si l'on divisait les deux dénominateurs seulement par un même nombre m, les deux fractions changeraient encore, mais de la même manière, et resteraient égales, on aurait ainsi :

$$\frac{a}{bm} = \frac{c}{dm} \quad \text{ou} \quad a \; \vdots \; bm \; \vdots\vdots \; c \; \vdots \; dm$$

$$\frac{a}{\frac{b}{m}} = \frac{c}{\frac{d}{m}} \quad \text{ou} \quad a \; \vdots \; \frac{b}{m} \; \vdots\vdots \; c \; \vdots \; \frac{d}{m},$$

d'où l'on conclut *qu'on peut, sans détruire une proportion, multiplier ou diviser les deux conséquents par un même nombre.*

226. 5° Si l'on avait deux proportions, par exemple :

$$\frac{a}{b} = \frac{c}{d} \quad \text{ou} \quad a \; \vdots \; b \; \vdots\vdots \; c \; \vdots \; d$$

$$\frac{r}{s} = \frac{t}{v} \quad \text{ou} \quad r \; \vdots \; s \; \vdots\vdots \; t \; \vdots \; v$$

En multipliant les deux fractions égales $\frac{a}{b}$ et $\frac{c}{d}$ par les deux fractions égales $\frac{r}{s}$ et $\frac{t}{v}$, savoir, la première par $\frac{r}{s}$, la deuxième par $\frac{t}{v}$, les produits devront être égaux. On aura donc :

$$\frac{ar}{bs} = \frac{ct}{dv} \quad \text{ou} \quad ar \; \vdots \; bs \; \vdots\vdots \; ct \; \vdots \; dv.$$

Si l'on avait plus de deux proportions, par exemple :

$$\frac{a}{b} = \frac{c}{d} \quad \text{ou} \quad a : b :: c : d$$

$$\frac{r}{s} = \frac{t}{v} \quad \text{ou} \quad r : s :: t : v$$

$$\frac{l}{n} = \frac{o}{p} \quad \text{ou} \quad l : n :: o : p$$

on verrait, comme précédemment, que le produit des trois fractions $\frac{a}{b}$, $\frac{r}{s}$, $\frac{l}{n}$ doit être égal au produit des trois autres $\frac{c}{d}$, $\frac{t}{v}$, $\frac{o}{p}$; on aura donc :

$$\frac{arl}{bsn} = \frac{cto}{dvp} \quad \text{ou} \quad arl : bsn :: cto : dvp.$$

227. Il est évident qu'on pourrait opérer de même sur un nombre quelconque de proportions; or, arl est le produit des premiers antécédents, bsn celui des premiers conséquents, cto celui des seconds antécédents, dvp celui des seconds conséquents. Donc, *si l'on a plusieurs proportions, on peut les multiplier termes par termes, c'est-à-dire, antécédents par antécédents et conséquents par conséquents, et les produits formeront une proportion.*

228. 6° Si l'on élève les deux fractions égales, $\frac{a}{b}$, $\frac{c}{d}$, à une puissance quelconque, à la troisième, par exemple, ce qui se fait (150.) en élevant les deux termes à cette puisssance : les résultats seront égaux. De même, si l'on en extrait une racine quelconque, la troisième par exemple, ce qui se fait en extrayant la racine de même degré des deux termes : les résultats devront être encore égaux. On aura ainsi :

$$\frac{a^3}{b^3} = \frac{c^3}{d^3} \quad \text{ou} \quad a^3 : b^3 :: c^3 : d^3$$

$$\frac{\sqrt[3]{a}}{\sqrt[3]{b}} = \frac{\sqrt[3]{c}}{\sqrt[3]{d}} \quad \text{ou} \quad \sqrt[3]{a} : \sqrt[3]{b} :: \sqrt[3]{c} : \sqrt[3]{d}$$

Donc, *on peut sans détruire une proportion en élever les quatre termes à une puissance quelconque, ou extraire une racine quelconque de ses quatre termes.*

229. Lorsque quatre nombres sont en proportion, ils jouissent d'une propriété très-importante. Pour la découvrir, supposons qu'on nous demande si les quatre nombres 3, 5, 6, 10 forment une proportion. Voici comment nous pourrons raisonner pour résoudre cette question : Demander si ces quatre nombres sont en proportion, c'est demander si les deux fractions $\frac{3}{5}$ et $\frac{6}{10}$ sont égales.

Pour le savoir, réduisons-les au même dénominateur, d'après la règle du n° 99, mais en indiquant seulement les multiplications à faire : nous aurons les deux fractions $\frac{3 \times 10}{5 \times 10}$, $\frac{6 \times 5}{5 \times 10}$. Ces deux fractions ayant même dénominateur, pour qu'elles soient égales, il faut que les numérateurs soient égaux, c'est-à-dire, qu'on ait $3 \times 10 = 6 \times 5$; or, 3×10 est le produit du premier des nombres donnés par le quatrième, et 6×5 est le produit du second par le troisième : donc, pour que les nombres proposés soient en proportion, il faut que le produit du premier par le quatrième (ou le produit des extrêmes) soit égal au produit du second par le troisième (ou au produit des moyens); mais cette condition, qui est nécessaire, est en même temps suffisante, car si $3 \times 10 = 6 \times 5$, les deux fractions $\frac{3 \times 10}{5 \times 10}$ et $\frac{6 \times 5}{5 \times 10}$ seront égales; par suite, les deux autres fractions $\frac{3}{5}$ et $\frac{6}{10}$ seront aussi égales, et l'on aura la proportion 3 : 5 :: 6 : 10. Donc enfin, pour que les quatre nombres proposés soient en proportion, il faut et il suffit que le produit des extrêmes soit égal au produit des moyens.

Nous engageons à répéter le raisonnement précédent sur quatre nombres quelconques, a, b, c, d; on arrivera à cette conclusion générale : Pour que quatre nombres soient en proportion, il faut et il suffit que le produit des extrêmes soit égal au produit des moyens, proposition qui peut encore s'énoncer comme il suit :

Si quatre nombres sont en proportion, le produit des extrêmes est égal au produit des moyens;

Réciproquement, si quatre nombres sont tels que le produit du premier par le dernier (ou le produit des extrêmes) soit égal au produit du second par le troisième (ou au produit des moyens), ces quatre nombres sont en proportion.

230. Il suit de ce qui précède qu'on peut, sans détruire une proportion, 1° *changer les moyens de place;* 2° *changer les extrêmes de place;* 3° *mettre les extrêmes à la place des moyens, et réciproque-*

ment. En effet, par ces changements, on ne détruit pas l'égalité qui existe entre le produit des extrêmes et celui des moyens, et par conséquent on ne détruit pas la proportion.

On conclut de là que, si l'on a une proportion $a : b :: c : d$, on peut, par des changements dans l'ordre des termes, en déduire sept autres et avoir en tout les huit proportions suivantes :

1° $a : b :: c : d$		5° $b : d :: a : c$
2° $a : c :: b : d$		6° $b : a :: d : c$
3° $d : c :: b : a$		7° $c : a :: d : b$
4° $d : b :: c : a$		8° $c : d :: a : b$

La deuxième se déduit de la première en changeant les moyens de place; la troisième se déduit de la deuxième en changeant les extrêmes de place; la quatrième se déduit de la troisième en changeant les moyens de place; la cinquième se déduit de la quatrième en mettant les moyens à la place des extrêmes et les extrêmes à la place des moyens; il est facile de voir comment chacune des autres se déduit de celle qui la précède.

231. Une autre conséquence importante de l'égalité qui existe entre le produit des extrêmes et le produit des moyens, c'est qu'on peut facilement trouver un terme d'une proportion, quand on connaît les trois autres. Supposons, par exemple, que l'on demande la valeur du quatrième terme de la proportion suivante :

$$3 : 6 :: 5 : x.$$

Si l'on fait le produit des moyens, on aura 30; et, comme ce produit doit être égal à celui des extrêmes, en le divisant par 3, qui est l'extrême connu, on aura 10 pour la valeur de l'extrême inconnu, représenté par x.

Si le terme inconnu était un des moyens; si l'on avait, par exemple,

$$3 : x :: 4 : 12,$$

on ferait d'abord le produit des extrêmes, qui est 36, puis on le diviserait par le moyen connu, et l'on trouverait 9 pour le moyen inconnu.

En général, quand on a une proportion

$$a : b :: c : d,$$

on peut en tirer : $\qquad ad = bc;$

et si l'on divise successivement par a, par b, par d et par c, les deux membres de cette égalité, on en déduit

$$d = \frac{bc}{a} \qquad \frac{ad}{c} = b$$
$$a = \frac{bc}{d} \qquad \frac{ad}{b} = c$$

D'où l'on conclut que *pour trouver un des extrêmes d'une proportion, connaissant tout le reste, il faut faire le produit des moyens et le diviser par l'extrême connue;* et que *pour connaître un des moyens, connaissant tout le reste, il faut faire le produit des extrêmes et le diviser par le moyen connu.*

232. Quand, dans une proportion, les deux moyens sont égaux, comme dans la suivante, $3 \vdots 6 \vdots\vdots 6 \vdots 12$, la proportion est dite *continue.* Ainsi, $a \vdots b \vdots\vdots b \vdots c$ est une proportion continue. Pour abréger, on n'écrit le terme moyen qu'une fois, mais on met en tête de la proportion le signe $\div$ de cette manière :

$$\div a \vdots b \vdots c,$$

et on l'énonce, sous cette forme, comme si elle était écrite de l'autre manière.

233. Si, dans la proportion continue $a \vdots b \vdots\vdots b \vdots c$, on fait le produit des extrêmes et celui des moyens, on aura

$$b^2 = ac.$$

En extrayant la racine carrée de chaque membre de cette égalité, les deux racines trouvées devront être égales. La première est b; mais la seconde ne peut que s'indiquer tant qu'on ne donne pas des valeurs particulières à a et à c. En l'indiquant par le signe convenu pour cela (149.), on a

$$b = \sqrt{ac}.$$

Les deux égalités qui précèdent font voir que, dans une proportion continue, *le produit des extrêmes est égal au carré du terme moyen,* ou que *le terme moyen est égal à la racine carrée du produit des extrêmes.*

234. Le terme moyen d'une proportion continue s'appelle *un moyen proportionnel* entre les extrêmes. Ainsi, dans la proportion $3 \vdots 6 \vdots\vdots 6 \vdots 12$ ou $\div 3 \vdots 6 \vdots 12$, 6 est moyen proportionnel entre les deux nombres 3 et 12. Il suit de ce qui précède que, *pour trou-*

ver un moyen proportionnel entre deux nombres donnés, il faut en faire le produit et extraire la racine carrée de ce produit. On trouvera par ce procédé que le moyen proportionnel entre 20 et 45 est 30 : on a, en effet, la proportion $\div$ 20 $\vdots$ 30 $\vdots$ 45.

235. Aux changements que l'on peut faire sur les quatre termes d'une proportion sans la détruire, et que nous avons déjà fait connaître, on peut en ajouter beaucoup d'autres. Nous allons en examiner quelques-uns :

Soit la proportion :
$$10 \vdots 2 \vdots\vdots 15 \vdots 3.$$

Si l'on ajoutait à chaque antécédent le conséquent qui le suit, le premier antécédent deviendrait 10 + 2, et contiendrait une fois de plus le conséquent 2; de même, le second antécédent deviendrait 15 + 3 et contiendrait une fois de plus le conséquent 3; chaque rapport serait donc augmenté d'une unité. Par conséquent, après ce changement, les rapports seraient encore égaux, et l'on aurait la proportion
$$10 + 2 \vdots 2 \vdots\vdots 15 + 3 \vdots 3.$$

Si, au lieu d'ajouter à chaque antécédent son conséquent, on en retranchait ce même conséquent, les antécédents ainsi modifiés, savoir : 10 — 2 et 15 — 3, contiendraient une fois de moins leur conséquent; chaque rapport serait donc diminué d'une unité, et l'on devrait encore avoir la proportion
$$10 - 2 \vdots 2 \vdots\vdots 15 - 3 \vdots 3.$$

Ce que nous venons de dire de la proportion 10 $\vdots$ 2 $\vdots\vdots$ 15 $\vdots$ 3 se dirait évidemment de toute autre, et, par conséquent, en représentant une proportion quelconque par :

on aura :
$$\text{(1)......} a \vdots b \vdots\vdots c \vdots d$$
$$\text{(2)......} a + b \vdots b \vdots\vdots c + d \vdots d$$
$$\text{(3)......} a - b \vdots b \vdots\vdots c - d \vdots d$$

Si, dans ces deux proportions, on change les moyens de place (230.), on aura :
$$\text{(4)......} a + b \vdots c + d \vdots\vdots b \vdots d$$
$$\text{(5)......} a - b \vdots c - d \vdots\vdots b \vdots d$$

Si dans la proportion (1) on change les moyens de place, on aura :
$$\text{(6)......} a \vdots c \vdots\vdots b \vdots d$$

Cette proportion a un rapport commun avec les deux précédents; par conséquent les autres rapports sont égaux, et l'on a :

$$(7)\ldots\ldots\ a + b \ \vdots\ c + d \ \vdots\vdots\ a \ \vdots\ c$$
$$(8)\ldots\ldots\ a - b \ \vdots\ c - d \ \vdots\vdots\ a \ \vdots\ c$$

236. Les proportions (4), (5), (7) et (8), comparées à la proportion (1), nous apprennent que, *si quatre nombres sont en proportion, la somme ou la différence des deux premiers termes est à la somme ou à la différence des deux derniers, comme le premier conséquent est au second, ou comme le premier antécédent est au second.*

237. Les deux proportions (7) et (8) ont un rapprort commun, donc les deux autres rapports sont égaux, et l'on a

$$(9)\ldots\ldots\ a + b \ \vdots\ c + d \ \vdots\vdots\ a - b \ \vdots\ c - d.$$

En comparant cette proportion à la proportion (1), on voit que, *si quatre nombres sont en proportion, la somme des deux premiers termes est à la somme des deux derniers, comme la différence des deux premiers est à la différence des deux derniers.*

238. Si dans la proportion (9), on change les moyens de place, on aura :

$$(10)\ldots\ldots\ a + b \ \vdots\ a - b \ \vdots\vdots\ c + d \ \vdots\ c - d;$$

c'est-à-dire que, *si quatre nombres sont en proportion, la somme des deux premiers termes est à leur différence, comme la somme des deux derniers est à leur différence.*

239. Reprenons la proportion :

$$a \ \vdots\ b \ \vdots\vdots\ c \ \vdots\ d.$$

Si nous changeons les moyens de place, nous aurons :

$$a \ \vdots\ c \ \vdots\vdots\ b \ \vdots\ d.$$

En appliquant à cette proportion le principe que la somme ou la différence des deux premiers termes est à la somme ou à la différence des deux derniers, comme le premier antécédent est au second, ou comme le premier conséquent est au second, nous aurons les quatre proportions suivantes :

$$(11)\ldots\ldots\ a + c \ \vdots\ b + d \ \vdots\vdots\ a \ \vdots\ b$$
$$(12)\ldots\ldots\ a - c \ \vdots\ b - d \ \vdots\vdots\ a \ \vdots\ b$$
$$(13)\ldots\ldots\ a + c \ \vdots\ b + d \ \vdots\vdots\ c \ \vdots\ d$$
$$(14)\ldots\ldots\ a - c \ \vdots\ b - d \ \vdots\vdots\ c \ \vdots\ d$$

Et en comparant ces proportions avec la première $a \,\vdots\, b \,\vdots\vdots\, c \,\vdots\, d$, nous voyons que, *si quatre nombres sont en proportion, la somme ou la différence des antécédents est à la somme ou à la différence des conséquents, comme un antécédent est à son conséquent.*

240. Dans les deux dernières proportions, il y a un rapport commun, par conséquent les deux autres rapports sont égaux, et l'on a

$$(15)\ldots\ldots\ a + c \,\vdots\, b + d \,\vdots\vdots\, a - c \,\vdots\, b - d;$$

c'est-à-dire que, *si quatre nombres sont en proportion, la somme des deux antécédents est à la somme des conséquents, comme la différence des antécédents est à la différence des conséquents.*

241. Enfin, si dans cette dernière proportion, on change les moyens de place, on aura :

$$(16)\ldots\ldots\ a + c \,\vdots\, a - c \,\vdots\vdots\, b + d \,\vdots\, b - d.$$

c'est-à-dire que, *si quatre nombres sont en proportion, la somme des antécédents est à leur différence, comme la somme des conséquents est à leur différence.*

On pourrait encore faire un grand nombre d'autres changements sur les quatre termes d'une proportion, sans la détruire; mais nous avons donné ceux qui précèdent, parce qu'on en a souvent besoin, surtout dans l'étude de la géométrie. Ils sont en petit nombre, et il faut les retenir de manière à pouvoir s'en servir sans hésitation.

---

242. Les proportions dont nous venons de parler portaient autrefois le nom de PROPORTIONS GÉOMÉTRIQUES, et l'on appelait PROPORTION ARITHMÉTIQUE, *une suite de quatre nombres, tels que la différence des deux premiers est égale à la différence des deux derniers, ces différences étant prises dans le même sens* (c'est-à-dire, en retranchant en même temps le premier et le troisième nombres du second et du quatrième, ou ces deux derniers des deux premiers). Les dénominations de proportions géométriques et proportions arithmétiques ont été abandonnées. On a appelé simplement PROPORTIONS, les proportions dont nous avons parlé jusqu'ici ; et ÉQUIDIFFÉRENCE, c'est-à-dire, *égalité de différences,* ce qu'on appelait proportion arithmétique. Il suit de la définition que nous venons de donner d'une équidifférence, que les quatre nombres 6, 4, 9, 7 forment une équidifférence.

Il y a deux manières d'exprimer que quatre nombres forment une équidifférence, savoir :

$$6 - 4 = 9 - 7 \quad \text{ou} \quad 6 . 4 : 9 . 7.$$

La première s'énonce ainsi : 6 moins 4 égale 9 moins 7 ; et la seconde, 6 est à 4 comme 9 est à 7.

Dans les équidifférences, on appelle *première différence, deuxième différence*, ce que, dans les proportions, on appelle premier rapport, second rapport. Les mots : *antécédent, conséquent, moyen, extrême*, conservent le même sens que dans les proportions. Si les antécédents étaient plus faibles que les conséquents, par exemple, si l'équidifférence se composait des quatre nombres 5, 8, 10, 13, on l'écrirait encore, 5 . 8 : 10 . 13, ou 8 — 5 = 13 — 10, en retranchant les antécédents des conséquents.

243. Les équidifférences jouissent de propriétés analogues à celles des proportions ; mais comme elles sont d'un usage bien moins fréquent, nous en dirons ici très-peu de chose.

La propriété la plus remarquable des équidifférences, c'est que la somme des extrêmes est égale à celle des moyens.

Pour le démontrer, soit l'équidifférence $a . b : c . d$; on peut l'écrire, $a - b = c - d$, en supposant que les antécédents soient plus grands que les conséquents. Cela posé, pour montrer que la somme des extrêmes est égale à celle des moyens ; il faudrait tâcher de transformer cette égalité, $a - b = c - d$, en une autre qui contînt dans un de ses membres la somme des extrêmes $a + d$, et dans l'autre la somme des moyens $b + c$. Pour cela, ajoutons b aux deux membres, nous aurons $a - b + b = c - d + b$, ou, ce qui est la même chose, $a = c + b - d$; ajoutons encore d aux deux membres, nous aurons $a + d = c + b - d + d$, ou ce qui est la même chose, $a + d = c + b$; c'est-à-dire que la somme des extrêmes est égale à celle des moyens.

L'égalité $a + d = c + b$ est une conséquence de la première, $a - b = c - d$; mais celle-ci est aussi une conséquence de l'autre, car si l'on défait les opérations que l'on a faites, c'est-à-dire, si des deux membres de l'égalité $a + d = c + b$, on retranche successivement b et d, on en déduira $a - b = c - d$. Ainsi, de ce que quatre nombres a, b, c, d, sont tels que la somme du premier et du dernier est égale à la somme du second et du troisième, il suit que ces quatre nombres forment une équidifférence.

Il est vrai que nous avons supposé, dans ce qui précède, que les antécédents étaient plus grands que les conséquents, mais s'il en était autrement, l'équidifférence $a . b \div c . d$, se mettrait sous la forme $b - a = d - c$, et, en ajoutant successivement aux deux membres de cette égalité les nombres a et c, on en déduirait encore $b + c = d + a$; et de cette nouvelle égalité on pourrait aussi déduire $b - a = d - c$, en retranchant a et c des deux membres.

Donc, dans tous les cas, si l'on a une équidifférence, *la somme des extrêmes est égale à celle des moyens*, et réciproquement, *si quatre nombres sont tels que la somme du premier et du dernier (ou la somme des extrêmes), soit égale à la somme du second et du troisième (ou à la somme des moyens), ces quatre nombres forment une équidifférence.*

244. Il suit évidemment de là que si l'on connaissait trois termes d'une équidifférence, il faudrait, *pour trouver la valeur du terme inconnu, si c'était un des extrêmes, faire la somme des moyens et en retrancher l'extrême connu; et si c'était un moyen, faire la somme des extrêmes et en retrancher le moyen connu.* Ainsi, on trouvera que dans les équidifférences :

$$3 . 11 \div 7 . x; \qquad 2 . 7 \div x . 9,$$

la valeur des termes représentés par x est 15 pour la première équidifférence, et 4 pour la seconde.

245. Quand, dans une équidifférence, les termes moyens sont égaux, l'équidifférence est dite *continue;* telle serait, par exemple, la suivante :

$$a . b \div b . c$$

que l'on écrit pour abréger :

$$\div a . b . c .$$

Si dans l'équidifférence précédente on fait la somme des moyens et celle des extrêmes, on aura :

$$2 b = a + c$$

ou, en prenant la moitié des deux membres de cette égalité :

$$b = \frac{a + c}{2}$$

C'est-à-dire que *dans une équidifférence continue le terme moyen est la moitié de la somme des extrêmes.*

246. Le terme moyen d'une équidifférence continue s'appelle *moyen différentiel,* ou *milieu* entre les extrêmes. On voit, d'après ce qui

11

précède, que *pour trouver un milieu entre deux nombres, il faut en faire la somme, et prendre la moitié de cette somme*. Ainsi, pour avoir le milieu entre 10 et 18, on fait la somme de ces deux nombres, ce qui donne 28, et on en prend la moitié. On trouvera ainsi, que le milieu entre 10 et 18 est 14; et l'on aura l'équidifférence ÷ 10 . 14 . 18 .

247. Résumé. — Dans ce chapitre, après quelques réflexions sur le but précis de l'Arithmétique, et sur les deux choses à faire pour résoudre un problème par le moyen de cette science, nous avons traité des *proportions* et des *équidifférences,*

(A) *Des Proportions.* — La résolution d'un problème particulier nous a conduits à l'idée des proportions, et nous avons défini les mots suivants : *proportion, rapport, antécédent, conséquent, moyen, extrême,* dans une proportion. Tout ce que nous avons dit ensuite des proportions peut se résumer comme il suit :

1° Changements que l'on peut faire sur les termes d'une proportion, sans la détruire, par voie de multiplication, division, élévation aux puissances, extractions des racines. (*Voir les* n°ˢ 222 à 228).

2° Propriété des proportions d'avoir le produit des extrêmes égal au produit des moyens; et réciproquement, propriété dont jouissent quatre nombres de former une proportion, si le produit du premier par le quatrième est égal au produit du second par le troisième; d'où nous avons déduit : 1° Un moyen de trouver un terme d'une proportion dont on connaît les trois autres termes; 2° les changements qu'on peut faire dans l'ordre des termes d'une proportion, sans la détruire. (*Voir le* n° 230). — Comme cas particulier de la proportion, nous avons remarqué la *proportion continue* que nous avons définie; puis, nous avons fait connaître la relation qui existe entre les termes moyens et les extrêmes d'une proportion continue; ce qui nous a fourni un procédé pour trouver un moyen proportionnel entre deux nombres donnés ;

3° Changements que l'on peut faire par addition ou par soustraction aux termes d'une proportion, sans la détruire. (*Voir les* n°ˢ 235 à 240).

(B) *Des Équidifférences.* — Ce que nous avons dit des équidifférences peut se résumer comme il suit :

1° Définition des mots *équidifférence, première différence, seconde différence, antécédent, conséquent, moyen, extrême* dans une équidifférence ;

2° Propriété des équidifférences d'avoir la somme des extrêmes égale à celle des moyens, et réciproquement, propriété dont jouissent quatre nombres de former une équidifférence, si la somme du premier et du dernier est égale à la somme du troisième et du quatrième, d'où nous avons déduit un procédé pour trouver un des termes d'une équidifférence, quand on connaît les trois autres ;

3° Équidifférence continue, relation entre le terme moyen et les extrêmes dans une équidifférence continue, et procédé qu'on en déduit pour trouver le milieu entre deux nombres donnés.

CHAPITRE X.

DE QUELQUES PROBLÈMES QUI SE RÉSOLVENT PAR LE MOYEN DES PROPORTIONS.

248. Nous avons vu au commencement du chapitre précédent que, pour résoudre un problème, il y a deux choses à faire : 1° Trouver quelles sont les opérations à effectuer sur les quantités connues et dans quel ordre il faut les effectuer ; 2° exécuter ces opérations. Nous avons dit encore que l'Arithmétique enseigne la seconde chose, mais que c'est au bon sens et au raisonnement à faire la première.

Il suit de ce que nous avons dit dans le n° 231, que cette première chose sera faite, toutes les fois que l'on pourra ramener la question proposée à la recherche d'un des termes d'une proportion dont on connaîtra les trois autres. Or, un très-grand nombre de problèmes peuvent se ramener à cette recherche ; et l'opération que l'on fait pour les résoudre porte le nom de RÈGLE DE TROIS ; mais elle reçoit aussi quelquefois des noms particuliers, suivant le but que l'on se propose en la faisant. Nous allons d'abord parler de la *règle de trois* en général, puis nous exposerons différentes règles qui se ramènent à la règle de trois, ou plutôt qui n'en sont que des cas particuliers. Dans ce qui va suivre, nous ne donnerons que la théorie et quelques exemples simples ; mais il est très-important de s'exercer sur beaucoup d'autres exemples.

I. *De la Règle de Trois.*

249. Reprenons la question proposée dans le n° 217 : *2 hommes ont fait 6 mètres d'ouvrage dans un certain temps, combien en feraient 10 hommes dans le même temps, en travaillant autant que les premiers ?*

On voit, comme nous l'avons déjà dit, que si le second nombre d'hommes était 2 fois, 3 fois, 4 fois, etc. plus grand ou plus petit que le premier, le second nombre de mètres serait aussi 2 fois, 3 fois, 4 fois plus grand ou plus petit que le premier, de sorte que le rapport entre le premier nombre d'hommes et le second est le même qu'entre le premier nombre de mètres et le second. En désignant donc par x le second nombre de mètres, nous aurons la proportion :

$$2^h \stackrel{.}{.} 10^h \stackrel{..}{..} 6^m \stackrel{.}{.} x^m.$$

Et le problème sera résolu quand nous aurons trouvé la valeur du quatrième terme de cette proportion.

250. Nous avons déjà dit qu'on appelle RÈGLE DE TROIS l'opération que l'on fait pour résoudre un semblable problème, et la règle de trois se définit : *une opération par laquelle on cherche une quantité inconnue au moyen d'une ou de plusieurs proportions dont trois termes seulement sont connus.* Si la valeur de l'inconnue dépend d'une seule proportion, la règle de trois est dite *simple;* elle est dite *composée,* dans le cas contraire. Nous traiterons de l'une et de l'autre :

1° DE LA RÈGLE DE TROIS SIMPLE.

251. Dans l'énoncé d'un problème qui se résout par une règle de trois simple, il faut distinguer *quatre termes,* qui doivent entrer dans la proportion d'où dépend la recherche de l'inconnue. Ainsi, dans le problème proposé plus haut (217.), on trouve ces quatre nombres : 2 *hommes,* 10 *hommes,* 6 *mètres,* x *mètres* (x désignant l'inconnue).

De ces quatre nombres, *deux sont de même espèce et tous deux connus : on les appelle* termes principaux ; *les deux autres sont aussi de même espèce, mais l'un d'eux seulement est connu : on les appelle* termes relatifs. *Celui des deux termes relatifs qui est connu s'appelle* premier terme relatif, *l'autre* terme relatif, *celui qui est inconnu, s'appelle* second terme relatif. *Enfin on appelle* premier terme principal, *celui qui se rapporte au relatif connu, et* second terme principal, *celui qui se rapporte au relatif inconnu.* Ainsi, dans le problème que nous venons de rappeler, le premier terme relatif est 6 *mètres,* le second terme relatif est x *mètres;* le premier terme principal est 2 *hommes,* et le second terme principal 10 *hommes.*

Nota 1°. — Remarquons que les termes principaux sont quelquefois de même espèce que les termes relatifs, mais alors ils ne jouent pas le même rôle dans la question. Supposons, par exemple, le problème suivant : *Une personne qui a une propriété de 1000 francs paie 10 francs d'impositions ; que doit payer une autre personne qui possède une propriété de 5000 francs ?* Les quatre termes qui entrent

dans ce problème expriment des francs,, mais deux d'entre eux,
savoir, 10 *francs* et le terme inconnu, qu'on peut désigner encore
par *x francs*, expriment des impositions à payer, et les deux autres,
1000 *francs* et 5000 *francs,* les valeurs de deux propriétés : les deux
premiers sont donc les termes relatifs; et les deux derniers, les termes principaux.

Nota 2º. — Quelquefois l'énoncé d'une règle de trois simple renferme plus de quatre termes (y compris le terme inconnu); mais
alors il en est d'inutiles pour la solution de la question, et on peut
les reconnaître à cette circonstance qu'ils sont seuls de leur espèce;
ou que, s'il s'en trouve de même espèce dans l'énoncé du problème,
ces autres termes ne jouent pas le même rôle. Pour bien faire comprendre notre pensée, soit proposé le problème suivant : *45 ouvriers*
ont fait 10 *mètres d'un certain ouvrage, en 8 jours, combien en fe-*
raient-ils dans 20 jours? Il est facile de voir que le terme 45 *ou-*
vriers, qui est seul de son espèce, n'influe en rien sur la solution de
la question, et le problème est le même que si l'on eût dit : *Des*
ouvriers ont fait 10 *mètres, etc.* — Soit encore proposé le problème
suivant : *Des ouvriers ont fait un canal de* 6 *mètres de long et* 2 *mè-*
tres de large en 8 jours, combien leur faudrait-il de jours pour faire
un canal de 15 *mètres de long, mais du reste semblable en tout au*
premier. Il est facile de voir que dans ce problème les termes principaux sont 6 *mètres de long,* et 15 *mètres de long*; et les termes
relatifs, 8 *jours* et le *nombre de jours demandé.* Quant au terme
2 *mètres de large,* il est inutile pour la solution du problème; car le
second canal étant de même largeur que le premier, le nombre de
jours employés à le creuser dépendra uniquement de sa longueur.
Ici le terme inutile, 2 *mètres,* est, il est vrai, de même espèce que
les termes principaux, mais il ne joue pas le même rôle dans la question, ceux-ci exprimant des *longueurs,* et le terme, 2 *mètres,* exprimant une *largeur.* Il faut avant tout, pour résoudre un problème
dépendant d'une règle de trois, examiner avec soin tous les termes
qui entrent dans son énoncé, et voir quels sont ceux qui seraient
inutiles.

252. **Dans** les problèmes précédents, on peut remarquer que *les*
termes relatifs croissent ou décroissent comme les termes principaux:
de sorte que, si le second terme principal est plus grand ou plus
petit que le premier, le second terme relatif est aussi plus grand
ou plus petit que le premier. Pour exprimer cette circonstance, on
dit que les termes principaux sont *en relation directe* avec les ter-

mes relatifs, ou bien qu'ils sont *directement proportionnels* aux termes relatifs. Toutes les fois qu'il en est ainsi, la règle de trois est dite *directe*, et la proportion s'établit comme il suit : *le premier terme principal est au second, comme le premier terme relatif est au second* qui est inconnu.

Nota. — Nous avons vu (230.) qu'on peut, sans détruire une proportion, en changer les moyens de place, mais ce que nous avons dit dans le n° 230, suppose que les quatre termes de la proportion sont de même espèce, ou qu'ils sont considérés comme des nombres abstraits. Ainsi, par exemple, de la proportion :

$$2^h : 10^h :: 5^m : x^m,$$

on ne pourrait pas conclure :

$$2^h : 5^m :: 10^h : x^m,$$

parce qu'il n'y a pas de rapports entre des hommes et des mètres. Quelquefois cependant, on établit ainsi la proportion d'où dépend la résolution d'une règle de trois directe ; c'est-à-dire que l'on écrit : *le premier terme principal est au premier terme relatif, comme le second terme principal est au second terme relatif.* Cela arrive surtout quand les quatre termes sont de même espèce, comme dans le second problème proposé plus haut. Il est évident que cette manière d'établir la proportion ne peut modifier en rien la valeur du terme inconnu.

253. Dans les exemples proposés jusqu'ici, les termes relatifs croissent ou décroissent comme les termes principaux, mais il n'en est pas toujours ainsi. Soit, par exemple, le problème suivant : *2 ouvriers ont employé 15 jours pour faire un certain ouvrage, combien faudrait-il de jours à 6 ouvriers pour faire le même ouvrage ?* Ce problème pourra se résoudre par une règle de trois, dans laquelle, d'après les définitions précédentes, les termes principaux sont 2 *ouvriers* et 6 *ouvriers*, et les termes relatifs 15 *jours* et *x jours*. Mais il est facile de voir que si, après avoir fait un ouvrage dans un certain temps, avec un nombre déterminé d'ouvriers, on voulait ensuite faire le même travail avec un nombre d'ouvriers, double, triple, quadruple, etc., il faudrait, pour le faire, deux fois, trois fois, quatre fois, etc., moins de temps, et qu'il faudrait au contraire, deux fois, trois fois, quatre fois etc. plus de temps, si l'on voulait employer, deux fois, trois fois, quatre fois, etc., moins d'ouvriers. Ici donc, *à mesure que les termes principaux augmente-*

raient ou *diminueraient, les termes relatifs diminueraient ou augmenteraient dans le même rapport.* Pour exprimer cette circonstance, on dit que les termes principaux sont en *relation inverse* avec les termes relatifs; ou bien qu'ils sont *inversement proportionnels* aux termes relatifs. Lorsqu'il en est ainsi, la règle de trois est dite *inverse.*

254. D'après cela, il est facile d'établir la proportion dans le problème que nous venons de proposer; car, puisque le second terme relatif doit être plus petit que le premier, si le second terme principal est plus grand que le second, et cela dans le même rapport, nous devrons écrire, comme il suit, la proportion à laquelle conduit ce problème : Le second terme principal (6 *ouvriers*) contient le premier terme principal (2 *ouvriers*), comme le premier terme relatif (15 *jours*) contient le second terme relatif (*x jours*), c'est-à-dire :

$$6^{ouv.} \; \vdots \; 2^{ouv.} \; \vdots\vdots \; 15^{j} \; \vdots \; x^{j}$$

proportion qui donne 5 jours pour la valeur de l'inconnue.

En généralisant ce que nous venons de dire, on en déduirait la règle suivante : *Pour établir la proportion dans une règle de trois simple inverse, il faut écrire : le second terme principal est au premier, comme le premier terme relatif est au second.*

255. Avant d'aller plus loin, il sera bon de s'exercer sur un grand nombre de problèmes; en voici deux, dont le premier se résout par une règle de trois directe, et le second par une règle de trois inverse.

On a fait, en 3 jours $\frac{1}{2}$, 5 mètres et 75 centimètres d'un certain ouvrage, combien faudra-t-il de jours pour faire 38 mètres d'un ouvrage semblable ? (Réponse : 23 jours et $\frac{3}{23}$ de jour).

Pour tapisser un appartement, il faut 25 rouleaux $\frac{2}{3}$ d'un papier qui a 28 centimètres de large, combien faudrait-il de rouleaux d'un papier qui aurait 45 centimètres de large pour tapisser le même appartement ? (Réponse : 15 rouleaux et $\frac{181}{185}$ de rouleaux.

2° DE LA RÈGLE DE TROIS COMPOSÉE.

256. Nous avons dit (250.) que la détermination d'une quantité inconnue nécessite quelquefois plusieurs proportions, et qu'alors *la règle de trois est dite composée.* Une règle de trois composée est, comme nous allons le voir, un ensemble de règles de trois simples, liées les unes aux autres par l'énoncé du problème à résoudre, et l'on dit qu'une semblable règle est *directe*, ou *inverse*, ou *en partie directe et en partie inverse*, suivant que les règles de trois simples, dont elle est composée, sont *toutes directes*, ou *toutes inverses*, ou *les unes directes et les autres inverses*.

Nous allons, pour expliquer notre pensée, proposer un problème dont la résolution dépend d'une règle de trois composée; et, pour résoudre ce problème, nous nous laisserons conduire par le raisonnement; puis, en généralisant ce que nous aurons fait sur ce cas particulier, nous en déduirons un procédé pour tous les cas semblables. .

257. Soit donc proposé le problème suivant : 80 *ouvriers en travaillant 5 heures par jour, ont employé 15 jours à creuser un canal de 50 mètres de long, 4 mètres de large et 2 mètres de profondeur, on demande combien 45 ouvriers, en travaillant 6 heures par jour, emploieront de jours à creuser un autre canal de 30 mètres de long sur 5 mètres de large et 3 mètres de profondeur?*

Analyse et résolution du problème proposé. — Ce que l'on veut connaître ici, c'est le nombre de jours employés par les ouvriers occupés à creuser le second canal, pour exécuter ce travail. Mais ce nombre de jours dépend évidemment de plusieurs circonstances, à savoir : du nombre d'hommes employés à creuser le second canal, du nombre d'heures qu'ils travaillent chaque jour; enfin, de la longueur, de la largeur et de la profondeur du canal à creuser; et ce n'est qu'en examinant ces circonstances les unes après les autres, pour voir comment elles doivent influer sur le nombre de jours demandé, qu'il sera possible de trouver ce nombre. Supposons donc d'abord que le second canal soit en tout égal au premier, et que les ouvriers employés à le creuser travaillent autant d'heures par jour que ceux employés à faire le premier canal. En réduisant ainsi la question proposée, le nombre de jours cherché dépendra uniquement du nombre d'ouvriers employés au second canal, et le problème proposé se ramènera au suivant : 80 *ouvriers ont travaillé 15 jours à creuser un canal, combien 45 ouvriers, travaillant autant que les premiers, emploieraient-ils de jours à faire le même ouvrage;* problème qui revient à une règle de trois simple et inverse, et se résout par la proportion (254.) :

$$1^o\ldots\ldots\ 45^{ouv.}\ \vdots\ 80^{ouv.}\ \vdots\vdots\ 15^j\ \vdots\ x^j$$

Cette proportion nous fera connaître x. Sans la résoudre, supposons que x soit connu et raisonnons dans cette hypothèse.

Ainsi, nous savons que 45 ouvriers, en travaillant autant que ceux employés à creuser le premier canal, feraient le même ouvrage en x jours. Si maintenant, passant à la seconde circonstance qui doit influer sur le nombre de jours cherché, nous considérons que les ouvriers employés au second canal travaillent 6 heures par jour, au lieu que les autres travaillent 5 heures seulement, nous verrons que, pour tenir compte de cette circonstance, il faut résoudre le problème suivant : *Des ouvriers, en travaillant 6 heures par jour, ont creusé un canal en x jours, combien leur faudrait-il de jours pour faire le même ouvrage s'ils travaillaient 6 heures par jours?* Problème qui revient à une règle de trois simple et inverse, et se résout par la proportion suivante, dans laquelle x est censé connue, et x' (a) désigne l'inconnue :

$$2^o \ldots\ldots\ 6^h \ \vdots\ 5^h \ \vdots\vdots\ x \ \vdots\ x'$$

Cette proportion fera connaître x'. Sans la résoudre, supposons x' connu, et passons à la troisième circonstance qui doit influer sur le nombre de jours nécessaires pour creuser le second canal.

Cette circonstance est la longueur de ce canal. Pour en tenir compte, nous aurons à résoudre le problème suivant : *Des ouvriers ont creusé un canal de 50 mètres de long en x' jours, combien leur faudrait-il de temps pour creuser un autre canal de 30 mètres de long, toutes choses égales d'ailleurs?* Ce problème qui conduit à une règle de trois directe, se résoudra par la proportion suivante, dans laquelle x'' désigne l'inconnu :

$$3^o \ldots\ldots\ 50^m \ \vdots\ 30^m \ \vdots\vdots\ x' \ \vdots\ x''$$

Cette proportion fera connaître x''. Supposons cette valeur connue.

Jusqu'ici, nous avons tenu compte des trois premières circonstances d'où dépend le nombre de jours cherché, à savoir : le nombre d'ouvriers employés à creuser le second canal, le nombre d'heures qu'ils travaillent chaque jour, et la longueur du canal à creuser : reste encore à considérer la largeur et la profondeur de ce canal. Pour tenir compte de l'influence de la première de ces deux choses, nous aurons à résoudre le problème suivant : *Des ouvriers ont creusé un canal de 4 mètres de large en x'' jours, combien leur fau-*

_____

(a) x', x'', x''', x'''', se prononcent x prime, x seconde, x tierce, x quarte, etc.

drait-il de temps pour creuser un autre canal de 5 mètres de large,
toutes choses égales d'ailleurs ? Ce problème conduit à une règle de
trois directe, et se résoudra par la proportion suivante dans laquelle x''' désigne l'inconnue :

$$4°\ldots.\ 4^m : 5^m :: x'' : x'''$$

Cette proportion nous fera connaître la valeur de x'''.

En supposant cette valeur connue, si nous voulons tenir compte
de la dernière circonstance d'où dépend le nombre de jours cherché,
à savoir, la profondeur du second canal, nous aurons à résoudre le
problème suivant : *Des ouvriers ont employé x''' jours à creuser un
canal de 2 mètres de profondeur, combien emploieraient-ils de jours
pour creuser un canal de 3 mètres de profondeur, toutes choses égales d'ailleurs.* Et ce problème se résoudra par la proportion suivante :

$$5°\ldots.\ 2^m : 3^m :: x''' : x''''$$

Cette proportion fera connaître la valeur de x'''', qui est le nombre de jours demandé, c'est-à-dire, celui qu'emploieraient 45 ouvriers, travaillant 6 heures par jour, pour creuser un canal de 30
mètres de long, sur 5 mètres de large et 4 mètres de profondeur.

258. Ainsi, le problème proposé se résout par 5 règles de trois
simples. Effectuons le calcul que nous n'avons fait qu'indiquer. Tirons de la première proportion la valeur de x, nous aurons $x = 26^j$
$+ \frac{2}{3}$; substituons-la dans la seconde proportion, nous aurons :

$$6^h : 5^h :: 26^j + \frac{2}{3} : x',$$

d'où nous tirons, $x' = 22$ jours $+ \frac{2}{9}$. Substituons cette valeur dans
la troisième proportion, nous aurons :

$$50^m : 30^m :: 22^j + \frac{2}{9} : x'',$$

d'où $x'' = 13$ jours $+ \frac{1}{3}$. Substituons encore cette valeur dans la
quatrième proportion, nous aurons :

$$4^m : 5^m :: 13^j + \frac{1}{3} : x''',$$

d'où $x''' = 16$ jours $+ \frac{2}{3}$. Enfin, en substituant cette valeur de x'''
dans la dernière proportion, nous aurons :

$$2^m : 3^m :: 16^j + \frac{2}{3} : x'''',$$

d'où $x'''' = 25$ jours. Tel est le nombre demandé.

259. Mais on peut aussi arriver à cette dernière quantité sans

résoudre en particulier chaque proportion. Pour cela, reprenons ces
cinq proportions du n° 257, nous aurons :

$$45 \; : \; 80 \; :: \; 15j \; : \; x$$
$$6 \; : \; 5 \; :: \; x \; : \; x'$$
$$50 \; : \; 30 \; :: \; x' \; : \; x''$$
$$4 \; : \; 5 \; :: \; x'' \; : \; x'''$$
$$2 \; : \; 3 \; :: \; x''' \; : \; x''''$$

La quantité qu'il nous importe de connaître est x'''', et si en
combinant ces proportions par des moyens permis nous pouvions
arriver à une autre proportion qui ne renfermât d'inconnue que
x'''', la résolution de cette proportion nous ferait connaître ce que
nous cherchons. Or, si nous multiplions termes par termes ces cinq
proportions, comme nous avons vu qu'on pouvait le faire (**227.**),
les nombres que nous obtiendrons formeront la proportion suivante :

$$108000 : 180000 :: 15\,j. \times x \times x' \times x'' \times x''' : x \times x' \times x'' \times x''' \times x''''$$

Mais les deux termes du second rapport contiennent comme facteurs communs les quantités x, x', x'', x'''; si donc, nous les divisons par ces facteurs, ce qui est permis (**223.**), et ce qui se fait en
supprimant ces facteurs (**78.** — **1°**), nous aurons :

$$108000 \; : \; 180000 \; :: \; 15j \; : \; x''''$$

Proportion qui nous donne tout d'un coup 25 jours pour valeur
de x''''.

On voit que les quantités x, x', x'', x''', nécessaires pour la
suite de nos raisonnements, disparaissent dans la dernière proportion ; nous pouvions donc nous dispenser de les écrire ; et, après
avoir mis les termes principaux de chaque règle de trois partielle
dans l'ordre que nous a prescrit l'examen de la question, nous aurions pu établir la proportion comme il suit : *le produit des premiers
antécédents est au produit des premiers conséquents, comme le premier terme relatif est au second qui est l'inconnue.*

260. Si l'on a bien compris ce qui précède (et dans le cas contraire il ne faudrait pas aller plus loin), on en déduira sans peine
le procédé suivant pour résoudre toutes les questions de ce genre :

*Pour résoudre un problème dépendant d'une règle de trois com-
posée, cherchez d'abord quels sont les termes relatifs* (on les reconnaît comme dans les règles de trois simples, parce qu'ils sont
de même espèce, qu'ils jouent le même rôle dans la question, et

que l'un d'eux est toujours l'inconnue). *Ces deux termes seront ceux du second rapport de la proportion qu'il faut établir;*

Écrivez dans une première colonne tous les premiers termes principaux, et dans une autre colonne tous les seconds termes principaux dans le même ordre;

Examinez ensuite, les uns après les autres, les termes principaux de différentes espèces pour savoir s'ils sont directement ou inversement proportionnels aux termes relatifs. Dans le premier cas, conservez l'ordre dans lequel ils sont déjà écrits; dans le second, renversez cet ordre, en écrivant d'abord le second terme principal et ensuite le premier;

Enfin, multipliez tous les nombres renfermés dans la première colonne et tous ceux renfermés dans la seconde, puis établissez la proportion : le premier produit est au second, comme le premier terme relatif est au second. La résolution de cette proportion vous fera connaître le nombre cherché.

261. Appliquons ce procédé à un nouvel exemple. Soit proposé le problème suivant :

10 ouvriers, en travaillant 4 heures par jour, ont fait en 8 jours 20 mètres de toile de 1 mètre de large, on demande combien il faudrait d'ouvriers pour faire en 5 jours 15 mètres de toile de 1 mètre 50 centimètres de large, en supposant que ces ouvriers travaillassent 6 heures par jour?

En suivant le procédé que nous venons de donner, nous voyons d'abord que les termes relatifs sont 10 *ouvriers* et *x ouvriers* (*x* représentant le nombre inconnu); nous voyons ensuite que les premiers termes principaux sont 4 *heures*, 8 *jours*, 20 *mètres* (de long), 1 *mètre* (de large); et que les seconds termes principaux sont 6 *heures*, 5 *jours*, 15 *mètres* (de long), 1 *mètre* 50 *centimètres* (de large). Nous écrirons toutes ces quantités dans l'ordre suivant :

$$
\begin{array}{ll}
4^{\text{h}} & 6^{\text{h}} \\
8^{\text{j}} & 5^{\text{j}} \\
20^{\text{m}} & 15^{\text{m}} \qquad 10^{\text{ouv.}} \quad x \\
1^{\text{m}} & 1^{\text{m}},50
\end{array}
$$

Examinons maintenant les rapports des termes principaux pour voir s'ils sont directement ou inversement proportionnels aux termes relatifs :

Les termes principaux qui se présentent les premiers expriment les nombres d'heures que travaillent les ouvriers chaque jour ; or, plus ils travailleront d'heures par jour, moins il faudra d'ouvriers ; ces termes principaux sont donc inversement proportionnels aux termes relatifs ; et par conséquent nous renverserons l'ordre et nous écrirons : $6^{ouv.}$, $4^{ouv.}$.

Les termes principaux qui viennent ensuite, 8 jours et 5 jours, expriment combien de jours travaillent les ouvriers ; or, plus ils travaillent de jours, moins il faut d'ouvriers ; ces termes principaux sont donc encore inversement proportionnels aux termes relatifs, et nous écrirons : 5^{j}, 8^{j}.

Les termes principaux suivants, 20 mètres et 15 mètres, expriment les nombres de mètres faits par les ouvriers ; or, plus il y aura de mètres à faire, plus il faudra d'ouvriers ; donc ces termes principaux sont directement proportionnels aux termes relatifs ; nous les laisserons tels qu'ils sont, et nous écrirons : 20^{m}, 15^{m}.

Enfin, les termes principaux qui se présentent les derniers sont 1 mètre et 1 mètre 50 centimètres, et ils expriment la largeur de l'étoffe ; or, plus l'étoffe à faire sera large, plus il faudra d'ouvriers ; donc ces termes principaux sont encore directement proportionnels aux termes relatifs, et nous écrirons 1^{m}, $1^{m},50$.

Cet examen nous conduit à écrire, dans l'ordre suivant, les termes principaux et les relatifs :

$$
\left.
\begin{array}{ccc}
6^{h} & : & 4^{h} \\
5^{j} & : & 8^{j} \\
20^{m} & : & 15^{m} \\
1^{m} & : & 1^{m},50
\end{array}
\right\} \ :: \ 10^{ouv.} \ : \ x.
$$

et, en faisant les produits des premiers antécédents et celui des conséquents :

$$600 \ : \ 720 \ :: \ 10^{ouv.} \ : \ x.$$

En résolvant cette proportion, on trouve 12 pour valeur de x, c'est le nombre d'ouvriers cherché. On voit facilement comment on se conduirait pour résoudre tous les problèmes de la même espèce.

262. Nous allons terminer ce que nous avons à dire sur la règle de trois, en indiquant des simplifications dont les calculs sont quelquefois susceptibles. Il est bon de profiter de ces simplifications, toutes les fois qu'elles sont possibles. Elles sont fondées sur ce que

nous avons vu (223, 224 et 225.), que l'on peut, sans détruire une proportion, multiplier ou diviser par un même nombre les deux termes d'un même rapport, ou bien les deux antécédents, ou les deux conséquents.

Ainsi, 1°, pour premier exemple de ces simplifications, rappelons la proportion que nous avons déjà eue à résoudre (259.) :

$$108000 \div 180000 :: 15 \div x.$$

Si l'on divise les deux termes du premier rapport par 1000, on a :

$$108 \div 180 :: 15 \div x.$$

En divisant encore les mêmes termes par 9, on trouve :

$$12 \div 20 :: 15 \div x.$$

Si on le divise encore par 4, on obtient :

$$3 \div 5 :: 15 \div x.$$

Enfin, en divisant les deux antécédents par 3, on a :

$$1 \div 5 :: 5 \div x,$$

proportion bien plus simple que la première. On trouverait, par des simplifications semblables, que la proportion du n° 261 revient à :

$$1 \div 12 :: 1 \div x.$$

2° Si les deux premiers termes ou les deux antécédents étaient des fractions de même dénominateur, on pourrait supprimer ce dénominateur, puisque ce serait multiplier ces deux termes par un même nombre. Ainsi, la proportion :

$$\frac{7}{8} \div \frac{3}{8} :: 6 \div x$$

devient : $$7 \div 3 :: 6 \div x.$$

3° Si les fractions avaient des dénominateurs différents, on commencerait par les réduire au même dénominateur. Ainsi, la proportion :

$$\frac{5}{7} \div 10 :: \frac{3}{9} \div x$$

devient successivement, en réduisant ces fractions au même dénominateur, en supprimant ces dénominateurs, puis en divisant les deux antécédents par 3 et les deux premiers termes par 5 :

$$\frac{45}{63} \,:\, 10 \,::\, \frac{21}{63} \,:\, x$$
$$45 \,:\, 10 \,::\, 21 \,:\, x$$
$$15 \,:\, 10 \,::\, 7 \,:\, x$$
$$3 \,:\, 2 \,::\, 7 \,:\, x$$

4° Reprenons le calcul que nous avons eu à effectuer plus haut pour résoudre le problème du n° 259. Ce problème nous a conduits à la suite de ces rapports :

$$
\left.
\begin{array}{r}
45 \,:\, 80 \\
6 \,:\, 5 \\
50 \,:\, 30 \\
4 \,:\, 5 \\
2 \,:\, 3
\end{array}
\right\} \quad 15 \,:\, x.
$$

Et, pour établir la proportion d'où dépend la valeur de x, nous avons écrit le produit des premiers antécédents est au produit des premiers conséquents comme 15 est à x. Mais si nous nous étions contentés d'indiquer ces produits, sans les effectuer, nous aurions eu :

$$45 \times 6 \times 50 \times 4 \times 2 \,:\, 80 \times 5 \times 30 \times 5 \times 3 \,::\, 15 \,:\, x.$$

et, en indiquant que la valeur de x est égal au produit des moyens divisés par l'extrême connue, nous aurons :

$$x = \frac{15 \times 80 \times 5 \times 30 \times 5 \times 3}{45 \times 6 \times 50 \times 4 \times 2}.$$

Reste à effectuer les multiplications et la division indiquées, mais, si l'on se rappelle ce que nous avons dit à la fin du n° 119, on verra qu'on peut beaucoup simplifier ce calcul par la suppression des facteurs communs au numérateur et au dénominateur de la fraction qui donne la valeur de x. Ainsi, par exemple, on peut supprimer le facteur 15 au numérateur, et remplacer au dénominateur 45 par 3, car 45 est égal à 15×3; on peut de même remplacer 80 du numérateur et 50 du dénominateur par 8 et 5; de même encore on peut supprimer 6 au dénominateur et remplacer

30 du numérateur par 5, car 30 est égal à 6 $\times$ 5. Ces premières simplifications réduisent la valeur de x à

$$x = \frac{8 \times 5 \times 5 \times 5 \times 3}{3 \times 5 \times 4 \times 2}.$$

En supprimant maintenant les deux facteurs 3 et 5 communs au numérateur et au dénominateur; puis, en supprimant dans le numérateur le facteur 8, et dans le dénominateur les deux facteurs 4 et 2, dont le produit est égal à 8, et en se rappelant ce que nous avons dit dans les dernières lignes du n° 119, la valeur de x se réduira à

$$x = \frac{5 \times 5}{1} = 25.$$

Si l'on voulait appliquer les mêmes simplifications au calcul du n° 261, on verrait que la valeur de x se présente d'abord sous la forme :

$$x = \frac{10 \times 4 \times 8 \times 15 \times 1{,}50}{6 \times 5 \times 20 \times 1};$$

valeur qui, par des suppressions de facteurs communs, devient successivement :

$$x = \frac{4 \times 8 \times 5 \times 1{,}50}{2 \times 5 \times 2 \times 1}; \; x = \frac{8 \times 1{,}50}{1}; \; x = 12.$$

II. *De quelques Règles qui sont des cas particuliers de la Règle de trois.*

1° DE LA RÈGLE D'INTÉRÊT.

263. On appelle *intérêt* d'une somme prêtée le bénéfice que rapporte cette somme, après un certain temps, à celui qui l'a prêtée. La somme prêtée s'appelle *capital*.

L'intérêt se paie ordinairement à raison de tant pour cent, par exemple, à raison de 5 pour cent par an; et ces 5 pour cent sont ce qu'on appelle alors *le taux de l'intérêt*. On exprime aussi le taux de l'intérêt en disant que l'on paie chaque année le 20me ou le 25me ou toute autre partie de la somme prêtée, et c'est ce qu'on appelle *payer l'intérêt au denier 20, au denier 25*, etc.

On se propose sur l'intérêt différentes questions qu'on résout très-facilement au moyen de la règle de trois, qui prend alors le nom de *règle d'intérêt.*

264. Première question. Trouver l'intérêt d'une somme prêtée pour un certain temps, connaissant le taux de l'intérêt.

Soit, par exemple, le problème suivant : *Combien doit-on payer pour une somme de 750 francs placée à l'intérêt pendant un an, à raison de 5 pour 100 par an?*

Il est clair que cette question revient à la suivante : *Si pour un capital de 100 francs on paie 5 francs d'intérêt, que doit-on payer pour un capital de 750 francs?* Problème qui se résout par une règle de trois simple et directe, dans laquelle les capitaux 100 francs et 750 francs sont les termes principaux, et les intérêts 5 francs et x francs sont les termes relatifs; on a donc :

$$100^f : 750^f :: 5^f : x.$$

proportion qui donne pour la valeur de x, c'est-à-dire, pour l'intérêt de 750 francs pendant un an, 37 francs 50 centimes.

Si l'on voulait avoir cet intérêt pour un certain nombre d'années, par exemple, pour 2 ans et 6 mois, il faudrait évidemment multiplier 37 francs 50 centimes par 2 ans et 6 mois, ou plutôt par $2 + \frac{1}{2}$, ce qui ferait 93 francs 75 centimes.

Si l'on voulait trouver tout d'un coup ce que l'on doit payer au bout d'un an, c'est-à-dire, le capital et l'intérêt réunis, il est évident qu'il faudrait résoudre le problème suivant : *Si 100 francs deviennent 105 francs au bout d'un an, que deviendront 750 francs?* ce qui donne la proportion :

$$100^f : 750^f :: 105^f : x,$$

d'où l'on déduit, pour la valeur de x, 787 francs 50 centimes.

265. Deuxième question. Étant donnés l'intérêt d'une somme prêtée pendant un certain temps et le taux de l'intérêt, trouver quelle est cette somme.

Soit, pour exemple, le problème suivant : *Une somme placée à l'intérêt, à raison de 5 pour 100, a produit dans un an 37 francs 50 centimes, on demande quelle est cette somme?* Cette question revient évidemment à celle-ci : *Si un capital de 100 francs produit un intérêt de 5 francs, quel est le capital qui produit un intérêt de*

37 *francs* 50 *centimes?* Problème qui se résout par une règle de trois simple et directe, dans laquelle les termes principaux sont les intérêts 5 francs et 37 francs 50 centimes, et les termes relatifs sont les capitaux 100 francs et x francs, on a donc :

$$5^f \; \dot{\cdot} \; 37^f \; 50^c \; \dot{\cdot}\dot{\cdot} \; 100^f \; \dot{\cdot} \; x;$$

proportion qui donne 750 francs pour le capital cherché.

Si l'on donnait l'intérêt du capital que l'on cherche, non pas pour un an, mais pour un autre temps, il faudrait diviser cet intérêt par le nombre qui exprime ce temps, on aurait ainsi l'intérêt pour un an, et le problème reviendrait au cas précédent. Exemple : *Une somme placée à l'intérêt à 5 pour 100 a produit dans 2 ans* $\frac{1}{2}$, *93 francs 75 centimes : on demande quelle est cette somme.* En divisant l'intérêt total 93 francs 75 centimes par $2 + \frac{1}{2}$, on a 37 francs 50 centimes pour l'intérêt d'un an, et la question est ramenée à celle que nous venons de résoudre.

266. TROISIÈME QUESTION. Étant donnés un capital et l'intérêt produit par ce capital pendant un certain temps, trouver le taux de l'intérêt.

Soit, pour exemple, le problème suivant : *Un capital de 750 francs a produit 37 francs 50 centimes d'intérêt dans un an : on demande quel est le taux de l'intérêt.* Il est évident que la question revient à celle-ci : *Si un capital de 750 francs produit un intérêt de 37 francs 50 centimes, quel intérêt produira un capital de 100 francs?* Problème qui se résout par la proportion :

$$750^f \; \dot{\cdot} \; 100^f \; \dot{\cdot}\dot{\cdot} \; 37^f \; 50^c \; \dot{\cdot} \; x.$$

et l'on obtient 5 pour la valeur de x; c'est le taux de l'intérêt : le capital a donc été placé à 5 pour cent.

Si l'on donnait l'intérêt produit par le capital, non pas pour un an, mais pour un autre temps, il faudrait diviser cet intérêt par le nombre qui exprime ce temps, on aurait ainsi l'intérêt pour un an, et l'on achèverait le calcul comme dans le cas précédent.

On pourrait encore dans ce dernier cas opérer d'une autre manière. Supposons, par exemple, qu'on propose cette question : *750 francs mis à l'intérêt pendant 2 ans* $\frac{1}{2}$ *ont produit 93 francs 75 centimes : on demande quel était le taux de l'intérêt.*

Cherchons d'abord l'intérêt de 100 francs pendant 2 ans $\frac{1}{2}$; en résolvant ce problème : *Si en 2 ans $\frac{1}{2}$ un capital de* **750** *francs a produit* **93** *francs* **75** *centimes, combien produiront* **100** *francs.*

La proportion 750^f : 100^f :: 93^f 75^c : x, étant résolue, donne **12** francs **50** centimes pour l'intérêt de **100** francs pendant 2 ans $\frac{1}{2}$. et, en divisant cette somme par 2 $\frac{1}{2}$, le quotient **5** sera l'intérêt de **100** francs pour un an; le taux de l'intérêt était donc **5** pour **100**.

267. Quatrième question. Étant donnés une certaine somme, l'intérêt qu'elle a produit pendant un certain temps inconnu, et le taux de l'intérêt, trouver combien de temps elle a été à l'intérêt.

Soit, pour exemple, le problème suivant : *La somme de* **750** *francs a été mise à l'intérêt à raison de* **5** *pour cent, combien faut-il attendre de temps pour qu'elle produise* **93** *francs* **75** *centimes ?*

Il est clair que si on avait l'intérêt de 750 francs, pour un an, on aurait le nombre d'années demandées en divisant 93 francs 75 centimes par cet intérêt. Or, nous avons déjà déterminé l'intérêt de 750 francs pour un an, par la proportion 100 : 750 :: 5 : x, et cet intérêt est 37 francs 50 centimes; divisons donc 93 francs 75 centimes par 37 francs 50 centimes, et le quotient 2 + $\frac{1}{2}$ désignera le nombre d'années, après lesquelles les intérêts de 750 francs monteront à 93 francs 75 centimes.

268. Il serait très-facile de formuler les procédés qui découlent de ce qui précède, pour résoudre la règle d'intérêt, dans les différents cas qu'elle présente. Mais, au lieu de le faire, en énonçant comment on doit établir la proportion dans chaque cas, nous allons montrer comment la solution de ces questions peut se ramener à une seule proportion générale qui les renferme toutes.

Représentons par c, le capital placé à l'intérêt; par t, le taux de l'intérêt, ou ce que 100 francs donnent d'intérêt dans un an; par i, l'intérêt que produit le capital placé pendant un certain temps, et par T, ce temps. Pour avoir l'intérêt de 100 francs pendant le temps T, il faudra multiplier le taux de l'intérêt par ce temps, ce qui donnera $t \times T$.

Cela posé, nous avons évidemment la proportion suivante : Le capital c est à 100 francs, comme l'intérêt produit par c, pendant le temps T, c'est-à-dire, comme i est à l'intérêt produit par 100 francs, pendant le même temps, c'est-a-dire, à $t \times T$, ou bien :

$$1^o \ldots\ldots\ c : 100 :: i : t \times T.$$

Il est très-facile de déduire de cette proportion, la valeur de i, quand on connaît c, t et T, et la valeur de c, quand on connaît i, t et T. Nous trouverons ainsi, $i = \dfrac{c \times t \times T}{100}$, et $c = \dfrac{i \times 100}{t \times T}$. Mais on peut encore déduire de la proportion précédente, la valeur de t et celle de T, au moyen des autres choses qui entrent dans cette proportion. Pour cela divisons successivement les deux termes du second rapport par T et par t, nous aurons :

$$2^o\ldots\ldots\ c : 100 :: \frac{i}{T} : t \quad \text{et} \quad c : 100 :: \frac{i}{t} : T.$$

et, en tirant de ces proportions la valeur du quatrième terme au moyen des trois autres, nous aurons $t = \dfrac{i \times 100}{c \times T}$; $T = \dfrac{i \times 100}{c \times t}$.

269. Ainsi, les valeurs de i, c, t et T, au moyen des autres choses qui entrent dans la proportion (1°) sont :

$$i = \frac{c \times t \times T}{100} ; \ c = \frac{i \times 100}{t \times T} ; \ t = \frac{i \times 100}{c \times T} ; \ T = \frac{i \times 100}{c \times t}.$$

De ces quatre égalités on déduit les règles suivantes :

1° *Pour trouver l'intérêt produit par un capital, connaissant ce capital, le taux de l'intérêt et le temps qu'a duré le placement, il faut multiplier le capital par le taux de l'intérêt et par le temps (c'est-à-dire, par le nombre qui exprime le temps), puis diviser par 100 le produit ainsi formé.*

2° *Pour trouver le capital placé à l'intérêt, connaissant l'intérêt qu'il a produit, le taux de l'intérêt et le temps qu'a duré le placement, il faut multiplier l'intérêt par 100, et diviser le produit par celui du taux de l'intérêt par le temps.*

3° *Pour trouver le taux de l'intérêt auquel a été placé un capital, quand on connaît ce capital, l'intérêt qu'il a produit et le temps qu'a duré le placement, il faut multiplier l'intérêt par 100, et diviser le produit par celui du capital par le temps.*

4° *Pour trouver le temps qu'a duré un placement à intérêt connaissant le capital, l'intérêt produit et le taux de l'intérêt, il faut multiplier l'intérêt par 100 et diviser le produit par celui du capital par le taux de l'intérêt.*

270. On pourra, pour exemple de l'application de ces règles, résoudre les problèmes suivants :

Un capital de 2500 francs a été placé à 6 pour 100 pendant 2 ans $\frac{1}{2}$, quel intérêt a-t-il produit ? — Quel est le capital qui, placé à 4 pour 100 a donné en 3 ans 456 francs ? — Un capital de 3220 francs a donné en 4 ans 708 francs 40 centimes d'intérêt, quel était le taux de l'intérêt ? — Un capital de 2000 francs a été placé à l'intérêt, à 5 pour 100, et a produit 350 francs, quelle est la durée du placement ? (Réponse : 375 francs ; — 3800 francs ; — $5 + \frac{1}{2}$ pour 100 ; — 3 ans et 6 mois).

271. Quand le capital a été placé à l'intérêt pour un an seulement, on ne peut avoir à résoudre que les trois premiers problèmes ; et, si dans les

égalités qui donnent les valeurs de i, c et t, on suppose que le nombre T qui représente le temps devienne égal à l'unité, ces égalités deviennent :

$$i = \frac{c \times t}{100}, \quad c = \frac{i \times 100}{t}, \quad t = \frac{i \times 100}{c};$$

c'est-à-dire que : — 1° *Pour connaître l'intérêt produit par un capital placé pendant un an, connaissant le taux de l'intérêt, il faut multiplier le capital par le taux de l'intérêt et diviser le produit par* 100; — 2° *pour connaître le capital placé, connaissant l'intérêt produit et le taux de l'intérêt, il faut multiplier l'intérêt par* 100 *et diviser le produit par le taux de l'intérêt;* — 3° *pour trouver le taux de l'intérêt, il faut multiplier l'intérêt par* 100 *et diviser par le capital.*

272. Nous engageons à résoudre, d'après ces règles, les problèmes suivants :

Quel est l'intérêt de 3578 francs placés pour un an à 4 pour cent ? — Quel est le capital qui placé à 6 pour cent a produit dans un an 375 francs ? — 2750 francs ont donné en un an 151 francs 25 centimes, quel est le taux de l'intérêt ? (Réponses : 143 francs 12 centimes; — 6250 francs; — 5 $\frac{1}{2}$ pour cent).

2° DE LA RÈGLE D'ESCOMPTE.

273. L'escompte est une somme que l'on retient sur un billet que l'on paie actuellement et qu'on ne devrait payer qu'après un certain temps.

Pour bien concevoir comment on doit calculer l'escompte, supposons que Paul prête aujourd'hui à Pierre une somme de 100 francs pour un an; Pierre s'engage à la lui payer après ce temps, avec les intérêts que nous supposons comptés à raison de 5 pour cent, et il lui fait en conséquence un billet de 105 francs payable dans un an. Mais si Paul, ayant aussitôt besoin de son argent, le redemande à Pierre, celui-ci ne doit évidemment lui payer que les 100 francs qu'il vient d'en recevoir. Ainsi, un billet de 105 francs, payables dans un an, se réduit à 100 francs payables sur-le-champ. Ces 5 francs que l'on retient sur 105 s'appellent *l'escompte.*

Il est évident que si l'on voulait escompter une autre somme, par exemple, 3000 francs payables dans un an, en supposant le taux de l'escompte le même que dans le cas précédent, on devrait dire : *Si sur* 105 *francs on retient* 5 *francs, combien doit-on retenir sur* 3000 *francs ?* Ce que l'on trouverait par la proportion :

$$105^f \,:\, 3000^f \,::\, 5^f \,:\, x,$$

qui donne pour la somme à retenir 142 francs 85 centimes à moins de 1 centime près.

Si au lieu de l'escompte à retenir, on voulait calculer la somme à payer, il est évident qu'on y parviendrait en résolvant le problème suivant : *Si 105 francs payables dans un an se réduisent à 100 francs payables sur-le-champ, à combien se réduiront 3000 francs payables dans un an ?* Ce qui se ferait par la proportion ;

$$105^f \,\vdots\, 300^f \,\vcentcolon\vcentcolon\, 100^f \,\vdots\, x,$$

qui donne pour la somme à payer 2857 francs 14 centimes à moins de 1 centime près.

274. On voit qu'en prenant l'escompte de cette manière, on retient l'intérêt de la somme que l'on paie, et non pas celui de la somme que l'on doit payer dans un certain temps, puisque sur 105 francs on retient 5 francs, et l'on paie seulement 100 francs. L'escompte est dit alors *pris en dedans*. Mais il est une autre manière de prendre l'escompte, qui consiste à retenir l'intérêt, non de la somme que l'on paie, mais de celle que l'on paierait après le temps déterminé par le billet. L'escompte se calcule alors comme l'intérêt, et par conséquent, pour savoir ce que l'on devrait retenir sur 3000 francs payables dans un an, le taux de l'escompte étant à 5 pour cent, il faut résoudre le problème : *Si sur 100 francs on retient 5 francs, que retiendra-t-on sur 3000 francs ?* Ce qui se fait par la proportion :

$$100^f \,\vdots\, 3000^f \,\vcentcolon\vcentcolon\, 5^f \,\vdots\, x, \quad \text{d'où } x = 150 \text{ francs.}$$

Et pour savoir quelle somme on doit payer, on résout le problème : *Si 100 francs se réduisent à 95 francs, à combien se réduiront 3000 francs ?* Ce qui se fait encore par la proportion :

$$100^f \,\vdots\, 3000^f \,\vcentcolon\vcentcolon\, 95^f \,\vdots\, x, \quad \text{d'où } x = 2850 \text{ francs.}$$

Quand on prend l'escompte de cette seconde manière, on dit que l'escompte est *pris en dehors*.

275. On voit par ce qui précède que l'escompte *pris en dehors* est plus avantageux à celui qui escompte un billet que l'escompte *pris en dedans* puisqu'il retient l'intérêt de la somme qu'il devrait payer après un certain temps, au lieu de retenir l'intérêt de la somme qu'il paie actuellement, laquelle est toujours plus faible. Dans l'exemple que nous avons donné, en prenant l'escompte *en* *dedans,* on retient 142 francs 85 centimes; et, en le prenant *en dehors,* on retient 150 francs.

276. On pourrait se proposer sur l'escompte toutes les questions que nous nous sommes proposées sur la règle d'intérêt, et on les résoudrait avec la même facilité. Nous allons encore donner un exemple de ces sortes de calculs.

Un banquier doit un billet de 3650 francs payables dans 3 ans $\frac{1}{2}$. On veut qu'il le paie sur-le-champ, mais il exige un escompte de 4 pour 100 par an, on demande ce qu'il doit retenir et ce qu'il doit payer ?

Première manière : *Escompte pris en dedans.* — Puisque l'escompte est de 4 pour 100 par an, pour 3 ans $\frac{1}{2}$, il sera de 14 pour 100. Par conséquent, on trouvera ce que le banquier doit retenir et ce qu'il doit payer, en résolvant les deux problèmes suivants : *Si sur 114 francs on retient 14 francs, que doit-on retenir sur 3650 francs? Si 114 francs payables dans 3 ans $\frac{1}{2}$ se réduisent à 100 francs payables sur-le-champ, que devra-t-on payer pour 3650 francs payables dans 3 ans $\frac{1}{2}$.* Ce qui se fera par les deux proportions

$$114^f : 3650^f :: 14^f : x$$
$$114^f : 3650^f :: 100^f : x$$

d'où l'on déduit 448 francs 24 centimes pour l'escompte à retenir, et 3201 francs 75 centimes pour la somme à payer, à moins de 1 centime près.

Deuxième manière : *Escompte pris en dehors.* — Mais si l'on prenait l'escompte en dehors, il faudrait dire : *Si sur 100 francs on retient 14 francs, que doit-on retenir sur 3650 francs? Si 100 francs se réduisent à 86 à combien se réduiront 3650 francs, et* l'on aurait les deux proportions

$$100^f : 3650^f :: 14^f : x$$
$$100^f : 3650^f :: 86^f : x,$$

d'où l'on déduit 511 francs pour l'escompte à retenir et 3139 pour la somme à payer.

277. On pourrait ramener toutes les questions que l'on peut se proposer sur l'escompte à la résolution d'une seule proportion comme nous l'avons fait pour les règles d'intérêt; nous engageons les jeunes gens qui étudient ce Traité, à faire ce travail en supposant d'abord l'escompte pris *en dehors,* puis en le supposant pris *en dedans.*

3° DE LA RÈGLE CONJOINTE.

278. Soit proposé le problème suivant : *la fortune de Pierre est à celle de Paul comme* 5 *est à* 3. *La fortune de Paul est à celle de Jean comme* 9 *est à* 11. *On demande quel est le rapport entre la fortune de Pierre et celle de Jean.*

Représentons par a, b, c, les fortunes de Pierre, de Paul et de Jean. Nous aurons d'après l'énoncé du problème :

$$a : b :: 5 : 3$$
$$b : c :: 9 : 11$$

De ces deux proportions il faut tâcher de déduire le rapport entre a et c, c'est-à-dire, entre la fortune de Pierre et celle de Jean ; or il est facile de voir que, si nous les multiplions antécédents par antécédents et conséquents par conséquents, ce qui est permis (227.), les produits formeront la proportion

$$a \times b : b \times c :: 45 : 33,$$

dans laquelle la quantité b, entrant comme facteur dans les deux termes du premier rapport, peut se supprimer, et il en résulte :

$$a : c :: 45 : 33 ;$$

ainsi le rapport entre la fortune de Pierre et celle de Paul est celui de 45 à 33.

279. Supposons encore le problème suivant : *La fortune de Pierre est à celle de Paul, comme* 5 : 3 ; *celle de Paul est à celle de Jacques, comme* 8 : 11 ; *celle de Jacques est à celle de Guillaume, comme* 9 : 10 ; *celle de Guillaume est à celle de Jean, comme* 4 : 5. *On demande le rapport entre celle de Pierre et celle de Jean.* En désignant encore par a, b, c, d, e, les fortunes de Pierre, de Paul, de Jacques, de Guillaume et de Jean, le problème proposé donne les proportions :

$$a : b :: 5 : 3$$
$$b : c :: 8 : 11$$
$$c : d :: 9 : 10$$
$$d : e :: 4 : 5$$

En multipliant ces proportions, comme on a vu (227.) qu'on peut le faire, on a

$$a \times b \times c \times d : b \times c \times d \times e :: 1440 : 1650.$$

et, en supprimant les facteurs b, c, d, communs aux deux termes du premier rapport, on a

$$a \,\colon\, e \,\colon\colon\, 1440 \,\colon\, 1650.$$

Ainsi, le rapport entre la fortune de Pierre et celle de Jean est celui de 1440 à 1650.

280. On voit facilement comment on résoudrait tous les problèmes de la même espèce qui sont tous renfermés dans cet énoncé général : *Étant donnés les rapports qui existent entre une première chose et une seconde, entre la seconde et une troisième, entre la troisième et une quatrième, entre la quatrième et une cinquième, etc.; trouver le rapport qui existe entre la première et la dernière.* Car en écrivant, comme dans les problèmes précédents, les proportions que fournirait la question proposée, en les multipliant termes par termes, et en supprimant les facteurs communs aux deux termes du premier rapport, il ne resterait plus que la première et la dernière chose dont le rapport serait égal au second rapport de la proportion.

Comme le rapport entre la première et la dernière chose se forme en faisant le produit des autres rapports, on l'appelle rapport *composé*. Et comme l'opération que l'on fait pour résoudre le problème consiste à *unir* des rapports par voie de multiplication, on l'appelle règle *conjointe*.

281. La *règle conjointe*, ainsi que nous venons de la définir, n'est pas un cas particulier de la *règle de trois* (250); mais si, en donnant le rapport qui existe entre une première chose et une deuxième, entre la deuxième et une troisième, entre la troisième et une quatrième, etc., on donnait encore la valeur de la première, et si l'on demandait la valeur de la dernière, l'opération à effectuer pour résoudre ce problème porterait encore le nom de *règle conjointe*, et se ramènerait à la *règle de trois*. Ainsi, par exemple, si, dans le problème précédent, l'on eût dit que la fortune de Pierre est 1000 francs, alors a vaudrait 1000 francs, et l'on aurait

$$1000^f \,\colon\, e \,\colon\colon\, 1440 \,\colon\, 1650,$$

proportion qui donne, pour la fortune de Jean, 1145 francs 83 centimes à moins d'un centime près.

282. On se sert très-souvent de la règle conjointe pour déterminer le rapport qui existe entre les monnaies de deux pays, connaissant déjà le rapport de ces monnaies avec celles d'autres pays.

Nous allons donner un exemple de ces sortes de problèmes.
On sait que :

54 francs valent.................... 50 shillings d'Angleterre ;
70 shillings d'Angleterre valent.. 15 piastres d'Espagne ;
30 piastres d'Espagne valent...... 14 ducats de Hambourg ;
20 ducats de Hambourg valent... 59 roubles de Russie ;

on demande ce que valent 2500 francs en roubles de Russie.

Désignons par a, b, c, x, ce que valent 2500 francs en shillings d'Angleterre, en piastres d'Espagne, en ducats de Hambourg et en roubles de Russie, nous aurons les proportions suivantes :

$$
\begin{array}{llll}
54 \text{ fr.} & 50 \text{ sh.} & 2500 \text{ fr.} & a \\
70 \text{ sh.} & 15 \text{ piast.} & a & b \\
30 \text{ piast.} & 14 \text{ duc.} & b & c \\
20 \text{ duc.} & 59 \text{ rou.} & c & x
\end{array}
$$

En multipliant ces proportions termes par termes (227.), en supprimant les facteurs a, b, c, communs aux deux termes du second rapport de la proportion qu'on obtient par cette multiplication, le second rapport devient $2500 : x$; et, en achevant le calcul, on trouve $682 + \frac{47}{84}$ pour la valeur de x ; et, par conséquent, 2500 francs valent 682 roubles de Russie et $\frac{47}{84}$ de roubles.

Nous engageons, en faisant ce calcul, à profiter de toutes les simplifications auxquelles donnent lieu les nombres qui y entrent, ainsi que nous l'avons indiqué plus haut (262 ; 4°.).

4° DE LA RÈGLE DE SOCIÉTÉ.

283. Dans la règle de société on a pour but de partager entre plusieurs associés un bénéfice ou une perte auxquels ils doivent prendre plus ou moins de part, suivant qu'ils sont entrés dans la société pour une somme plus ou moins considérable et pendant un temps plus ou moins long. Nous allons résoudre quelques questions de cette espèce,

Trois personnes ont fait ensemble le commerce pendant un certain temps : la première a mis dans la société 12000 francs, la seconde 8000 francs, et la troisième 6000 francs ; elles ont gagné 2400 francs. On demande quel doit être le gain de chacune ?

En examinant la question proposée, on voit que puisque la première personne a mis 12000 francs dans la société, la seconde

8000 francs, et la troisième 6000, les fonds de commerce ont été de 26000 francs; avec ces 26000 francs on en a gagné 2400. Donc pour savoir le profit de chacun des associés, il faut résoudre les règles de trois suivantes :

Si, avec 26000 francs, on gagne 2400 francs, que doit-on gagner avec 12000 francs? que doit-on gagner avec 8000 francs? que doit-on gagner avec 6000 francs?

Et pour cela on a les trois proportions :

$$26000^f : 12000^f :: 2400^f : x \qquad \text{d'où} \quad x = 1107^f \ 69^c$$
$$26000^f : 8000^f :: 2400^f : x' \qquad\qquad x' = 738^f \ 46^c$$
$$26000^f : 6000^f :: 2400^f : x'' \qquad\qquad x'' = 553^f \ 85^c$$

Et l'on a 1107 francs 69 centimes pour le gain de la première personne, 738 francs 46 centimes pour celui de la seconde, et 553 francs 85 centimes pour celui de la troisième, à moins d'un centime près.

Il est facile de remarquer que, dans ces proportions, les antécédents étant les mêmes, si on change les moyens de place, on aura :

$$26000^f : 2400^f :: 12000^f : x$$
$$26000^f : 2400^f :: 8000^f : x'$$
$$26000^f : 2400^f :: 6000^f : x''$$

Et, comme le premier rapport est le même dans les trois proportions on ne l'écrit ordinairement qu'une fois comme il suit :

$$26000^f : 2400^f :: \left\{ \begin{array}{l} 12000^f : x \\ 8000^f : x' \\ 6000^f : x'' \end{array} \right.$$

284. On voit sans peine comment on résoudrait toutes les questions de la même espèce, et on établirait tout naturellement le procédé suivant : *Lorsque les fonds fournis par les différents associés sont restés le même temps dans le commerce, faites la somme des fonds fournis par chacun, pour avoir la somme totale mise dans le commerce, et établissez ensuite la proportion : la somme totale est au gain ou à la perte totale comme chaque somme partielle est au gain ou à la perte correspondante.*

285. Dans ce qui précède nous avons supposé que les fonds fournis par les différents associés sont restés le même temps dans le commerce. S'il en était autrement la question serait un peu plus compliquée. Soit par exemple le problème suivant :

Trois personnes se sont associées pour un négoce; la première a mis 6000 francs qui sont restés 6 mois dans le commerce; la seconde a fourni 1000 francs pendant 4 mois; et la troisième a fourni 3000 francs pendant 1 an ½ : elles ont perdu 1000 francs, quelle doit être la perte de chacun?

Il est clair que nous saurons résoudre ce problème si nous pouvons le ramener au cas précédent, c'est-à-dire, si nous pouvons trouver quelle somme aurait dû fournir chaque associé pour qu'on pût sans rien changer au résultat qu'on se propose d'obtenir, supposer que ces sommes sont restées le même temps dans le commerce.

Or la première personne a fourni 6000 francs pendant 6 mois, il est clair qu'elle aurait les mêmes droits si elle eût fourni pendant 1 mois seulement une somme 6 fois plus forte, c'est-à-dire, 36000 francs. La seconde a fourni 10000 francs pendant 4 mois; c'est la même chose que si elle eût fourni pendant 1 mois seulement une somme 4 fois plus forte, c'est-à-dire, 40000 francs. Enfin la troisième a fourni 3000 francs pendant 1 an ½ ou 18 mois, c'est donc encore comme si elle eût fourni pendant 1 mois une somme 18 fois plus forte, c'est-à-dire, 54000 francs.

On voit donc que la question proposée est ramenée à cette autre : Trois personnes se sont associées pour un commerce qui a duré 1 mois; la première a fourni 36000 francs, la seconde 40000 francs, et la troisième 54000 francs. Elle ont perdu 1000 francs, on demande quelle doit être la perte de chacune. Et en appliquant à ce problème la règle du n° précédent, on trouve :

$$130000^f : 1000^f :: \begin{cases} 36000^f : x \\ 40000^f : x' \\ 54000^f : x'' \end{cases}$$

Ou, en simplifiant (262.) :

$$13^f : 100^f :: \begin{cases} 36^f : x & \text{d'où} & x = 276^f\ 92^c \\ 40^f : x' & & x' = 307^f\ 69^c \\ 54^f : x'' & & x'' = 415^f\ 38^c \end{cases}$$

Et l'on a 276 francs 29 centimes pour la perte de la première personne; 415 francs 38 centimes pour la perte de la seconde; et 307 francs 69 centimes pour la perte de la troisième, à moins d'un centime près.

286. Quand les sommes mises dans le commerce par les différents associés y restent le même temps, la règle de société est dite

simple; elle est dite *composée* dans le cas contraire. Si l'on a bien remarqué la manière dont nous avons résolu la dernière question, on en conclura que *pour ramener la règle de société composée à la règle de société simple, il faut multiplier le capital fourni par chaque associé par le nombre qui exprime combien de temps il est resté dans la société; puis considérer les produits obtenus comme des capitaux qui sont demeurés le même temps dans la société.* On résout ensuite le problème ainsi modifié par la règle donnée plus haut (284.)

Nota. — Il est presque inutile de remarquer que, lorsque nous disons qu'il faut multiplier les capitaux par les nombres qui expriment combien de temps ils sont restés dans la société, nous entendons que tous ces nombres doivent être rapportés à une même unité. Ainsi, par exemple, si un capital était demeuré 6 mois dans la société, et un autre deux ans, il faudrait, en prenant le mois pour unité de temps, multiplier le premier capital par 6, et le second par 24; ou bien, si l'on prenait l'année pour unité de temps, il faudrait multiplier le premier capital par $\frac{1}{2}$, et le second par 2.

287. La règle de société n'est qu'un cas particulier d'un genre d'opération par laquelle on partage un nombre en parties proportionnelles à des nombres donnés. Nous allons en proposer quelques exemples :

On demande de partager le nombre 100 en 5 parties qui soient entre elles comme les nombres 2, 7, 4, 11, 12.

Pour résoudre ce problème, faisons la somme de ces cinq nombres, nous trouverons 36. Cela posé, si le nombre à partager était 36, les parties demandées seraient évidemment les nombres 2, 7, 4, 11, 12. Mais le nombre à partager étant 100, les parties cherchées seront plus grandes que ces nombres, et elles seront à ces nombres précisément comme 100 : 36; ou ce qui est la même chose, les nombres 2, 7, 4, 11, 12 seront aux nombres demandés comme 36 : 100. Nous aurons donc à résoudre les proportions suivantes :

$$36 : 100 :: \left\{ \begin{array}{l} 2 : x \\ 7 : x' \\ 4 : x'' \\ 11 : x''' \\ 12 : x'''' \end{array} \right.$$

Ce qui nous donnera, pour les nombres cherchés, $5 + \frac{5}{9}$; $19 + \frac{4}{9}$; $11 + \frac{1}{9}$; $30 + \frac{6}{9}$; $33 + \frac{3}{9}$.

Soit encore le problème suivant : *Trois fontaines coulant ensemble ont rempli un bassin de 100 litres, quand la première donnait 2 litres, la deuxième en donnait 3, et la troisième en donnait 5, on demande combien de litres a donné chaque fontaine ?*

Pour résoudre ce problème, il faudra évidemment partager la capacité du bassin, à savoir : 1000 litres, en trois parties proportionnelles aux nombres 2, 3 et 5. En se conduisant comme dans le cas précédent, on trouvera que la première fontaine a donné 200 litres, la deuxième 300, et la troisième 500.

Soit encore proposé le problème suivant : *Quatre personnes doivent payer ensemble un impôt de 1200 fr.; et chacune doit y concourir proportionnellement à sa fortune; or, la fortune de la deuxième est à celle de la première comme 2 est à 3 ; la fortune de la troisième est à celle de la deuxième comme 5 est à 6, et la fortune de la quatrième est à celle de la troisième comme 9 est à 4; on demande ce que doit payer d'impôt chaque personne ?*

Pour résoudre ce problème, représentons par 1 la fortune de la première : la fortune de la deuxième étant à celle de la première comme 2 est à 3 sera représentée par $\frac{2}{3}$. Quand à celle de la troisième, puisqu'elle est à celle de la deuxième comme 5 est à 6, elle sera représentée par les $\frac{5}{6}$ de $\frac{2}{3}$, ou par $\frac{10}{18}$. Enfin, la fortune de la quatrième étant à celle de la troisième comme 9 est à 4, sera représentée par les $\frac{9}{4}$ de $\frac{10}{18}$, ou $\frac{90}{72}$. Ainsi, les quatre fortunes seront représentées par 1, $\frac{2}{3}$, $\frac{10}{18}$, $\frac{90}{72}$, ou 1, $\frac{2}{3}$, $\frac{5}{9}$, $\frac{5}{4}$, et le problème proposé se réduira à partager 1200 francs en quatre parties proportionnelles aux nombres 1, $\frac{2}{3}$, $\frac{5}{9}$, $\frac{5}{4}$. On trouvera, en faisant le calcul, que ces quatre parties sont : 345^f 60^c — 230^f 40^c — 192^f — 432^f.... (On peut remarquer qu'en mettant l'unité sous forme de fraction, et en réduisant les fractions $\frac{1}{1}$, $\frac{2}{3}$, $\frac{5}{9}$, $\frac{5}{4}$ au même dénominateur, on aura $\frac{36}{36}$, $\frac{24}{36}$, $\frac{20}{36}$, $\frac{45}{36}$; et le problème proposé reviendra à partager 1200 francs en parties proportionnelles à ces fractions, et, par conséquent, à leurs numérateurs 36, 24, 20, 45).

5° DE LA RÈGLE D'ALLIAGE.

288. Nous plaçons ici la règle d'alliage, bien qu'elle ne soit pas un cas particulier de la règle de trois, et nous emprunterons presque tout ce qui suit à l'Arithmétique de Bourdon.

Les questions qui se rapportent à la *règle d'alliage* sont de deux espèces :

Ou l'on a pour but de trouver la valeur moyenne de plusieurs sortes de choses, connaissant le nombre et la valeur particulière de chaque espèce de choses;

Ou bien il s'agit de déterminer les quantités de chaque sorte de choses, qui doivent entrer dans un mélange ou alliage, connaissant déjà le prix ou la valeur de chaque espèce, et le prix où la valeur totale du mélange.

Nous ne nous occuperons que de la première partie, la seconde étant tout-à-fait du ressort de l'algèbre.

289. PREMIER EXEMPLE. — *Un marchand de vin a mélé ensemble des vins de différentes qualités, savoir : 250 litres à 60 centimes le litre, 180 litres à 75 centimes et 200 litres à 80 centimes. On demande le prix du litre du mélange.*

Observons d'abord que 250 litres
à 60 centimes donnent pour prix de
ces 250 litres........................... 0^f 60^c $\times$ 250 ou...... 150^f

De même, 180 litres à 0^f,75^c font   0^f 75^c $\times$ 180 ou...... 135

Enfin, 200 litres à 0^f,80^c font..... 0^f 80^c $\times$ 200 ou...... 160

Ce qui donne pour prix total des trois quantités de vins mélangées .... 445^f

Si maintenant on fait la somme des trois nombres, 250 litres, 180 litres, 200 litres, ce qui donne 630 litres, la question sera évidemment ramenée à celle-ci :

630 *litres de vin coutent 445 francs, à combien revient le litre.*

Pour obtenir ce prix, il suffit de diviser 445 francs par 630, ce qui donne pour quotient 70 centimes et $\frac{40}{63}$ de centimes.

RÈGLE GÉNÉRALE. — *Pour avoir le prix de l'unité du mélange, il faut :* 1° *multiplier le prix de l'unité de chaque sorte de choses que l'on veut mêler par le nombre d'unités de cette sorte, et ajouter tous ces produits;* 2° *faire la somme des nombres d'unités des différentes sortes de choses;* 3° *diviser la somme des produits, ou le prix total, par la somme des nombres d'unités.*

290. SECOND EXEMPLE. — *On veut fondre ensemble 23 kilogrammes d'argent à 825 millièmes de fin; 14 kilogrammes à 910; 19 à 845, et l'on demande le titre de l'alliage de ces trois lingots.*

Nota. — Pour comprendre cet énoncé, il faut savoir que, dans l'orfèvrerie, l'or ou l'argent est toujours combiné avec d'autres métaux, tels que le cuivre.

Cela posé, on dit qu'un lingot d'or ou d'argent est à tel ou tel titre, ou à tel degré de fin, lorsque sur un poids déterminé, par exemple, sur un kilogramme, il y a tel poids d'or ou d'argent pur.

Ainsi, un lingot est à $\frac{9}{10}$ de fin ou bien au titre de $\frac{9}{10}$, lorsque, sur un kilogramme de ce lingot, il se trouve $\frac{9}{10}$ de kilogramme d'or ou d'argent pur (ce titre est celui des monnaies actuelles).

De même, un lingot est à 825 millièmes de fin, lorsque sur un kilogramme il contient $\frac{825}{1000}$ d'or ou d'argent pur.

Maintenant, il résulte de l'énoncé, que :

1° 23^k à 825$^{mill.}$ font 23^k $\times$ 0,825, ou 18^k,975
2° 14 à 910 — 14 $\times$ 0,910, ou 12 740
3° 19 à 845 — 19 $\times$ 0,845, ou 16 055

     56^k 47^k,770

Donc, les 56 kilogrammes alliés ensemble contiennent 47^k,770 d'argent pur.

Ainsi, le titre de ce nouveau lingot sera exprimé par $\frac{47,770}{56}$ ou 0,853 ; c'est-à-dire que le lingot résultant de l'alliage des trois premiers est à 853 millièmes de fin.

291. La détermination des valeurs moyennes de plusieurs choses de valeurs différentes est un cas particulier de la règle d'alliage de la première espèce.

On appelle *valeur moyenne* de plusieurs choses dont les valeurs particulières sont déjà connues, *la somme des valeurs de ces choses divisée par leur nombre.*

Ainsi, dans le cas où l'on n'a que deux choses, la *valeur moyenne* est la demi-somme des valeurs de ces choses; en d'autres termes (247.), c'est *la moyenne différentielle entre les valeurs de ces deux choses.*

TROISIÈME EXEMPLE. — *On a mesuré à quatre reprises différentes la longueur d'un parc. On a trouvé, la première fois, pour cette longueur, 250^m,439 ; la seconde, 250^m,695 ; la troisième, 249^m,75 ; enfin, la quatrième, 251^m,158, on demande la longueur du parc.* Puisque, dans les quatre opérations, les mesures obtenues ne s'accordent pas, il est clair qu'on ne peut répondre à la question qu'en établissant la *mesure moyenne* entre toutes ces mesures.

On trouve d'abord, pour la somme de quatre mesures 1002^m,042 ; divisant ce résultat par 4, on obtient 250^m,5105 pour la mesure moyenne.

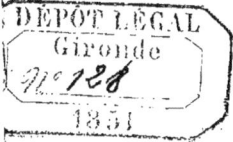

NOTES.

Nous engageons à ne point étudier ces notes avant d'avoir vu le Traité d'Arithmétique tout entier, ou au moins jusqu'aux proportions. Il y en a même quelques-unes, par exemple la deuxième et la quatrième, que l'on ne pourrait comprendre, si on voulait les lire immédiatement après les n°s 80 et 96, auxquels elles se rapportent, parce qu'elles supposent certaines choses qui ne se trouvent placées qu'après ces numéros dans le Traité d'Arithmétique.

NOTE PREMIÈRE. — N° 39.

Démonstration de la proposition énoncée n° 39.

292. Pour démontrer dans toute sa généralité la proposition qui termine le n° 39, il suffit de faire voir : 1° que, quand on a un nombre quelconque de facteurs, on peut, sans en changer le produit, intervertir l'ordre de deux facteurs qui se suivent immédiatement; 2° que par de pareils changements on peut amener toutes les dispositions possibles de facteurs donnés. Or, ces deux choses sont faciles à établir :

1° Nous disons d'abord qu'on peut, sans changer un produit, intervertir l'ordre de deux facteurs qui se suivent immédiatement, et cette proposition se prouve par le raisonnement du n° 38 que nous allons, pour plus de clarté, répéter sur un exemple. Soit donc proposé de faire le produit des nombres

$$2 \times 3 \times 4 \times 5 \times 6 \times 7 \times 8\ldots \text{etc.}$$

Nous disons que le produit sera le même, si nous intervertissons l'ordre de deux des facteurs qui se suivent immédiatement, des facteurs 5 et 6 par exemple. En effet, après avoir fait le produit des trois premiers facteurs, ce qui donne 24, au lieu de multiplier ce produit par 5, puis le produit 120, qui résultera de cette multiplication, par 6, on peut multiplier 24 par le produit 30 de 5 × 6 (35.), et les multiplications à faire reviendront à

$$2 \times 3 \times 4 \times 30 \times 7 \times 8\ldots \text{etc.}$$

Mais, au lieu de multiplier le produit des trois premiers facteurs par 30, on

13

peut le multiplier par les deux facteurs 6 et 5 du nombre 30 (37.), et les multiplications indiquées dans la ligne précédente reviendront à

$$2 \times 3 \times 4 \times 6 \times 5 \times 7 \times 8... \text{ etc.}$$

Donc on a pu, sans changer la valeur du produit, intervertir l'ordre des deux facteurs 5 et 6 qui se suivent immédiatement, et il est évident qu'il en serait de même de deux autres facteurs se suivant aussi immédiatement.

2° Nous disons, en second lieu, que, par de pareils changements, on peut amener toutes les dispositions possibles des facteurs donnés; et cette proposition est évidente, car, pouvant mettre un facteur quelconque à la place de celui qui le suit ou le précède, nous pourrons, par de pareils changements, faire passer un facteur quelconque à toutes les places, et produire, par conséquent, toutes les dispositions possibles de ces facteurs.

NOTE DEUXIÈME. — N° 80.

Recherche des diviseurs des nombres entiers.

293. (La note suivante ne peut être lue qu'après avoir vu ce qui est relatif à la recherche du plus grand commun diviseur de deux nombres; nous devons même ajouter à ce que nous avons dit dans les n⁰ˢ 92, 93 et 94, la proposition suivante nécessaire pour l'intelligence du reste de la note.)

294. PROPOSITION. — *Si l'on multiplie deux nombres, a et b, par un troisième, le plus grand commun diviseur de ces deux nombres ainsi modifiés est égal à celui des deux nombres a et b multiplié par ce troisième nombre.*

Pour démontrer cette proposition, supposons qu'ayant à chercher le plus grand commun diviseur des deux nombres a et b, nous ayons eu la série des opérations (93.) :

$$\begin{array}{c|c|c|c|c} a & b & r & r' & r'' \\ \hline r & q \mid r' & q \mid r'' & q'' \mid 0 & q''' \mid \end{array}$$

Nous en aurons conclu que r'' est le plus grand commun diviseur de a et de b. Maintenant, supposons qu'avant de chercher ce plus grand commun diviseur, nous ayons multiplié a et b par un même nombre, 2 par exemple, et que nous ayons ensuite cherché le plus grand commun diviseur de $2a$ et $2b$, il est facile de voir qu'en exécutant les divisions successives, nous aurions eu les mêmes quotients, mais tous les restes eussent été doublés (a); donc, le dernier reste eût été $2r''$, au lieu d'être r'', c'est-à-dire, que le plus grand diviseur de $2a$ et $2b$ eût été $2r$. Donc, *en multipliant deux nombres a et b par un troisième, le plus grand commun diviseur de ces*

_____

(a) Si l'on avait quelque doute sur cette assertion, il suffirait de se rappeler que le dividende étant égal au diviseur multiplié par le quotient, plus au reste, on a $a = b \times q + r$. Mais si on multiplie les deux membres de cette égalité par 2, par exemple, on aura $2a = 2b \times q + 2r$, ce qui prouve que le reste de la division de $2a$ par $2b$ est double de celui que donne la division de a par b.

deux nombres ainsi modifié, est égal à celui des deux nombres a *et* b *multiplié par ce troisième nombre.*

Ce qui précède étant établi, pour démontrer la proposition indiquée à la fin du n° 80, nous allons établir une série de propositions qu'il est bon de connaître.

295. PREMIÈRE PROPOSITION. — *Tout nombre* a *qui divise le produit de deux autres nombres* b × c, *et qui est premier avec l'un d'eux,* b *par exemple, doit diviser l'autre facteur* c.

En effet, puisque *a* et *b* sont premiers entre eux, leur plus grand diviseur commun est 1. Si nous les multiplions par un même nombre *c*, nous aurons *a* × *c*, et *b* × *c*; et, d'après ce que nous avons dit dans la proposition précédente, le plus grand diviseur commun de ces deux produits devra être 1 × *c*, ou simplement *c*. Mais *a* divise *b* × *c* par hypothèse; il divise *a* × *c*, c'est évident; il doit donc (95.) diviser *c*, qui est leur plus grand commun diviseur; ce qu'il fallait prouver.

296. DEUXIÈME PROPOSITION. — *Tout nombre premier avec tous les facteurs d'un produit ne peut diviser ce produit; ainsi, par exemple, si* m *est premier avec* a, b, c, d, *il ne pourra diviser le produit* a × b × c × d.

En effet, puisque *m* est premier avec *a*, pour diviser le produit *a* × *b* × *c* × *d*, il faudrait qu'il divisât *b* × *c* × *d*, d'après la proposition précédente. Puisqu'il est premier avec *b*, pour diviser le produit *b* × *c* × *d*, il faudrait qu'il divisât *c* × *d*. Puisqu'il est premier avec *c*, pour diviser le produit *c* × *d*, il faudrait qu'il divisât *d*, ce qui est impossible, puisque, par hypothèse, il est premier avec *d*; donc, *m* étant premier avec *a*, *b*, *c*, *d*, ne pourra diviser le produit *a* × *b* × *c* × *d*.

297. TROISIÈME PROPOSITION. — *Un nombre ne peut être décomposé en facteurs premiers que d'une seule manière.*

Supposons, en effet, que le nombre N eût été décomposé en facteurs premiers, et qu'on eût trouvé :

$$N = a \times a \times b \times c \times d \dots \text{etc.}$$

Nous disons d'abord qu'on ne pourra diviser N en facteurs premiers de manière que parmi ces facteurs, il y en ait un différent de *a*, *b*, *c*, *d*, etc., car, s'il en était ainsi, et si l'on pouvait trouver un autre facteur premier, *x*, par exemple, différent de *a*, *b*, *c*, *d*, etc., il faudrait que ce facteur *x* divisât N, ce qui est impossible d'après la proposition précédente, puisque *x*, étant premier, est aussi premier avec les facteurs *a*, *b*, *c*, *d*. (75.) Nous disons en second lieu, qu'on ne pourra pas, par une nouvelle décomposition, trouver les facteurs *a*, *b*, *c*, *d*, etc., plus de fois qu'on ne les a déjà trouvés, car supposons qu'on puisse trouver trois facteurs *a* par exemple, nous aurons donc :

$$N = a \times a \times a \times \text{etc.}$$

Cette valeur de N devant être égale à la précédente, on pourra écrire :

$$a \times a \times b \times c \times d \times \text{etc.} = a \times a \times a \times \text{etc.}$$

En supprimant deux facteurs *a* dans les deux membres de cette égalité, ce qui revient à les diviser deux fois par a, les quotients devraient être égaux, on aurait donc :

$$b \times c \times d\ldots \text{ etc. } = a \times \text{ etc.}$$

Mais a, divisant le second membre de cette égalité, devrait aussi diviser le premier, ce qui est impossible, puisqu'il est premier avec b, c, $d\ldots$ etc. Donc on ne peut décomposer N en facteurs premiers que d'une seule manière.

298. QUATRIÈME PROPOSITION. — *Un nombre* A *ne peut diviser un nombre* B, *si tous les facteurs premiers de* A *ne sont dans les facteurs premiers de* B, *et au moins aussi souvent dans* B *que dans* A.

En effet, pour que A divise exactement B, il faut que la fraction $\dfrac{B}{A}$ représente un nombre entier : or cela ne pourra pas être si tous les facteurs premiers de A ne sont pas dans B, et au moins autant de fois dans B que dans A. Supposons en effet : 1º qu'un des facteurs premiers de A, m, par exemple, ne soit pas dans B, ou, ce qui est la même chose, que m, soit premier avec tous les facteurs de B, dès-lors B ne sera pas divisible par m, (296.) et par conséquent aussi par A qui est un multiple de m. Supposons 2º que le facteur m soit dans B et dans A, mais deux fois seulement dans B, et trois fois dans A : si nous supprimons deux facteurs m dans B et dans A, et si nous appelons B' et A', ce à quoi se réduiront B et A par cette suppression, la fraction $\dfrac{B'}{A'}$ sera égale à $\dfrac{B}{A}$, et par conséquent devra exprimer un nombre entier, ou, en d'autres termes, B' devra être divisible par A'. Or cela ne peut pas être, d'après ce qui précède, puisque le dénominateur A' renferme encore un facteur premier m qui ne se trouve pas dans B'. *Donc un nombre* A *ne peut diviser, etc.*

299. COROLLAIRE. — *Donc un nombre n'est divisible que par ses facteurs premiers, ou par les produits que l'on peut faire en combinant ses facteurs premiers un à un, deux à deux, trois à trois, etc.* Reste donc, pour prouver la proposition qui termine le nº 80, à savoir que le procédé indiqué pour trouver tous les diviseurs d'un nombre, donne réellement tous ces diviseurs; reste, disons-nous, à démontrer qu'on a, par ce procédé, tous les facteurs premiers de ce nombre, et en second lieu qu'on a tous les produits de ces facteurs combinés deux à deux, trois à trois, quatre à quatre, etc. D'abord on a tous les facteurs premiers du nombre 360 (nous reprenons ici le cas particulier du nº 80, pour plus de netteté et de précision), c'est évident d'après ce qui est dit nº 79 et d'après ce que nous venons d'établir, qu'un nombre ne peut être divisé en facteurs premiers que d'une seule manière. En second lieu, nous avons tous les produits deux à deux, trois à trois, etc., des facteurs premiers; c'est encore évident si l'on fait attention que, par le mode de multiplication que nous avons adopté, chaque facteur premier se trouve successivement multiplié par tous les autres, ce qui donne tous les produits que l'on peut faire en les combinant deux à deux; ensuite chaque produit des facteurs premiers combinés deux à deux se trouve multiplié par chacun des facteurs qui suivent, ce qui donne tous les produits possi-

bles des facteurs combinés trois à trois ; chacun des produits provenant des facteurs combinés trois à trois, se trouve multiplié par les facteurs premiers qui suivent, ce qui donne tous les produits provenant des facteurs combinés quatre à quatre, et ainsi de suite.

NOTE TROISIÈME. — Nº 93.

Sur la recherche du plus grand commun diviseur de plusieurs nombres.

300. Un autre procédé pour trouver le plus grand diviseur commun de deux nombres, consiste à les *décomposer en facteurs premiers, et à faire le produit de tous les facteurs premiers communs aux deux nombres donnés, pris chacun autant de fois qu'il se trouve dans le nombre qui le renferme le moins de fois.* Ce produit sera le plus grand diviseur commun de ces deux nombres.

Soit, pour exemple, les deux nombres 360 et 1890 : en les décomposant en facteurs premiers, on a :

$$360 = 2 \times 2 \times 2 \times 3 \times 3 \times 5.$$
$$1890 = 2 \times 3 \times 3 \times 3 \times 5 \times 7.$$

En prenant le facteur 2 une fois, le facteur 3 deux fois, et le facteur 5 une fois, on aura le nombre

$$2 \times 3 \times 3 \times 5 = 90;$$

et nous disons que 90 est le plus grand diviseur commun des deux nombres 360 et 1890. En effet, d'abord ce nombre est diviseur commun des deux nombres proposés puisque tous ses facteurs premiers sont compris dans les facteurs premiers de chacun des deux nombres 360 et 1890 ; de plus, 90 est le plus grand diviseur commun des deux nombres 360 et 1890, car, si nous prenons un nombre plus grand que 90, il y aura dans ce nombre quelque facteur premier qui ne sera pas en même temps dans ceux de 360 et dans ceux de 1890, ou bien il n'y aura que des facteurs premiers de même valeur que ceux de 360 et 1890 ; mais quelqu'un de ces facteurs se trouvera plus souvent dans ce nombre qu'il ne se trouve dans celui des deux nombres 360 et 1890, qui le contient le moins de fois, et, dans ce cas, aussi bien que dans le premier, 360 et 1890 ne seront pas divisibles en même temps par ce nombre, d'après ce que nous avons vu (298.)

301. Le même procédé peut encore servir pour trouver le plus grand diviseur commun de trois, quatre, cinq, etc., nombres. *Il suffira de les décomposer en facteurs premiers et de prendre ensuite les facteurs premiers communs à tous ces nombres, chacun autant de fois qu'il se trouve dans le nombre qui le contient le moins de fois, et le produit de tous ces facteurs donnera le plus grand commun diviseur de tous les nombres proposés.* On le prouverait comme nous venons de le faire pour les deux nombres 360 et 1890.

302. Nous avons vu (95.) que tout nombre qui en divise deux autres, divise aussi leur plus grand commun diviseur ; cela va nous donner un autre

procédé pour trouver,le plus grand commun diviseur de trois, quatre, cinq, etc. , nombres. Soit proposé, par exemple, de trouver le plus grand commun diviseur de trois nombres a, b, c ; nous chercherons le plus grand commun diviseur de a et de b : soit m ce diviseur. Si m divise c, il sera le plus grand commun diviseur de a, b et c ; mais, si m ne divise pas c, alors comme tout diviseur de a et de b doit diviser m, nous chercherons le plus grand commun diviseur de c et de m ; soit m' ce plus grand commun diviseur, m' sera le plus grand commun diviseur de a, b, c.

S'il y avait quatre nombres a, b, c, d, dont il fallût trouver le plus grand commun diviseur, après avoir trouvé celui des trois premiers nombres a, b, c, il faudra chercher le plus grand commun diviseur de ce nombre et du quatrième nombre d, on aura ainsi, le plus grand commun diviseur des quatre nombres a, b, c, d, et ainsi de suite. (On fera bien de s'exercer sur quelques exemples particuliers).

NOTE QUATRIÈME. — Nº 96.

Sur les fractions continues.

(Cette note ne doit être lue qu'après avoir appris à exécuter sur les fractions les différentes opérations de l'Arithmétique).

303. Quand on a une fraction irréductible à une plus simple expression, et dont le numérateur et le dénominateur sont des nombres assez forts, il est souvent difficile de se faire une idée exacte de la valeur de cette fraction. On y parvient cependant jusqu'à un certain point, au moyen d'un procédé que nous allons indiquer, et qui conduit à une nouvelle forme de fraction que l'on appelle *fraction continue*.

Soit donc proposée la fraction $^{159}/_{493}$, et essayons d'en représenter la valeur avec une certaine approximation, au moyen d'une fraction dont les deux termes soient plus faibles que 159 et 493. Pour cela divisons les deux termes de $^{159}/_{493}$ par 159 ; la première division donne 1 pour quotient et la seconde donne $3 + {}^{16}/_{159}$. Nous pourrons donc écrire :

$$\frac{159}{493} = \frac{1}{3 + {}^{16}/_{159}}$$

et, sous cette forme, nous voyons que la fraction proposée ne diffère pas beaucoup de $^1/_3$. La fraction $^1/_3$ est cependant un peu plus forte que la fraction proposée, parce que, pour avoir la valeur de celle-ci, il faut diviser 1, non par 3, mais par 3 plus une fraction.

Pour avoir une idée plus précise de la valeur de la fraction proposée, traitons la fraction $^{16}/_{159}$ comme nous avons traité $^{159}/_{493}$, c'est-à-dire, divisons-en les deux termes par 16, nous aurons :

$$\frac{16}{159} = \frac{1}{9 + {}^{15}/_{16}}$$

et, en substituant cette valeur dans l'expression précédente, nous aurons :

$$\frac{159}{493} = \cfrac{1}{3 + \cfrac{1}{9 + {}^{15}/_{16}}}$$

Si nous négligeons, dans cette dernière expression, la fraction $^{15}/_{16}$, nous aurons à bien peu près :

$$\frac{159}{493} = \cfrac{1}{3 + {}^{1}/_{9}}$$

Or, il est facile de savoir ce que vaut $\cfrac{1}{3 + {}^{1}/_{9}}$, car, $3 + {}^{1}/_{9} = {}^{28}/_{9}$. On a donc

$$\frac{1}{3 + {}^{1}/_{9}} = \frac{1}{{}^{28}/_{9}} = \frac{9}{28}$$

Ainsi, la fraction $^{159}/_{493}$ vaut, à bien peu près, $^{9}/_{28}$. Remarquons cependant que $^{9}/_{28}$ est un peu trop faible, car, comme à la suite du 9 de la fraction

$$\cfrac{1}{3 + \cfrac{1}{9 + {}^{15}/_{16}}}$$ venait $^{15}/_{16}$, la fraction $^{1}/_{9}$, que nous avons substituée à

$\cfrac{1}{9 + {}^{15}/_{16}}$ est un peu trop forte, et par conséquent le premier numérateur 1 a été divisé par un nombre plus fort qu'il ne fallait, d'où il suit que le résultat de cette division, savoir $^{9}/_{28}$, est un peu trop faible.

En continuant comme nous avons commencé, et en traitant la fraction $^{15}/_{16}$ comme nous avons traité les autres, nous verrons que $\dfrac{15}{16} = \cfrac{1}{1 + {}^{1}/_{15}}$.

Ainsi, la fraction proposée revient à

$$\cfrac{1}{3 + \cfrac{1}{9 + \cfrac{1}{1 + {}^{1}/_{15}}}}$$

Si nous négligeons encore la dernière fraction $^{1}/_{15}$ nous aurons, à bien peu près,

$$\frac{159}{493} = \cfrac{1}{3 + \cfrac{1}{9 + \cfrac{1}{1}}} = \cfrac{1}{3 + {}^{1}/_{10}} = \frac{1}{{}^{31}/_{10}} = \frac{10}{31}$$

Ainsi, la fraction $^{10}/_{31}$ représente, à bien peu près, la fraction proposée. Il serait facile de démontrer comme précédemment que cette fraction $^{10}/_{31}$ est un peu plus forte que $^{159}/_{493}$.

Enfin, si nous ne négligeons rien dans la fraction $\cfrac{1}{3 + \cfrac{1}{9 + \cfrac{1}{1 + {}^{1}/_{15}}}}$

cette fraction vaudra exactement $^{159}/_{493}$, comme on peut le voir *à priori*, et comme on le trouverait si l'on réduisait cette fraction en une fraction ordinaire , en exécutant le calcul comme précédemment.

Une expression telle que celle-ci : $\dfrac{1}{3 + \dfrac{1}{9 + \text{etc.}}}$ porte le nom de FRAC-

TION CONTINUE; on peut la définir, *une fraction qui a pour numérateur l'unité et pour dénominateur un nombre entier augmenté d'une fraction qui a elle-même pour numérateur l'unité, et pour dénominateur un nombre entier plus une fraction, et ainsi de suite.*

On appelle *fractions intégrantes les fractions telles que* $1/3$, $1/9$, $1/1$, *etc., dont l'ensemble constitue la fraction continue.*

On appelle *quotients incomplets les dénominateurs 3, 9, 1, etc., que l'on obtient par les divisions successives que nous avons effectuées; la raison de cette dénomination est évidente.*

On appelle *quotients complets les différentes suites*

$$3 + \dfrac{1}{9 + \dfrac{1}{1 + 1/15}} \qquad 9 + \dfrac{1}{1 + 1/15} \qquad 1 + 1/15$$

prises depuis un quelconque des quotients incomplets jusqu'à la fin.

On appelle *réduites, les fractions telles que* $1/3$, $9/28$, $10/31$, *etc., que l'on obtient, comme nous l'avons fait, par des réductions successives, en tenant compte d'un nombre plus ou moins grand de fractions intégrantes.*

Si l'on fait attention au procédé que nous avons suivi pour réduire la fraction $159/493$ en fraction continue , et si on le rapproche du procédé donné (**93.**) pour trouver le plus grand commun diviseur des deux termes d'une fraction, on verra que ces deux procédés ont une grande analogie ; dans les deux cas *on divise le plus fort nombre par le plus faible, puis celui-ci par le reste trouvé, puis le premier reste par le second, etc., jusqu'à ce qu'on arrive à un quotient sans reste. Les quotients obtenus successivement sont les différents quotients incomplets qui doivent entrer dans la fraction continue.*

Pour montrer comment on dispose ordinairement l'opération, soit proposé de réduire $199/462$ en fraction continue ; en effectuant les opérations prescrites par le procédé que nous venons de rappeler, nous aurons :

462		199		64		7		1
64	2	7	3	1	9	0	7	

les quotients obtenus successivement étant 2, 3, 9, 7, la fraction continue égale à $199/462$ sera :

$$\cfrac{1}{2 + \cfrac{1}{3 + \cfrac{1}{9 + 1/7}}}$$

En observant encore ce que nous avons fait à l'occasion de la fraction $159/493$, pour obtenir les réduites successives, on voit que la règle à suivre pour cela peut s'énoncer ainsi : — *Pour obtenir les réduites correspondantes à une fraction continue prise jusqu'à une certaine intégrale, ajoutez l'entier qui précède la dernière fraction intégrante avec cette fraction en mettant le tout sous forme de fraction; divisez par le résultat ainsi obtenu le numérateur immédiatement précédent, et vous trouverez une fraction; ajoutez encore cette fraction avec l'entier précédent en réduisant le tout à une seule expression fractionnaire; divisez par le résultat trouvé le numérateur précédent et continuez ainsi jusqu'au premier numérateur.* (Il faut s'exercer sur quelques exemples particuliers.)

Nous avons prouvé que la première réduite $1/_3$ est plus forte que la fraction proposée, et que la seconde réduite $9/_{28}$ est plus faible. Il eût été facile de faire voir de la même manière que la troisième réduite $10/_{31}$ est plus forte, et qu'en général toutes les réduites de rang impair sont plus fortes, et tous les réduites de rang pair plus faibles que la fraction proposée elle-même. *Il suit de là que la fraction proposée se trouve toujours comprise entre deux réduites successives;* par conséquent en prenant la différence entre deux réduites successives, cette différence sera toujours plus forte que l'erreur commise en prenant une de ces réduites pour la fraction proposée. Ainsi, puisque les trois réduites obtenues pour la fraction $159/_{493}$ sont :

$$\frac{1}{3}, \quad \frac{9}{28}, \quad \frac{10}{31},$$

si nous prenons la différence entre les deux premières fractions, nous aurons $1/_3 - 9/_{28} = 28/_{84} - 27/_{84} = 1/_{84}$. Donc l'erreur que l'on commet en prenant, soit $1/_3$, soit $9/_{28}$, à la place de $159/_{493}$, n'est pas de $1/_{84}$.

Si nous prenons la différence entre $10/_{31}$ et $9/_{28}$, nous aurons $10/_{31} - 9/_{28} = 280/_{868} - 279/_{868} = 1/_{868}$. Donc l'erreur que l'on commet en prenant, soit $9/_{28}$, soit $10/_{31}$, à la place de la fraction $159/_{493}$, n'est pas de $1/_{868}$.

On démontre, mais nous supprimons ici cette démonstration, que la *différence entre deux réduites consécutives est exprimée par une fraction dont le numérateur est l'unité et dont le dénominateur est le produit des dénominateurs des deux réduites que l'on considère,* et par conséquent, cette fraction exprime une erreur plus forte que celle à laquelle on s'expose, en prenant une de ces réduites pour valeur de la fraction dont le développement donne la fraction continue.

NOTE CINQUIÈME. — N° 101.

Sur la recherche du plus petit multiple de plusieurs nombres.

304. Le procédé, pour trouver le plus petit multiple de plusieurs nombres, est une conséquence de ce que nous avons dit plus haut (*note deuxième*) sur la divisibilité des nombres. Voici comment on peut énoncer ce procédé : *Décomposez en facteurs premiers les nombres proposés, puis formez un produit en prenant tous les facteurs premiers, chacun autant de fois qu'il se trouve dans le nombre qui le contient le plus de fois; ce nombre ainsi formé*

sera le plus petit multiple des nombres proposés. Ainsi, soient les trois nombres 360, 540 et 3150; en les décomposant en facteurs premiers, on a :

$$360 = 2 \times 2 \times 2 \times 3 \times 3 \times 5.$$
$$540 = 2 \times 2 \times 3 \times 3 \times 3 \times 5.$$
$$3150 = 2 \times 3 \times 3 \times 5 \times 5 \times 7.$$

Si l'on prend le facteur 2 trois fois, le facteur 3 trois fois, le facteur 5 deux fois, et le facteur 7 une fois, on aura :

$$2 \times 2 \times 2 \times 3 \times 3 \times 3 \times 5 \times 5 \times 7 = 37800;$$

et le nombre 37800 est le plus petit multiple des trois nombres proposés.

En effet, d'abord il est multiple de ces trois nombres, puisque tous leurs facteurs premiers sont contenus dans ceux de 37800, et chacun autant de fois qu'il est dans celui des nombres proposés qui le contient le plus de fois; ensuite, 37800 est le plus petit multiple, car si on prenait un nombre plus petit que 37800, en appelant ce nombre A, il y aurait quelque facteur premier qui se trouverait moins de fois dans A que dans un ou plusieurs des trois nombres proposés, et alors ceux-ci ne seraient pas diviseurs exacts de A (298.), et, par conséquent, A ne serait pas multiple de chacun de ces nombres.

NOTE SIXIÈME. — N° 162.

Sur l'extraction de la racine carrée des fractions.

305. Il est toujours facile de trouver quel est le plus petit nombre par lequel on doit multiplier les deux termes d'une fraction pour rendre le dénominateur un carré parfait. En effet, puisque le carré d'un nombre est le produit de ce nombre par lui-même, ce carré doit contenir chaque facteur premier de sa racine carrée deux fois plus souvent que cette racine ne le contient. Il suit de là que tout nombre, pour être un carré parfait, doit avoir tous ses facteurs premiers en nombre pair, et réciproquement, tout nombre dans lequel chaque facteur premier est en nombre pair, est un carré parfait. (Ainsi, 900 est un carré parfait, puisque, décomposé en facteurs, il donne $2 \times 2 \times 3 \times 3 \times 5 \times 5$, et sa racine carrée est égale à $2 \times 3 \times 5$ ou 30). Cela posé, *pour voir par quel nombre il faut multiplier le dénominateur d'une fraction afin de le rendre un carré parfait, décomposez ce dénominateur en facteurs premiers, voyez quels facteurs premiers il faut ajouter à ceux de ce nombre pour que les facteurs égaux se trouvent en nombre pair, et le produit de ces facteurs sera le nombre par lequel il faut multiplier le dénominateur de la fraction pour le rendre un carré parfait.* Ainsi, dans la fraction $^{11}/_{32}$, si nous décomposons le dénominateur en facteurs premiers, nous trouverons $32 = 2 \times 2 \times 2 \times 2 \times 2$; et l'on voit qu'en ajoutant un facteur 2, les facteurs premiers du produit de 32 multiplié par 2, seront égaux et en nombre pair, et par conséquent ce produit, qui est 64, sera un carré parfait. De même, si nous avons la fraction $^{325}/_{13230}$, en décomposant 13230 en

facteurs premiers, nous aurons $13230 = 2 \times 3 \times 3 \times 3 \times 5 \times 7 \times 7$, et nous verrons que, pour que les facteurs premiers égaux soient en nombres pairs, il faut ajouter un facteur 2, un facteur 3 et un facteur 5 : leur produit donne 30. Ainsi, en multipliant les deux termes de la fraction $^{325}/_{13230}$ par 30, nous serons sûrs que le dénominateur deviendra un carré parfait.

NOTE SEPTIÈME. — N° 182.

Sur l'extraction de la racine cubique des fractions.

306. Une remarque analogue à celle de la note précédente nous fera facilement découvrir un procédé pour trouver le plus petit nombre par lequel on doit multiplier le dénominateur d'une fraction pour le rendre un cube parfait. En effet, le cube d'un nombre, étant le produit de ce nombre multiplié deux fois par lui-même, doit contenir tous les facteurs premiers de la racine cubique, chacun trois fois plus souvent que cette racine cubique. Ainsi, dans tout cube parfait, les facteurs premiers égaux doivent se trouver répétés 3 fois, ou 6 fois, ou 9 fois, ou 12 fois, ou enfin, un nombre de fois divisible par 3, et réciproquement, tout nombre dans lequel les facteurs premiers égaux entrent un certain nombre de fois divisible par 3, est un cube parfait. De là, on déduit ce procédé : *Pour trouver le plus petit nombre par lequel il faut en multiplier un autre, afin de le rendre un cube parfait, décomposez ce nombre en facteurs premiers, puis voyez quels facteurs il faut ajouter pour que les facteurs égaux se trouvent un nombre de fois juste divisible par 3, le produit de ces facteurs donnera le nombre par lequel il faut multiplier le nombre proposé pour le rendre un cube parfait.* Ainsi, soit le nombre 13230, et soit proposé de trouver le plus petit nombre par lequel il faut le multiplier pour le rendre un cube parfait. En le décomposant en facteurs, on a $13230 = 2 \times 3 \times 3 \times 3 \times 5 \times 7 \times 7$; et l'on voit qu'en ajoutant deux facteurs 2, deux facteurs 5 et un facteur 7, chaque facteur premier s'y trouvera un nombre exact de fois 3. En faisant donc le produit $2 \times 2 \times 5 \times 5 \times 7$, on aura 700, nombre par lequel il suffit de multiplier 13230 pour le rendre un cube parfait.

NOTE HUITIÈME. — N°s 171, 187, 189.

Sur l'impossibilité de trouver en nombres fractionnaires une racine quelconque d'un nombre entier.

307. Pour prouver que, si un nombre entier n'a pas de racine carrée exacte en nombre entier, il ne peut avoir non plus de racine carrée en nombre fractionnaire, nous allons établir une proposition préliminaire. Mais auparavant notons bien que, par fraction ou expression fractionnaire, nous désignons ici une expression qui ne peut pas, par quelque simplification, se réduire à un nombre entier. Ainsi $^{20}/_5$ n'est pas une fraction dans le sens où nous l'entendons ici, mais $^4/_5$, $^{21}/_5$, etc., sont des fractions. Observons de plus que dans tout ce que nous allons dire nous supposerons les fractions ou expressions fractionnaires réduites à leur plus simple expression. Cela posé, voici notre proposition.

PROPOSITION. — *Une fraction ou expression fractionnaire élevée au carré ne donnera jamais un nombre entier.*

En effet, soit la fraction $\dfrac{M}{N}$, par exemple. Si nous décomposons les deux

termes en facteurs premiers, nous ne devrons trouver aucun facteur commun au numérateur et au dénominateur, puisque cette fraction est irréductible. Ainsi tous les facteurs du numérateur seront différents de ceux du dénominateur. Supposons que les facteurs du numérateur soient représentés par a, b, c, d, etc., ceux du dénominateur étant représentés par p, q, r, s, etc., nous aurons donc

$$\frac{M}{N} = \frac{a \times b \times c \times d \ldots \text{etc.}}{p \times q \times r \times s \ldots \text{etc.}}$$

Maintenant, pour élever cette fraction au carré, il faudra en élever au carré les deux termes; mais en multipliant ainsi le numérateur par lui-même, le produit ne renfermera que des facteurs premiers égaux à a, b, c, d, etc.; de même, le carré du dénominateur ne renfermera que des facteurs premiers égaux à p, q, r, s (seulement, dans chacun de ces carrés, les facteurs premiers entreront deux fois plus souvent que dans les nombres M et N). Donc, dans le carré de $\dfrac{M}{N}$, il n'y aura aucun facteur premier commun au numérateur et au dénominateur, et, par conséquent, le dénominateur ne pourra pas diviser exactement le numérateur (297.); donc ce carré ne pourra se réduire à un nombre entier.

Nous venons de prouver qu'une fraction ou expression fractionnaire ne peut jamais avoir pour carré un nombre entier; donc, réciproquement, *un nombre entier ne peut jamais avoir pour racine carrée une fraction*, ce qui est la proposition qu'il fallait démontrer.

On prouvera absolument de la même manière qu'*un nombre entier ne peut avoir une fraction pour racine cubique, quatrième, et en général pour racine d'un degré quelconque.*

NOTE NEUVIÈME. — N° 188.

Sur l'extraction des racines de quelques degrés particuliers.

308. Pour élever un nombre à la quatrième puissance, on peut l'élever d'abord au carré, puis élever ce carré lui-même au carré. Donc, réciproquement, pour extraire la racine quatrième d'un nombre, on peut extraire la racine carrée de ce nombre, puis la racine carrée de cette racine carrée. Ainsi, pour avoir la racine quatrième de 16, on en extrait la racine carrée, qui est 4, puis la racine carrée de cette racine carrée, et l'on a 2 pour la racine quatrième de 16. De même, pour élever un nombre à la sixième puissance, on peut l'élever d'abord au carré, puis faire le cube de ce carré; donc, pour

extraire la racine sixième d'un nombre, on peut en extraire la racine cubique, puis la racine carrée de cette racine cubique. De même encore, pour extraire la racine neuvième, il suffit d'extraire la racine cubique de la racine cubique. Il serait bien facile d'étendre cette remarque, et de faire voir comment on peut ramener à des extractions de racines carrées ou cubiques l'extraction des racines de tous les degrés qui sont exprimés par des produits des nombres 2 et 3; par exemple: les racines 8e, 16e, 32e, etc., 9e, 27e, 81e, etc., ou 6e, 12e, 18e, etc.

NOTE DIXIÈME. — No 194.

Sur les nombres complexes et les anciennes mesures.

309. La présente note a pour objet : 1o L'exposition des principales mesures, autrefois usitées en France; 2o l'indication des procédés pour effectuer, sur les nombres complexes, les opérations de l'Arithmétique; 3o la résolution du problème suivant : Une quantité étant exprimée au moyen des anciennes mesures, l'exprimer au moyen des nouvelles mesures, et réciproquement.

1o PRINCIPALES MESURES, AUTREFOIS USITÉES EN FRANCE.

310. Les mesures, autrefois usitées en France, étaient, nous l'avons déjà dit (194.), très-nombreuses, et variaient souvent en passant d'un lieu à un autre. Voici les noms de celles qui étaient le plus généralement adoptées. Nous n'avons pas besoin de dire que ces noms sont insuffisants pour en donner une idée, mais qu'il faut pour cela, ou bien mettre sous les yeux les unités principales de chaque espèce, ou bien donner leur valeur au moyen de mesures déjà connues. Nous donnerons plus loin un tableau qui fera connaître ces valeurs, au moyen des nouvelles mesures.

311. 1o. *Mesures de longueur.* — Pour mesurer les longueurs, l'unité principale était la *toise*, qui se divisait en 6 *pieds*; le pied était divisé en 12 *pouces*; le pouce en 12 *lignes*; la ligne en 12 *points*; et l'on désignait en abrégé ces diverses espèces d'unités, en employant les initiales T, P, p, l, pt. Ainsi, 2^T, 3^P, 5^p, 8^l, 7^{pt}, signifie 2 *toises*, 3 *pieds*, 5 *pouces*, 8 *lignes*, et 7 *points*.

312. Parmi les mesures de longueur très-usitées avant l'introduction du système métrique, nous pouvons citer encore :

1o Pour les longueurs peu considérables, l'*aune* de Paris, qui valait 3 pieds 7 pouces 10 lignes et 10 points, et que l'on partageait en *demi*, *tiers*, *quart*, *huitième*, etc.; le *pas* ordinaire qui valait 2 pieds 6 pouces; le *pas géométrique* ou la *brasse* qui valait 5 pieds;

2o Pour les distances considérables à mesurer sur la terre, on employait en France, la lieue de poste, la lieue terrestre et la lieue marine; la première vallait 2000 toises; la seconde, 2280 toises, à très-peu près; et la troisième, 2250 toises, aussi à très-peu près.

313. 2o *Mesures de surface.* — Pour mesurer les surfaces, l'unité principale était la toise carrée, c'est-à-dire, un carré dont chaque côté avait une toise ; elle se divisait en 36 pieds carrés ; le pied carré , en 144 pouces carrés ; le pouce carré, en 144 lignes carrées ; la ligne carrée, en 144 points carrés. Pour désigner en abrégé ces diverses espèces d'unités, on se servait des mêmes initiales que pour désigner la toise, le pied, le pouce, la ligne et le point, mais en les écrivant deux fois : ainsi TT veut dire toise carrée, PP veut dire pied carré, etc.

Nota. — Si on ne voyait pas tout d'abord que la toise carrée vaut 36 pieds carrés, le pied carré 144 pouces carrés, on s'en rendrait compte par un raisonnement tout-à-fait semblable à celui que nous avons fait (199.), pour montrer que le mètre carré vaut 100 décimètres carrés.

314. 3º *Mesures de volume.* — Pour mesurer les volumes, l'unité principale était la toise cube, qui se divisait en 216 pieds cubes ; le pied cube se divisait en 1728 pouces cubes ; le pouce cube, en 1728 lignes cubes ; la ligne cube, en 1728 points cubes. Remarquons que pour exprimer en abrégé ces différentes espèces d'unités, on se servait encore des mêmes signes que pour exprimer les toises, pieds, pouces, lignes et points, mais en répétant ces signes trois fois. Ainsi, 5ᵀᵀᵀ exprime 5 toises cubes ; 3ᴾᴾᴾ exprime 3 pouces cubes.

Nota. — Observons encore ici qu'on se rendrait compte que la toise cube vaut 216 pieds cubes, le pied cube 1728 pouces cubes, etc. ; par un raisonnement tout semblable à celui qui fait voir que le mètre cube vaut 1000 décimètres cubes (203.).

315. 4º *Mesure de pesanteur.* — Pour mesurer les poids, l'unité principale était la livre, qui se divisait en 2 marcs ; le marc se divisait en 8 onces ; l'once, en 8 gros ; le gros, en 3 deniers ; le denier, en 24 grains. Les signes employés pour désigner la livre, le marc, l'once, le gros, le denier et le grain, étaient les initiales de ces noms : l, m, o, g, d, gr, ou des signes maintenant peu usités ; ainsi, par exemple, la livre était représentée par le signe ℔. — Remarquons que de 100 livres on avait fait une unité composée appelée *quintal*. Il est clair qu'on pouvait prendre le quintal pour unité principale et qu'alors la livre aurait été une unité subordonnée.

316 5º *Mesure monétaire.* — Pour les monnaies, l'unité principale était la livre, qui valait 20 sous, le sou valait 12 deniers. La livre monétaire, le sou et le denier se désignaient en abrégé par les initiales l, s, d, ou bien aussi par des signes particuliers ; ainsi, par exemple, la livre se désignait par le signe #.

317. 6º *Mesure du temps.* — Pour mesurer le temps, l'unité principale est le jour partagé en 24 heures, l'heure se divise en 60 minutes, la minute en 60 secondes, la seconde en 60 tierces, etc. Et ces différentes espèces d'unités se désignent en abrégé par les initiales des mots heure, minute, seconde, tierce, etc. Cependant, la minute, la seconde et la tierce se désignent aussi par les signes ', ", ''', de cette manière : 3' 3" 3'''.

Nota. — De 30 jours on a fait une unité composée appelée *mois*, et de 12 mois une nouvelle unité composée appelée *an*. Ces unités composées ne coïncident qu'imparfaitement avec l'année et les mois astronomiques, l'année astronomique étant de 365 jours et quelques heures, partagée en 12 mois de longueur irrégulière; mais, dans les calculs qui ne demandent pas une grande précision, on confond le mois de 30 jours et l'année de 12 mois, ou 360 jours, avec le mois et l'année astronomiques.

2° PROCÉDÉS POUR EFFECTUER SUR LES NOMBRES COMPLEXES LES OPÉRATIONS DE L'ARITHMÉTIQUE.

318. Nous avons dit (193.) que les nombres complexes sont en réalité des nombres fractionnaires composés en général de plusieurs fractions dont les dénominateurs, bien qu'ils ne soient pas exprimés par des chiffres, sont des multiples les uns des autres. Ainsi, par exemple, le nombre 3^{t}, 4^{p}, 2^{p}, 5^{l} est la même chose que 3^{t}, plus $4/_6$ de toise, plus $2/_{12}$ de $1/_6$ de toise, ou $2/_{72}$ de toise, plus $5/_{12}$ de $1/_{72}$ de toise, ou $5/_{864}$ de toise. Il suit de là qu'on pourra toujours, avec un peu d'attention, ramener les opérations à exécuter sur les nombres complexes aux opérations sur les nombres fractionnaires; mais les procédés se simplifieront évidemment, si l'on sait ramener chaque nombre complexe à une seule expression fractionnaire; et rien ne manquera à ces procédés si on peut, après avoir obtenu par une expression fractionnaire le résultat demandé, ramener ce résultat à la forme de nombre complexe.

Nous sommes donc conduits à rechercher la solution des deux questions suivantes :

1° *Étant donné un nombre complexe, le mettre sous la forme d'une seule fraction ou expression fractionnaire de l'unité principale;*

2° *Étant donnée une fraction ou expression fractionnaire d'unité d'espèce déterminée (par exemple, une fraction de livre, de toise, etc.), la ramener à la forme de nombre complexe.*

319. I. Et d'abord, supposons que nous ayons un nombre de livres, sous et deniers, par exemple, 35^{l} 17^{s} 4^{d} à mettre sous la forme d'une fraction ordinaire. Si nous pouvions convertir ces 35^{l} 17^{s} 4^{d} en deniers seulement, comme le denier est la 240e partie d'une livre, nous atteindrions évidemment notre but en donnant au nombre trouvé 240 pour dénominateur; en effet, 35^{l} 17^{s} 4^{d} seraient exprimés alors par une seule fraction de livre. La question est donc ramenée à convertir 35^{l} 17^{s} 4^{d} en deniers. Pour cela,

$$
\begin{array}{r}
35^{\text{l}}\ \ 17^{\text{s}}\ \ 4^{\text{d}} \\
20 \\
\hline
700^{\text{s}} \\
17 \\
\hline
717^{\text{s}} \\
12 \\
\hline
8604 \\
4 \\
\hline
8608^{\text{d}}
\end{array}
$$

convertissons d'abord les 35^{l} en sous. Puisque une livre vaut 20^{s}, nous obtiendrons ce que valent 35^{l} en sous, en multipliant 35 par 20; nous trouverons ainsi 700 sous, qui, réunis avec les 17 sous et 4 deniers, font 717 sous et 4 deniers. Maintenant, puisque 1 sous vaut 12 deniers, pour avoir en deniers la valeur de 717 sous, il faut multiplier 717 par 12, on trouvera ainsi 8604 deniers, qui, réunis aux 4 deniers suivants, font 8608^{d}. Ainsi, 35^{l} 17^{s} 4^{d} valent 8608^{d}, et comme 1 denier est la 240me partie de la livre, 37^{l} 17^{s} 4^{d} vaudront $8608/_{240}$ de livres.

320. Pour peu qu'on réfléchisse à ce qui précède, on verra ce qu'il faudrait faire dans tous les autres cas, et on établira facilement les deux procédés suivants :

321. *Pour convertir un nombre complexe en unités de la plus petite espèce, multipliez les unités principales par le nombre qui exprime combien une de ces unités en vaut de l'espèce immédiatement inférieure, et ajoutez au produit les unités de cette dernière espèce que vous avez déjà. Multipliez ensuite le résultat ainsi obtenu par le nombre qui exprime combien une unité de la deuxième espèce vaut d'unités de la troisième espèce, et ajoutez au produit les unités de la troisième espèce que vous avez déjà ; multipliez encore le nouveau résultat trouvé par le nombre qui exprime combien une unité de la troisième espèce vaut d'unités de la quatrième espèce ; ajoutez au produit celles de cette quatrième espèce que vous avez déjà. Continuez toujours ainsi, jusqu'à ce que vous soyez arrivé aux unités de la plus petite espèce.*

Et, pour convertir un nombre complexe en une seule fraction de l'unité principale, convertissez-le d'abord en unités de la plus petite espèce, et donnez pour dénominateur au nombre trouvé, le nombre qui exprime combien il faut d'unités de la plus petite espèce pour faire une unité principale. (Ce dernier nombre se trouve toujours en convertissant une unité principale en unités de la plus petite espèce).

D'après cette règle on trouve que 17^T 5^P 7^p 11^l valent $^{15503}/_{864}$ de toise.

322. II. Passons à la seconde question, et supposons que nous ayons $^{93}/_{17}$ de livre, par exemple, à convertir en livres, sous et deniers. Nous pourrons regarder cette fraction comme exprimant le quotient du nombre 93^l divisé par 17. Or, en divisant 93^l par 17, nous trouvons 5^l et un reste égal à 8^l.

Donc : 1° la fraction proposée contient 5^l, mais après la division que nous avons faite, il y a un reste 8^l qu'il faut encore diviser par 17. Pour le faire, convertissons 8^l en sous, en le multipliant par 20, nous trouverons 100^s, qui, divisés par 17, donnent 9^s, avec un reste 7^s. Pour diviser ces 7^s par 17, convertissons-les en deniers, en les multipliant par 12,

	93^l	17
1er reste...	8^l	
	20	5^l, 9^s, 4^d, $^{16}/_{17}$.
	160^s	
2me reste...	7^s	
	12	
	84^d	
3me reste...	16	

nous trouverons 84^d, qui, divisés par 17, donne 4^d avec un reste 16^d, et comme les deniers sont les dernières sous-divisions de la livre, et qu'il faudrait encore diviser le reste 16^d par 17, nous indiquerons cette division par les fractions $^{16}/_{17}$ de denier, et nous trouvons ainsi que $^{93}/_{17}$ de livres équivalent à 5^l, 9^s, 4^d et $^{16}/_{17}$.

323. Ce que nous venons de faire sur la fraction $^{93}/_{17}$ de livre, se ferait sans difficulté sur toute autre fraction de quelque unité principale que ce fût. Dans le cas où le numérateur serait plus petit que le dénominateur, la fraction proposée ne contiendrait pas une unité principale, et l'on mettrait un zéro pour en tenir la place ; puis on convertirait le numérateur en unités

de l'espèce immédiatement inférieure à l'unité principale, et l'on continuerait comme dans l'exemple précédent. Dans tous les cas, le procédé à employer pourrait s'énoncer comme il suit :

324. *Pour convertir une fraction d'une unité principale quelconque en nom-*
bre complexe, divisez le numérateur par le dénominateur, le quotient donnera
les unités principales contenues dans la fraction proposée. Convertissez le reste
en unités immédiatement inférieures aux unités principales, et divisez le nom-
bre trouvé par le dénominateur, vous aurez les unités de la seconde espèce du
nombre cherché. Convertissez encore le reste en unités de la troisième espèce,
divisez le nombre trouvé par le dénominateur, et vous aurez les unités de la
troisième espèce. Continuez toujours ainsi jusqu'à ce que vous soyez arrivé
aux unités de la plus petite espèce, et, si la dernière division vous donne un
reste, mettez le reste à la suite des dernières unités trouvées, en lui donnant
pour dénominateur celui de la fraction proposée.

325. Quelquefois on veut exprimer les unités inférieures aux unités principales au moyen des fractions décimales. Rien n'est plus facile : *il suffit en*
effet pour cela de réduire ces unités en une seule fraction ordinaire de l'unité
principale d'après la règle donnée n° 321 ; *puis de convertir cette fraction en*
fraction décimale d'après la règle donnée au n° 141. Ainsi pour exprimer
35^l, 17^s, 4^d au moyen des fractions décimales, on convertit d'abord 17^s, 4^d en
fraction de livre, ce qui donne $^{208}/_{240}$, et cette fraction convertie en décimales
donne 0,866 à moins d'un millième près; donc le nombre 35^l, 17^s, 4^d, revient à 35^l, 866 à moins d'un millième de livre près.

326. Nous pouvons maintenant donner une règle pour exécuter toutes les
opérations sur les nombres complexes, et voici en quoi elle consiste : *Con-*
vertissez en une seule fraction chacun des nombres sur lesquels il faut opérer.
Faites ensuite le calcul sur ces fractions, vous obtiendrez un résultat exprimé
par une fraction ordinaire que vous convertirez en nombre complexe de l'es-
pèce demandée par la nature du problème à résoudre.

———

327. Nous pourrions terminer ici cette partie de notre note sur les nombres complexes, puisque la règle que nous venons de donner suffit pour
effectuer sur ces nombres toutes les opérations possibles. Cependant il y a
quelquefois des procédés d'opérations beaucoup plus simples. Nous allons
indiquer brièvement les procédés relatifs à l'addition, à la soustraction, à
la multiplication et à la division.

328. 1. *Addition.* — Pour additionner les nombres complexes, on emploie
un procédé semblable à celui donné pour les nombres entiers et les fractions décimales. On écrit ces nombres les uns au-dessous des autres de
manière que les unités de la même espèce soient dans une même colonne
verticale ; puis on fait séparément l'addition de chaque colonne en commençant par la droite, et, si l'addition d'une colonne donne une somme assez
forte pour former une ou plusieurs unités de l'espèce immédiatement supé-

14

rieure, on retient ces unités pour les ajouter à la colonne suivante, et on n'écrit au-dessous de la colonne additionnée que l'excès de la somme trouvée sur les unités retenues. Voici un exemple de cette addition ; on suppléera facilement les détails que nous ne donnons pas ici.

3ᵀ	5ᵖ	4ᵖ	8ˡ	3ᵖᵗ
8	3	2	7	10
4	3	7	9	11
6	4	11	1	2
23ᵀ	5ᵖ	2ᵖ	3ˡ	2ᵖᵗ

329. II. *Soustraction.* — Elle s'opère par un procédé analogue à celui employé pour les nombres entiers et décimaux ; nous nous bornerons à donner un exemple :

24ˡ	0ᵐ	4ᵒ	5ᵍ	1ᵈ	12ᵍʳ
8	1	7	2	2	4
15ˡ	0ᵐ	5ᵒ	2ᵍ	2ᵈ	4ᵍʳ

330. Les preuves de ces deux opérations se feraient par des procédés analogues à ceux employés pour les nombres entiers.

331. III. *Multiplication.* — Les procédés employés pour la multiplication des nombres complexes donnent lieu quelquefois à des calculs assez compliqués. Nous n'entrerons pas dans le détail de toutes les particularités qui peuvent se présenter ; nous nous bornerons à donner un exemple en l'accompagnant des explications que nécessite le calcul.

332. Soit proposé de multiplier 25ˡ 16ˢ 9ᵈ par 6ᵀ 4ᵖ 3ᵖ, on serait conduit à faire cette multiplication par le problème suivant : *On a acheté 6ᵀ 4ᵖ 3ᵖ d'un ouvrage à raison de 25ˡ 16ˢ 9ᵈ la toise, combien doit-on payer au vendeur ?* Voici comment on dispose le calcul :

			25ˡ	16ˢ	8ᵈ
			6ᵀ	4ᵖ	3ᵖ
			150ˡ		
Pour 10ˢ on prend la moitié de 6ˡ			3		
Pour 5ˢ on prend la moitié du produit de 10ˢ			1	10ˢ	
Pour 1ˢ on prend le cinquième du produit de 5ˢ......			0	6	
Pour 6ᵈ on prend la moitié du produit de 1ˢ............			0	3	
Pour 2ᵈ on prend le tiers du produit de 6ᵈ.............			0	1	
Pour 3ᵖ on prend la moitié du multiplicande..........			12	18	4ᵈ
Pour 1ᵖ on prend le tiers du produit par 3ᵖ...........			4	6	1 ¹/₃
Pour 3ᵖ on prend le quart du produit par 1ᵖ...........			1	1	6 ¹/₃
			173ˡ	5ˢ	11ᵈ ²/₃

Voici les détails du calcul ; pour les suivre, n'oublions pas que multiplier par 6ᵀ 4ᵖ 3ᵖ, c'est multiplier par 6 plus $^4/_6$, plus $^3/_{12}$ de $^1/_6$, ou $^3/_{72}$; et relisons ce qui a été dit nº 111 :

On multiplie d'abord 25ˡ par 6, ce qui donne 150ˡ, on a ainsi le produit des unités principales du multiplicande par les unités principales du multiplicateur. Pour avoir celui des unités subordonnées du multiplicande par les unités principales du multiplicateur, voici comment on opère : on décompose ces unités subordonnées qui sont ici 16^s, 8^d, en parties qui soient des sous-multiples les unes des autres et aussi de l'unité principale. Cette décomposition peut se faire de plusieurs manières; adoptons la suivante : 10^s, 5^s, 1^s, 6^d, 2^d. (Nous pourrions en adopter une autre, mais en général il vaut mieux adopter la plus simple.)

Cela posé : si nous avions 1^l à multiplier par 6, le produit serait 6^l; mais ce n'est pas 1^l que nous devons multiplier, mais bien 10^s, 5^s, 1^s, 6^d, 2^d, c'est-à-dire, des nombres tels que le premier est $^1/_2$ de la livre, le second $^1/_2$ du premier, le troisième $^1/_5$ du second, le quatrième $^1/_2$ du troisième, et le cinquième $^1/_3$ du quatrième. Il est facile de conclure de là que le premier des cinq produits partiels correspondant à ces cinq multiplicandes, s'obtiendra en prenant la moitié du produit de 1^l par 6, c'est-à-dire, de 6^l; on a ainsi 3^l; le produit de 5^s s'obtiendra en prenant la moitié du produit de 10^s, ce qui donne 1^l 10^s; le produit de 1^s s'obtiendra en prenant le cinquième du produit de 5^s, ce qui donne 6^s; le produit de 6^d s'obtiendra en prenant la moitié du produit de 1^s, ce qui donne 3^s; enfin, le produit de 2^d s'obtiendra en prenant le tiers du produit de 6^d, ce qui donne 1^d, et nous obtenons ainsi les produits de chaque partie du multiplicande par les unités principales du multiplicateur.

Reste à multiplier le multiplicande par les unités subordonnées du multiplicateur. Or, multiplier par 4^p plus 3^p, c'est, avons-nous dit, multiplier d'abord par $^4/_6$, puis par $^3/_{12}$ de $^1/_6$, ou par $^3/_{72}$.

Pour multiplier par $^4/_6$ ou par 4^p, décomposons ces 4^p en parties aliquotes de la toise, en 3^p et 1^p, par exemple. La multiplication par 4^p se ramènera à la multiplication par 3^p plus 1^p, ou en d'autres termes, à la multiplication par $^3/_6$ et par $^1/_6$. Pour multiplier le multiplicande par $^3/_6$ ou $^1/_2$, on en prend la moitié, ce qui donne 12^l 18^s 4^d; puis, pour le multiplier par $^1/_6$ qui est le tiers de $^3/_6$, on prend le tiers du produit précédent, ce qui donne 4^l 6^s 1^d $^1/_3$.

Reste à multiplier le multiplicande par 3^p ou $^3/_{12}$ de 1^p, ou $^1/_4$ de 1^p. Mais, puisque nous avons déjà le produit du multiplicande par 1^p, nous obtiendrons le nouveau produit en prenant le quart de celui obtenu précédemment par la multiplication par 1^p, ce qui donne 1^l 1^s 6^d $^1/_3$.

Si maintenant l'on réunit tous les produits obtenus partiellement, on aura le produit total demandé qui est 173^l 5^s 11^d $^2/_3$.

Nous nous bornons à ce seul exemple de la multiplication des nombres complexes. Si l'on a bien suivi nos explications, on verra facilement comment on pourrait se conduire dans tous les autres cas, et comment on formulerait la règle générale pour multiplier un nombre complexe par un nombre complexe; cette règle s'étendrait évidemment au cas plus simple où l'un des facteurs de la multiplication n'a que des unités principales, et par conséquent est un nombre entier.

333. IV. *Division*. — La division des nombres complexes présente deux

cas, suivant que le dividende et le diviseur sont d'espèces différentes ou de même espèce.

334. PREMIER CAS. *Celui où le dividende et le diviseur sont d'espèces différentes.* Dans ce cas, le quotient doit toujours être de même espèce que le dividende; car le produit du diviseur par le quotient, ou du quotient par le diviseur doit reproduire le dividende, il faut donc que le diviseur ou le quotient soit de même espèce que le dividende, et puisque le diviseur est d'espèce différente, c'est le quotient qui doit être de même espèce.

Mais, dans le cas que nous examinons, le diviseur peut ne contenir que des unités principales, ou contenir en même temps des unités subordonnées. La première hypothèse est la plus simple; examinons-la d'abord.

Un exemple nous fera voir comment on doit se conduire dans ce cas. Supposons qu'on ait 65^T 3^P 8^p 2^l à diviser par 17^l. On serait conduit à cette division par la question suivante : *On a payé* 17^l *pour* 65^T 3^P 8^p 2^l *d'un certain ouvrage, combien en aurait-on pour* 1^l? Car il est évident que pour 1^l on devrait en avoir la 17e partie de 65^T 3^P 8^p 2^l, et que, par conséquent, il faut diviser ce nombre par 17 pour résoudre le problème proposé.

Il est bien facile de voir comment il faut procéder pour faire cette division. En effet, d'abord on divise 65^T par 17, le quotient est 3^T, avec un reste 14^T; on les convertit en pieds, et, avec les 3^P qu'on a déjà, cela fait 87^P, qui, divisés par 17, donnent 5^P

$$
\begin{array}{r|l}
65^T\ 3^P\ 8^p\ 2^l & 17 \\
14^T & \overline{\quad} \\
6 & 3^T\ 5^P\ 1^P\ 10^l\ \frac{12}{17} \\
\hline
87^P & \\
2^P & \\
12 & \\
\hline
32^p & \\
15^p & \\
12 & \\
\hline
182^l & \\
12^l &
\end{array}
$$

avec un reste 2^P. On convertit ces 2 pieds en pouces, et avec les 8 pouces que l'on a déjà, cela fait 32 pouces, qui, divisés par 17, donnent 1 pouce et un reste 15^P : ce reste, converti en lignes et réuni aux 2 lignes que l'on a déjà, fait 182 lignes, qui, divisées par 17, donnent 10^l, avec un reste 12^l, qui, divisées par 17, donnent $^{12}/_{17}$ de ligne.

On voit, sans qu'il soit nécessaire de formuler un procédé, comment on ferait dans tous les cas semblables.

335. Supposons maintenant que le dividende et le diviseur étant d'espèces différentes, le diviseur contienne des sous-divisions de l'unité principale. Dans ce cas, rien n'est plus facile que de ramener cette opération à d'autres que l'on sait faire. *Car il suffit de mettre le diviseur sous forme de fraction d'après la règle du n° 321, puis de diviser le dividende par cette fraction, en le multipliant par le dénominateur qui est un nombre entier (332.), et en divisant le produit par le numérateur, ainsi que nous avons appris à le faire dans le numéro précédent.*

Ainsi, pour diviser 3259^l 17^s 5^d par 258^l 1^m 7° 5^g, on réduit le diviseur en fraction de livre, ce qui donne $^{33149}/_{128}$, puis, on multiplie 3259^l 17^s 5^d par 128; et l'on divise le produit 417263^l 9^d 6^d par 33149, ce qui donne 12^l 11^s 9^d $^{105}/_{33149}$ pour le quotient cherché.

On fera bien de s'exercer sur les exemples suivants : Diviser 43^{ans} 7^m 18^j, par 15^l 3^s 5^d. — Diviser 355^l 1^m 2° 3^g, par 15^{ans} 2^m 3^j.

336. DEUXIÈME CAS. *Celui où le dividende et le diviseur sont de même es-*

pèce. Dans ce cas, la nature des unités du quotient est déterminée par la question. Ainsi, supposons que l'on pose la question suivante : *On a fait pour* 25^l 3^s 5^d *un ouvrage qui se paie à raison de* 6^l 11^s 8^d *la toise, on demande combien de toises on a fait de cet ouvrage.* On résoudra la question proposée, en divisant 25^l 3^s 5^d par 6^l 11^s 8^d, et le quotient obtenu devra représenter des toises et des fractions de toises. Voici comment se fait l'opération : on réduit le dividende et le diviseur en unités de la plus petite espèce ; on trouve ainsi pour le dividende 6041 deniers, et pour le diviseur 1580 deniers. Le quotient de ces deux nombres peut se représenter par la fraction $\frac{6041}{1580}$; et comme ce quotient représente des toises, on a, pour le résultat demandé, $\frac{6041}{1580}$ de toises, fraction qui, convertie en nombre complexe, d'après le procédé du n° 324, donne 3 toises 4 pieds 11 pouces 3 lignes 5 points et $\frac{808}{1580}$ de points.

337. Insistons sur la nécessité de considérer l'état de la question pour déterminer la nature du quotient. Si, dans la question précédente, la quantité d'ouvrage fait se fût déterminée par le poids, et que 6 livres 11 sous 8 deniers eût été le prix d'une livre pesant, on aurait demandé combien on a dû faire de livres pesant et fractions de livres pesant d'ouvrage pour 25 livres 3 sous 5 deniers, le quotient $\frac{6041}{1580}$ eût été une fraction de livre pesant, qui, convertie en nombre complexe, eût donné 3 livres 1 marc 5 onces 1 gros 1 denier 4 grains et $\frac{976}{1580}$ de grains.

En généralisant ce que nous venons de dire, on en déduirait le procédé suivant. *Pour diviser un nombre complexe par un nombre complexe de la même espèce, réduisez le dividende et le diviseur en unités de la plus petite espèce, divisez ensuite le nombre que donne le dividende par celui que donne le diviseur, et évaluez le quotient en nombre complexe de l'espèce demandée par la question proposée*

338. *Nota.* — Il est presque inutile de remarquer que si, après les unités de la plus petite espèce dans le dividende ou le diviseur, il y avait une fraction ordinaire, par exemple si l'on avait 25 livres 10 sous 7 deniers $\frac{2}{3}$ à diviser par 3 livres 6 sous, il faudrait tout réduire en tiers de deniers, ce qui donnerait 18383 tiers de deniers à diviser par 2376 tiers de deniers ; et s'il y avait au dividende et au diviseur des fractions qui n'eussent pas le même dénominateur, par exemple, 25 livres 3 sous 7 deniers $\frac{2}{3}$ à diviser par 4 livres 2 sous 8 deniers $\frac{4}{5}$; il faudrait réduire les deux fractions $\frac{2}{3}$ et $\frac{4}{5}$ au même dénominateur, ce qui donnerait $\frac{10}{15}$ et $\frac{12}{15}$; puis on réduirait le dividende et le diviseur en quinzièmes de deniers, ce qui donnerait 90655 quinzièmes de deniers à diviser par 14892 quinzièmes de deniers.

3° CONVERSION DES ANCIENNES MESURES EN NOUVELLES, ET RÉCIPROQUEMENT.

339. On a quelquefois besoin de résoudre le problème suivant : *La valeur d'une quantité étant donnée au moyen des anciennes mesures, trouver ce qu'elle serait en mesures nouvelles, ou réciproquement.* Pour aider à faire ces calculs, on a dressé des tables qui donnent, en mesures nouvelles, la valeur des unités anciennes, et réciproquement la valeur des unités nouvelles en

mesures anciennes. Voici comment, au moyen de ces tables, on procède à la solution des problèmes proposés.

340. *Premier problème.* — Proposons-nous, par exemple, de chercher combien valent, en mètres, 25 toises 3 pieds 2 pouces. Les tables donnent pour la valeur du mètre en unités anciennes, 3 pieds 0 pouce 11 lignes et $^3/_{10}$. Par conséquent, pour résoudre le problème proposé, il faudra chercher combien de fois cette valeur du mètre est contenue dans 25 toises 3 pieds 2 pouces. C'est une division qui rentre dans le second cas exposé plus haut, en réduisant le dividende et le diviseur en dixièmes de ligne, on trouve 220560 dixièmes de ligne à diviser par 4433 dixièmes de ligne; le quotient indiqué est $^{220560}/_{4433}$, et comme ce quotient doit exprimer des mètres et des fractions de mètres, après en avoir obtenu par la division la partie entière, on en cherchera la partie fractionnaire en suivant la règle du n° 138 : ce qui donnera 49^m,754, pour la valeur de 25^T 3^p 2^p, et la valeur trouvée ne diffère pas de la valeur véritable de 1 millimètre.

Si l'on a bien compris ce que nous venons de faire, on verra sans peine comment il faut opérer dans tous les cas semblables, et l'on en déduira facilement le procédé suivant : *Pour exprimer un nombre complexe de l'ancien système, au moyen de l'unité correspondante et des sous-divisions de cette unité dans le nouveau système, cherchez (dans des tables que l'on a dressées à cet effet) ce que vaut l'unité nouvelle en unités anciennes, et divisez par cette valeur le nombre complexe que vous voulez traduire, ayant soin d'évaluer le quotient en unités et sous-divisions de l'unité du nouveau système.*

341. *Deuxième problème.* — Proposons-nous maintenant de savoir combien 30^m,72 valent en toises, pieds, pouces, etc. La première chose nécessaire à savoir, c'est la valeur d'une toise en mètre. On trouve dans les tables dressées pour cet usage, qu'une toise vaut 1^m,949 à très-peu près; donc, pour savoir combien 30^m,72 contiennent de toises, il faut chercher combien de fois ce nombre contient 1^m,949; par conséquent, diviser 30^m,72 par 1^m,949, et évaluer le quotient en toises, pieds, pouces, etc. On trouve ainsi que le quotient est $^{80720}/_{1949}$ de toise ou 15^T 4^p 6^p 10^l $^{598}/_{1949}$.

On verra encore ici sans peine comment on se conduirait dans tous les cas semblables, et avec quelle facilité on établirait le procédé suivant : *Pour exprimer un certain nombre d'unités principales et de sous-divisions de l'unité dans le nouveau système, au moyen de l'unité correspondante dans l'ancien système et des sous-divisions de cette unité, cherchez (dans les tables dressées à cet effet) ce que vaut l'unité ancienne en unités nouvelles, et divisez par cette valeur le nombre que vous voulez traduire, ayant soin d'évaluer le quotient en unités et sous-divisions de l'unité de l'ancien système.*

342. *Nota.* — Nous avons dit qu'on a dressé des tables pour la conversion des anciennes mesures en nouvelles, et réciproquement. Voici un petit extrait de ces tables :

La toise vaut en mètre... 1^m,949.

Le mètre vaut en toise.. 0^T 3^p 0^p 11^l,296.

Ou bien le mètre vaut en toise...................................... 0^T.51307.

L'aune de Paris vaut en mètre.............................. $1^m,18844$.
Le mètre vaut en aune de Paris............................. $0^a,84144$.

Le pas ordinaire vaut en mètre.............................. $0^m,81210$.
Le mètre vaut en pas ordinaire............................. $1^p,23138$.

La brasse vaut en mètre.................................... $1^m,62420$.
Le mètre vaut en brasse.................................... $0^b,61569$.

La lieue terrestre (de $2280^T,33$) vaut en kilomètres....... $4^{km},4444$.
Le kilomètre vaut en lieue terrestre......................... $0^{l.t.},225$.

La lieue marine (de $2850^T,41$) vaut en kilomètres......... $5^{km},5556$.
Le kilomètre vaut en lieue marine............................ $0^{l.m.},18$.

La lieue de poste (de 2000^T) vaut en kilomètres........... $3^{km},8981$.
Le kilomètre vaut en lieue de poste.......................... $0^{l.p.},2565$.

La toise carrée vaut en mètres carrés........................ $3^{mm},798744$.
Le mètre carré vaut en toise carrée.......................... $0^{TT},263245$.

La toise cube vaut en mètres cubes........................... $7^{mmm},40389$.
Le mètre cube vaut en toise cube............................. $0^{TTT},135064$.

La livre vaut en kilogramme pesant........................... $0^k,48951$.
Le kilogramme vaut en livres................................. $2^l,04288$.

La livre (unité monétaire) vaut en franc $0^f,987650$, ou... $^{80}/_{81}$ de franc.
Le franc vaut en livre $1^l,0125$, ou 1^l 0^s 3^d, ou encore..... $^{81}/_{80}$ de livre.

343. Nous allons faire sur ce tableau les remarques suivantes :

1° La plupart des nombres donnés dans le tableau précédent en décimales ne sont pas rigoureusement exacts, mais ils approchent beaucoup des valeurs véritables; on peut même, lorsqu'on n'a pas besoin d'une très-grande exactitude, négliger les dernières décimales; ainsi, on pourrait dire que la livre vaut en franc $0^f,987$. — On comprend cependant que, si les rapports donnés entre les anciennes mesures et les nouvelles, et réciproquement, ne sont pas rigoureusement exacts, cette inexactitude doit influer sur les résultats que l'on obtient par les procédés des n°s 340 et 341. Mais cette influence doit être d'autant plus faible que les rapports donnés par ces tables approchent plus des rapports réels, et on peut ne pas s'en occuper quand on n'a pas besoin dans le résultat obtenu d'un très-grand degré d'approximation.

2° Nous avons donné quelquefois, dans ce tableau, la valeur des unités nouvelles en unités anciennes et en fractions décimales de l'unité ancienne, et non pas en sous-divisions ordinaires de cette unité. Par exemple, nous avons dit que le kilogramme vaut 2^l, 04288, et non pas 2^l, tant de marcs, d'on- ces, de gros, etc. Le procédé donné (340.), pour convertir un nombre d'unités et sous-divisions de l'unité ancienne en unités et sous-division de l'unité nouvelle, doit subir une petite modification, lorsqu'on veut se servir de ces valeurs : donnons un exemple du calcul à faire dans ce cas. Soit proposé d'évaluer en kilogrammes et sous-divisions du kilogramme 69^l, 0^m 7°, 4^g, 1^d, 5^{gr}. Si l'on avait la valeur du kilogramme en livres, marcs, onces, gros, deniers, grains, on réduirait ce nombre, aussi bien que le nombre proposé, en grains, et l'on achèverait le calcul d'après la règle du n° 340. Mais le tableau précédent donne la valeur du kilogramme en livres et fractions décimales de livre, et cette valeur est 2^l,04, en ne prenant que les deux premières dé- cimales ; il faut donc chercher combien de fois 2^l,04 sont contenues dans 69^l, 0^m, 7°, 4^g, 1^d, 5^{gr}, ou diviser ce dernier nombre par 2^l,04, ou, ce qui est la même chose, par $^{204}/_{100}$ de livre ; et évaluer le quotient en kilogrammes et sous-divisions du kilogramme. Pour cela, on réduit le nombre proposé en fraction de livre d'après la méthode du n° 321 ; on a ainsi, $^{640253}/_{9216}$ de livre qui, divisés par $^{204}/_{100}$ de livre, donnent $^{64025300}/_{1880064}$, fraction qu'il faudra évaluer en kilogrammes. Le résultat que nous obtiendrons par ce calcul sera la valeur de 69^l, 0^m, 7°, 4^g, 1^d, 5^{gr} ; mais comme nous avons supposé que le kilogramme ne vaut que 2^l,04, alors qu'il vaut 2^l, 04288. Le nombre que nous trouverons ne sera pas rigoureusement exact. Si on voulait l'avoir plus exactement, il faudrait prendre la véritable valeur du kilogramme, ou du moins plus de deux décimales ;

3° Nous avons exprimé la valeur du franc par la fraction $^{81}/_{80}$ de livre, et la livre par la fraction $^{80}/_{81}$ de franc ; ces expressions sont très-commodes pour convertir les livres en francs, et réciproquement. Si l'on demandait, par exemple, combien 25^l, 2^s, 3^d, valent de francs et centimes, il faudrait diviser 25^l, 2^s, 3^d, ou, ce qui revient au même, $^{6027}/_{240}$ de livre par $^{81}/_{80}$ de livre, et évaluer le quotient en décimales. Réciproquement, si l'on voulait savoir combien 35^f, 08^c, par exemple, valent de livres ; il faudrait diviser 35^f, 08^c ou $^{3508}/_{100}$ de franc par $^{80}/_{81}$ de franc, et évaluer le quotient en livres, sous et deniers.

ADDITION A LA RÈGLE DE TROIS.

344. Dans les problèmes qui conduisent à une règle de trois, soit simple, soit composée, on appelle quelquefois *termes homogènes*, ou simplement *ho- mogènes*, les termes de même espèce et qui jouent le même rôle dans l'é- noncé du problème à résoudre. Ainsi dans le problème du n° 249, 2 *hommes* et 10 *hommes* sont des homogènes ; 6 *mètres* et x *mètres* sont aussi des ho- mogènes. Dans le problème du n° 257, 80 *ouvriers*, 5 *heures*, 15 *jours*, 50 *mètres de long*, 4 *mètres de large*, 2 *mètres de profondeur* sont respecti- vement homogènes avec 45 *ouvriers*, 6 *heures*, x *jours*, 30 *mètres de long*, 5 *mètres de large*, 3 *mètres de profondeur*. On voit que les deux termes que nous avons appelés *relatifs* (251), sont toujours homogènes ; et quant aux *termes principaux*, ils se partagent en autant de couples homogènes, qu'il

y a de circonstances dont dépend la recherche de l'inconnue. Dans chacun de ces couples, nous pouvons appeler *premier homogène* celui qui se rapporte au premier terme relatif, *second homogène* celui qui se rapporte au second.

345. Si l'on se rapporte aux n°s 252, 254, 260, on verra facilement que le procédé pour résoudre une règle de trois se réduit, en dernière analyse, à multiplier le premier homogène relatif par une fraction (proprement dite, ou improprement dite) qui se compose comme il suit :

1° Si la règle de trois est simple et directe, on prend pour numérateur le second homogène principal, et pour dénominateur le premier homogène principal.

2° Si la règle de trois est simple et inverse, on prend pour numérateur le premier homogène principal, et pour dénominateur le second homogène principal.

3° Si la règle de trois est composée, on prend pour numérateur le produit des seconds homogènes principaux, qui sont directement proportionnels aux termes relatifs, et des premiers homogènes principaux qui leur sont inversement proportionnels; puis on prend pour dénominateur le produit de tous les homogènes correspondants à ceux que l'on fait entrer dans le numérateur.

346. Appliquons ceci à un exemple, et soit proposé le problème suivant : *On emploie pour tapisser une chambre de 25 mètres de pourtour et de 4 mètres de hauteur, 32 rouleaux de papier qui ont chacun 8 mètres de long et 40 centimètres de large : on demande combien il faudra de rouleaux de papier pour tapisser une autre chambre qui a 20 mètres de pourtour et 3 mètres de hauteur, si les rouleaux employés ont 7 mètres de long, sur 50 centimètres de large.*

Pour former la fraction par laquelle il faudra multiplier le premier homogène relatif, 30 *rouleaux*, afin de trouver l'inconnue, écrivons sur deux lignes les homogènes principaux, nous aurons :

Premiers homogènes principaux :　　25^m　　4^m　　8^m　　40^{cm}
Seconds homogènes principaux :　　20^m　　3^m　　7^m　　50^{cm}

Si maintenant nous examinons successivement chaque couple d'homogènes, pour savoir s'ils sont directement ou inversement proportionnels aux termes relatifs, et, par conséquent, quels sont les termes qu'il faut faire entrer comme facteurs dans le numérateur, et quels sont ceux qu'il faut faire entrer comme facteurs dans le dénominateur de la fraction que nous cherchons, nous verrons que les deux premiers couples seulement sont directement proportionnels aux termes relatifs, et que, par conséquent, pour ces deux couples seulement, les seconds termes homogènes doivent entrer au numérateur, et les premiers termes homogènes au dénominateur. La fraction cherchée sera donc

$$\frac{20 \times 3 \times 8 \times 40}{25 \times 4 \times 7 \times 50}$$

et par conséquent la valeur de l'inconnue sera donnée par l'égalité

$$x = 32 \times \frac{20 \times 3 \times 8 \times 40}{25 \times 4 \times 7 \times 50} = \frac{32 \times 20 \times 3 \times 8 \times 40}{25 \times 4 \times 7 \times 50} = 17 + {}^{97}/_{175}$$

Il faudra donc 17 rouleaux, plus $^{97}/_{175}$ de rouleau du second papier pour tapisser la seconde chambre.

———

347. On emploie encore, pour résoudre les problèmes dépendants d'une règle de trois simple ou composée, un procédé que l'on appelle *Méthode par la réduction à l'unité*. Pour faire connaître ce procédé, nous allons d'abord l'appliquer à la résolution d'un problème ; nous le formulerons ensuite.

Soit proposé le problème suivant : 10 *ouvriers, en travaillant* 60 *jours, et* 6 *heures par jour, ont fait* 30 *mètres d'un certain ouvrage ; on demande combien il faudrait de jours à* 15 *ouvriers travaillant* 5 *heures par jour pour faire* 24 *mètres du même ouvrage.*

Pour résoudre ce problème, proposons-nous de trouver d'abord combien il faudrait de jours à 1 ouvrier travaillant 1 heure par jour, pour faire 1 mètre de l'ouvrage dont il s'agit.

Pour le trouver, remarquons premièrement que puisqu'il faut 60 jours à 10 ouvriers, travaillant 6 heures par jour, pour faire 30 mètres de cet ouvrage, si, au lieu de 10 ouvriers, on n'en employait qu'un, travaillant dans les mêmes conditions, cet ouvrier unique devrait évidemment employer, pour faire le même ouvrage, 10 fois plus de jours, c'est-à-dire 60 j. $\times$ 10, ou 600 jours.

Remarquons ensuite que si cet ouvrier unique, au lieu de travailler 6 heures par jour, travaillait seulement 1 heure chaque jour, il lui faudrait 6 fois plus de jours, c'est-à-dire 600 jours $\times$ 6 ou 4800 jours.

Remarquons enfin que si cet ouvrier, au lieu d'avoir à faire, dans les mêmes circonstances de travail, 30 mètres de l'ouvrage en question, n'avait à en faire qu'un, il lui faudrait, pour cette raison, 30 fois moins de jours, c'est-à-dire $^{4800}/_{30}$ de jour, ou 160 jours.

Ainsi 1 ouvrier, en travaillant 1 heure par jour, ferait 1 mètre de l'ouvrage dont il s'agit en 160 jours. Il nous sera facile maintenant de trouver combien il faudrait de jours à 15 ouvriers travaillant 5 heures par jour pour en faire 24 mètres.

En effet, puisque 1 ouvrier, en travaillant 1 heure par jour, emploie à faire 1 mètre 160 jours ; si au lieu d'un ouvrier on en employait 16, travaillant dans les mêmes circonstances pour faire 1 mètre, il leur faudrait 16 fois moins de jours, c'est-à-dire $^{160}/_{16}$ de jour, ou 10 jours.

De plus, puisque ces 16 ouvriers, au lieu de travailler pendant 1 heure par jour, travaillent pendant 5 heures chaque jour, il leur faudra, pour faire ce même ouvrage, 5 fois moins de jours, c'est-à-dire $^{10}/_{5}$ de jour, ou 2 jours.

Enfin, puisque les mêmes 16 ouvriers, travaillant dans les mêmes circonstances, ont à faire, non pas 1 mètre, mais 24 mètres, il leur faudra 24 fois plus de jours, c'est-à-dire 2 j. $\times$ 24 ou 48 jours.

Ainsi, la réponse demandée est 48 *jours*, c'est-à-dire que 16 ouvriers emploieront 48 jours, en travaillant 5 heures par jour, à faire 24 mètres de l'ouvrage dont il s'agit.

348. Voici comment on dispose quelquefois l'opération dont nous venons de donner les détails :

10ouv.	8ʰ	30ᵐ....................	60ʲ	
1ouv.	8ʰ	30ᵐ....................	60ʲ × 10 =	600ʲ
1ouv.	1ʰ	30ᵐ....................	600ʲ × 8 =	4800ʲ
1ouv.	1ʰ	1ᵐ....................	$\dfrac{4800ʲ}{30}$ =	160ʲ
16ouv.	1ʰ	1ᵐ....................	$\dfrac{160ʲ}{16}$ =	10ʲ
16ouv.	5ʰ	1ᵐ....................	$\dfrac{10ʲ}{5}$ =	2ʲ
16ouv.	5ʰ	24ᵐ....................	2ʲ × 24 =	48ʲ

349. Voici maintenant comment on peut formuler le procédé que nous venons d'employer :

Pour résoudre un problème qui conduit à une règle de trois, par la méthode de la réduction à l'unité, écrivez sur une même ligne tous les premiers termes principaux et le premier terme relatif : puis supposez successivement chacun des termes principaux réduits à l'unité, et voyez quels changements ces suppositions doivent faire subir au premier terme relatif. Ces changements s'opéreront par des multiplications ou des divisions opérées sur ce terme d'abord, puis sur les résultats obtenus par les premières multiplications ou divisions. Par cette première série d'opérations, vous obtiendrez ce que devient le premier terme relatif quand on réduit à l'unité tous les premiers termes principaux. Après cela, aux termes principaux réduits à l'unité, substituez successivement les valeurs des seconds termes principaux, exprimées dans l'énoncé du problème, et voyez quels changements ces substitutions doivent apporter dans le dernier résultat obtenu. Ces changements, qui s'effectueront encore par des multiplications ou des divisions successives opérées sur ce résultats, vous conduiront à la valeur de l'inconnue.

350. Nous terminerons ce que nous avons à dire sur cette méthode des résolutions des problèmes par les deux remarques suivantes :

1º Quand on résout un problème, conduisant à une règle de trois, par la méthode de réduction à l'unité, il est facile de voir qu'on effectue successivement les différentes multiplications et divisions qu'il y aurait à faire toutes à la fois par la méthode précédente. En effet, si au lieu d'effectuer les opérations que nous avons faites, en résolvant le problème ci-dessus proposé, nous nous étions contentés d'indiquer ces opérations pour les effectuer toutes ensuite, nous aurions eu pour valeur de l'inconnue :

$$x = \frac{60 \times 10 \times 8 \times 24}{30 \times 16 \times 5} ; \text{ d'où } x = 48 .$$

C'est précisément le calcul que nous aurions eu à effectuer par la méthode précédente, ou par celle du nº 260.

2º Si, quand on fait quelqu'une des divisions que peut amener le procédé par la réduction à l'unité, cette division ne donnait pas un quotient exact, et qu'on se contentât d'un quotient approché au moyen de décimales, on pourrait facilement tomber dans une erreur assez grave, si l'on ne poussait pas assez loin cette approximation. En effet, l'erreur résultant de ce qu'on n'a pas exactement le quotient, bien que très-petite, si on la considère dans ce quotient, peut se multiplier et se grossir par les multiplications suivantes. Pour rendre ceci plus clair, supposons que l'avant-dernière opération eût été une division, et que, dans la recherche du quotient, on se fût arrêté aux centièmes; supposons encore, pour mieux préciser les idées, que l'erreur considérée dans le quotient fût de 4 millièmes seulement, si la dernière opération avait été une multiplication dans laquelle le multiplicateur eût été 3600 par exemple, cette erreur de 4 millièmes, multipliée par 3600, se serait élevée à 14,4 (14 unités et 4 dixièmes). On conçoit donc que, lorsqu'on emploie cette méthode pour résoudre un problème, il faut avoir égard à la remarque que nous faisons ici, et pousser assez loin les approximations du quotient que l'on obtient, pour que les multiplications qui doivent suivre ne grossissent pas les erreurs au-delà des limites d'exactitude que l'on ne veut pas dépasser.

ADDITION AUX RÈGLES D'INTÉRÊT ET D'ESCOMPTE.

351. Les calculs d'intérêts et d'escompte, revenant très-fréquemment dans le commerce, on est parvenu à y apporter des modifications qui simplifient beaucoup ces calculs. Nous nous proposons, dans cette addition aux règles d'intérêt et d'escompte, de faire connaître quelques-unes de ces simplifications, et d'exposer les principes sur lesquels elles reposent; mais avant d'entrer en matière, nous ferons remarquer, — 1º que dans le commerce on calcule toujours l'escompte en le prenant en dehors (274), c'est-à-dire qu'on le détermine par la proportion : 100 *francs sont au taux de l'escompte, comme un capital donné est à l'escompte de ce capital ;* — 2º que dans les calculs d'intérêt et d'escompte on suppose toujours que l'année, composée de 360 jours, est partagée en 12 mois égaux de 30 jours chacun.

Il suit de la première remarque, que les escomptes se calculent absolument par les mêmes règles que l'on suit en calculant les intérêts, et que tout ce que nous allons dire de ces derniers s'applique également aux escomptes.

Il suit de la seconde remarque, que chaque mois est $1/_{12}$ de l'année, et que chaque jour est $1/_{30}$ du mois ou $1/_{360}$ de l'année.

352. Cela posé, rappelons que pour calculer l'intérêt donné par un capital placé à un taux déterminé et pour un temps donné, il faut multiplier le capital par le taux de l'intérêt et par le temps, puis diviser le produit obtenu par 100, ce que nous pouvons exprimer, ainsi que nous l'avons dit plus haut (269), par la formule :

$$i = \frac{c \times t \times T}{100}.$$

Voyons maintenant ce que devient cette formule lorsque l'intérêt est successivement calculé à raison de 5 pour 100 et de 6 pour 100 : ce sont les taux les plus usités dans le commerce.

1° Si le taux de l'intérêt est de 5 pour 100, T, représentant un nombre d'années que nous appellerons A, la formule précédente devient

$$i = \frac{c \times 5 \times A}{100} = \frac{c \times A}{20}.$$

Et, si l'on remarque que pour diviser un nombre par 20 il suffit de le diviser par 10 (124) et de prendre la moitié du dixième, on pourra établir cette règle : *Pour trouver l'intérêt d'un capital placé à 5 pour 100 par an pendant un certain nombre d'années, multipliez le capital par ce nombre d'années, séparez par une virgule le dernier chiffre du produit trouvé pour en faire des dixièmes, et prenez la moitié du résultat ainsi obtenu.* Ainsi, pour trouver l'intérêt de 3758 fr. à 5 pour 100 pendant 7 ans, on multiplie 3758 fr. par 7, ce qui donne 26306 fr. ; on sépare par une virgule le dernier chiffre, ce qui donne 2630^f,6 ; et en prenant la moitié de ce nombre, on trouve 1315^f,3, ou 1315 fr. 30 c. pour l'intérêt demandé.

2° Supposons maintenant que le taux de l'intérêt étant toujours à 5 pour 100 par an, on veuille calculer l'intérêt pour un certain nombre M de mois. Les mois étant des 12mes de l'année, la formule $i = \dfrac{c \times t \times T}{100}$ deviendra

$$i = \frac{c \times 5 \times \dfrac{M}{12}}{100} = \frac{c \times \dfrac{M}{12}}{20} = \frac{c \times M}{240}$$

Et comme pour diviser un nombre par 240, on peut d'abord le diviser par 10, et ensuite diviser le dixième obtenu par 24, on déduit de ce qui précède la règle suivante : *Pour trouver l'intérêt d'un capital placé à 5 pour 100 par an pendant un certain nombre de mois, multipliez le capital par ce nombre de mois, séparez le dernier chiffre trouvé pour en faire des dixièmes, et divisez par 24 le résultat obtenu.* (Observons que cette dernière division pourrait se décomposer en deux autres plus simples ; ainsi, par exemple, on pourrait prendre d'abord le sixième, puis le quart de ce sixième). On trouvera, par ce procédé, que l'intérêt de 366 fr., à 5 pour 100 par an pendant 8 mois, est 12 fr. 20 c.

3° Supposons, enfin, que le taux de l'intérêt étant toujours à 5 pour 100 par an, on veuille calculer l'intérêt pour un certain nombre J de jours ; les jours étant des 360mes de l'année, la formule $i = \dfrac{c \times t \times T}{100}$ devient :

$$i = \frac{c \times 5 \times \dfrac{J}{360}}{100} = \frac{c \times \dfrac{J}{360}}{20} = \frac{c \times J}{7200}$$

Et, comme pour diviser un nombre par 7200, on peut le diviser d'abord par 100, puis le quotient obtenu par 72, on déduit de ce qui précède ce procédé :

Pour trouver l'intérêt d'un capital placé à 5 pour 100 par an, pendant un certain nombre de jours, multipliez ce capital par le nombre des jours, séparez les deux derniers chiffres du produit par une virgule pour en faire des décimales, et divisez le résultat ainsi obtenu par 72. (Remarquons encore ici que cette dernière division peut se décomposer en deux autres plus simples; qu'on pourrait, par exemple, prendre d'abord le huitième, puis le neuvième de ce huitième.) On trouvera ainsi que l'intérêt de 4555 francs, placés à 5 pour 100 par an pendant 32 jours, est de 20 fr. 24 c.

353. Si l'intérêt était calculé à 6 pour 100, les formules qui donnent en général l'intérêt se modifieraient d'autres manières, et l'on en déduirait d'autres procédés. En effet, en représentant toujours par J et par M les nombres de jours et de mois pour lesquels on veut calculer l'intérêt d'un capital placé à 6 pour 100, la formule $i = \dfrac{c \times t \times T}{100}$ deviendrait, dans le premier cas,

$$i = \frac{c \times 6 \times \frac{M}{12}}{200} = \frac{c \times \frac{M}{2}}{100} = \frac{c \times M}{100}$$

et, dans le second, elle deviendrait

$$i = \frac{c \times 6 \times \frac{J}{360}}{160} = \frac{c \times \frac{J}{60}}{100} = \frac{c \times J}{6000}$$

D'où l'on déduit ces deux procédés :

1° *Pour trouver l'intérêt produit par un capital placé à 6 pour 100 par an pendant un certain nombre de mois, multipliez le capital par ce nombre de mois, séparez les deux derniers chiffres du produit par une virgule pour en faire des décimales, et prenez la moitié du résultat obtenu;*

2° *Pour trouver l'intérêt produit par un capital placé à 6 pour 100 par an pendant un certain nombre de jours, multipliez le capital par ce nombre de jours, séparez les trois derniers chiffres du produit par une virgule pour en faire des décimales, et prenez le sixième du résultat obtenu.*

On trouvera, par ces procédés, que 6550 fr., placés à 6 pour 100 par an, donneront, pour 7 mois, 229f,25 et que la même somme donnera, pour 15 jours, 16f,375, ou, en négligeant la dernière décimale, 16 fr. 37 c.

354. Si nous supposions l'intérêt à d'autres taux, il serait facile, dans un très-grand nombre de ces hypothèses, de trouver des procédés pour calculer les intérêts d'une somme donnée, qui ne différeraient de ceux que nous venons de formuler que par la valeur du nombre par lequel il faudrait diviser le produit du capital par le temps, pour avoir l'intérêt pendant un certain nombre d'ans, ou de mois, ou de jours. Nous appellerons ce nombre, qui varie avec le taux de l'intérêt, et aussi avec l'unité des temps choisis : *Diviseur correspondant au taux de l'intérêt et à l'unité de temps.* Il est évident

que pour un même taux, le *diviseur* est 12 fois plus grand pour un mois que pour un an, et 30 fois plus grand pour un jour que pour un mois. Nous laissons à ceux qui étudieront ce Traité le soin de rechercher ces diviseurs pour différents taux d'intérêt. Il est facile de voir que, pour qu'on puisse trouver un pareil diviseur en nombre entier, il faut que le taux de l'intérêt soit un sous-multiple de 100, si l'intérêt est calculé par an, de 1200, s'il est calculé par mois, et de 36000 s'il est calculé par jour; car, dans les cas contraires, le taux de l'intérêt ne pourrait pas disparaître du numérateur de la formule qui donne l'intérêt, à savoir : $i = \dfrac{c \times t \times T}{100}$, comme on s'en apercevrait si l'on voulait chercher le nombre par lequel il faut diviser le produit du capital par le temps pour avoir l'intérêt, le taux étant à 7 pour 100, par exemple (a).

355. On peut remarquer que tous les procédés que nous venons de donner pour trouver l'intérêt d'un capital se réduisent à deux choses : — 1º multiplier le capital par le temps, c'est-à-dire par le nombre d'ans, ou de jours, ou de mois qu'à duré le placement; — 2º diviser le produit obtenu par le nombre que nous avons appelé *diviseur correspondant au taux et à l'unité de temps.*

Les négociants appellent le produit d'un capital par le temps le *nombre du capital;* et quand ils font ces produits pour des capitaux, on dit qu'ils *font les nombres de ces capitaux.*

356. Il suit de ce qui précède :

1º Que, quand on a le *nombre* d'un capital et ce capital, *pour trouver le temps pendant lequel le capital a été placé à l'intérêt*, il faut diviser le nombre *du capital par le capital;*

2º Que, quand on a le *nombre* d'un capital et le temps pendant lequel il a été placé à l'intérêt, *il faut, pour trouver le capital,* diviser le nombre *du capital par le temps;*

3º Que, si deux capitaux ont été placés à l'intérêt au même taux, mais pour différents temps, évalués avec la même unité, *il faut, pour que ces capitaux produisent le même intérêt, que leurs* nombres *soient égaux ;* car ces intérêts se trouveraient, en divisant ces *nombres* par le *diviseur correspondant au même taux et à la même unité de temps ;*

4º Que, pour qu'un capital placé pendant un certain temps produise un intérêt égal à la somme des intérêts de plusieurs autres capitaux placés au même taux que le premier (l'unité de temps étant la même pour tous),

(a) Voici comment on pourrait encore trouver le *diviseur* correspondant à un taux d'intérêt et à une unité de temps. (An, mois, jours) :

Supposons d'abord que le taux d'intérêt soit 1 pour 100 par an, le *diviseur* sera, évidemment, 100 pour l'an, 1200 pour le mois et 36000 pour le jour. Cela posé, si le taux de l'intérêt n'était plus à 1 pour 100, mais à 2, 3, 4, 5 etc. pour 100, l'intérêt produit serait 2 fois, 3 fois, 4 fois, 5 fois etc., plus grand qu'à 1 pour 100, et par conséquent, pour l'obtenir, il faudrait diviser le produit du capital par le temps par un nombre 2 fois, 3 fois, 4 fois, 5 fois plus petit. On obtiendra donc ce nombre en divisant 100, 12000, 36000 par ces taux d'intérêt. On voit ici la preuve de ce que nous disons à la fin de l'alinéa auquel se rapporte la présente note.

il faut que le nombre du premier capital soit égal à la somme des nombres des autres capitaux.

337. Nous avons déjà dit (355.) que quand on veut calculer l'intérêt d'un capital pour un certain temps, il faut : — 1° faire le *nombre* de ce capital ; — 2° diviser ce nombre par le *diviseur correspondant au taux et à l'unité de temps.* Quand on a plusieurs capitaux placés au même taux pendant le même temps, et qu'on veut avoir seulement la somme des intérêts produits par ces capitaux, on peut calculer séparément ces intérêts et en faire l'addition ; mais il est plus simple de faire d'abord la somme de ces capitaux, puis de faire le *nombre* de cette somme et de diviser ce *nombre* par le *diviseur correspondant au taux et à l'unité de temps.* Ainsi, si l'on avait à trouver l'intérêt produit par les trois capitaux suivants : 3780 fr., 275 fr., 5885 fr. pendant 45 jours, le taux étant à 6 pour 100, on additionnerait ces trois capitaux, on multiplierait le produit par 45, et on diviserait par 6000. On trouverait ainsi, pour l'intérêt demandé, 71 fr. 22 c.

338. Si les capitaux placés au même taux ne l'étaient pas pour le même temps, et qu'il fallût avoir seulement la somme des intérêts, on pourrait encore se dispenser de calculer chaque intérêt séparément ; mais il faudrait préparer séparément le *nombre* de chaque capital, et alors, au lieu de diviser chaque *nombre* pour avoir l'intérêt de chaque capital, on pourrait faire la somme de tous les *nombres* et la diviser par le *diviseur correspondant au taux et à l'unité de temps.*

Soit, pour exemple, proposé de trouver la somme des intérêts produits par les quatre capitaux suivants : 3255 fr. placés à intérêt pour 45 jours, 237 fr. pour 60 jours, 2400 fr. pour 12 jours, 570 fr. pour 20 jours, le taux de l'intérêt étant à 5 pour 100, voici comment on peut disposer l'opération :

Capitaux.	Temps.	Nombre des capitaux.
3255^f............	45j............	146475
237^f............	60j............	14220
2400^f............	12j............	28800
570^f............	20j............	11400

200905	7200
56905	27,90
65050	
2500	

On voit, par cette opération, qu'après avoir fait les *nombres* des capitaux, on a fait la somme de ces *nombres*, qui est 200905, et on l'a divisée par 7200, qui est le *diviseur correspondant au taux de 5 pour 100 et au jour,* et l'on a trouvé 27 fr. 90 ; c'est la somme des intérêts demandés.

339. Nous allons, en terminant cette note, résoudre un problème qui se rapporte au calcul des intérêts, et que l'on appelle *détermination de l'échéance moyenne.* Nous allons expliquer, par un exemple, en quoi consiste ce problème.

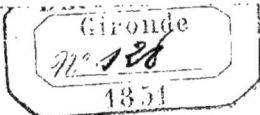

Supposons que Pierre doive à Paul quatre billets, le premier de 2450 fr., payable dans 25 jours; le second de 800 fr., payable dans 40 jours; le troisième de 1500 fr., payable dans 55 jours; le quatrième de 3600 fr., payable dans 80 jours; et supposons qu'il veuille, pour effectuer tous ces paiements en une seule fois, retirer ces quatre billets et en souscrire à la place un autre d'une valeur de 8350 fr., somme égale aux valeurs réunies des quatre premiers billets. On demande à quelle époque devra s'effectuer ce dernier paiement, pour que les parties intéressées ne perdent ni ne gagnent rien à la substitution qu'il s'agit d'opérer?

C'est cette époque à laquelle devra se faire le paiement de 8350 fr., que l'on appelle *l'échéance moyenne* des quatre premiers billets, parce qu'elle doit être choisie de telle manière, que les intérêts perdus par Pierre sur les sommes dont il anticipe le paiement, soient compensés par ceux qu'il gagne sur celles dont le paiement est retardé.

Pour résoudre ce problème, remarquons qu'au moment où Pierre reçoit de Paul les quatre billets en échange desquels il en donne un autre d'une valeur égale à la somme des quatre premiers, ces billets n'ont pas encore la valeur qu'ils auraient à leur échéance, mais que leurs véritables valeurs sont respectivement égales à 2450 fr., 800 fr., 1500 fr., 3600 fr., 8350 fr., diminuées de l'escompte de ces mêmes sommes, calculées jusqu'au jour de leur échéance, ou de l'intérêt que produiraient ces sommes jusqu'à ce jour, puisque nous sommes convenus de calculer les escomptes comme les intérêts.

Cela posé, pour qu'il y ait égalité entre les valeurs reçues par Pierre, en retirant les quatre premiers billets, et celle qu'il donne à Paul en lui remettant le cinquième, il faut que l'intérêt produit par ce dernier billet, jusqu'au jour de l'échéance moyenne, soit égal à la somme des intérêts produits par les autres billets jusqu'au jour de leurs échéances respectives, et, par conséquent, il faut que le *nombre* du premier soit égal à la somme des nombres des quatre autres (356. — 4°). Si donc nous cherchons les nombres de ces quatre billets, en les additionnant, nous trouverons précisément le nombre du billet unique destiné à les remplacer; et, par conséquent, en divisant ce nombre par 8350, nous trouverons le temps de l'échéance que nous cherchons (356. — 1°). Voici comment on dispose ordinairement l'opération :

Capitaux.		Époque de leur échéance.		Nombres.	
2450	....	25	....	61250	
800	....	40	....	32000	
1500	....	55	....	82500	
3600	....	80	....	288000	
8350	....	$55 + {}^{450}/_{835}$	....	463750	8350
				46250	$55 + {}^{450}/_{835}$
				4500	

Ainsi, l'échéance moyenne arrivera, rigoureusement parlant, après 55 jours $^{450}/_{833}$ de jour ; mais comme, lorsqu'il s'agit de paiement dans le commerce, les jours sont regardés comme des unités indivisibles, cette échéance devra être fixée au 56ᵉ jour.

Il est facile, d'après ce qui précède, de formuler le procédé pour résoudre tous les problèmes semblables. Il peut s'énoncer comme il suit : *Pour trouver l'échéance moyenne de plusieurs capitaux, faites les nombres de ces capitaux correspondants à l'époque de leurs échéances respectives, additionnez ces nombres et divisez leur somme par la somme des capitaux, le quotient donnera l'échéance moyenne.*

360. Résolvons encore un problème qui a une grande analogie avec le précédent :

Supposons que Pierre, devant payer à Paul une somme de 4800 fr. dans 60 jours, lui remette en paiement différents billets, à savoir : 1º un billet de 800 fr. payable dans 10 jours ; 2º un billet de 1000 fr. payable dans 20 jours ; 3º un billet de 1200 fr. payable dans 30 jours, puis un quatrième billet d'une valeur égale à ce qui lui reste à payer, c'est-à-dire, de 1800 fr. (différence entre 4800 et les valeurs réunies des trois premiers billets) : on demande à quelle époque il doit remettre le paiement de ce quatrième billet.

Pour résoudre ce problème, observons que, pour la manière dont sont faits les billets souscrits par Pierre en faveur de Paul, le paiement du premier est anticipé de 50 jours, celui du second de 40 jours, et celui du troisième de 30 jours. Pierre perd donc, sur ces billets, 1º les intérêts de 800 fr. pour 50 jours ; 2º ceux de 1000 fr. pour 40 jours, et 3º ceux de 1200 fr. pour 30 jours ; et, par conséquent, il doit retarder assez le paiement du quatrième billet pour que l'intérêt qu'il gagnera sur les 1800 fr., valeur de ce billet, compense cette perte. Pour qu'il en soit ainsi, il faut que la somme des *nombres* correspondants aux intérêts perdus sur les trois premiers billets soit égale au nombre qui correspond aux intérêts gagnés sur le quatrième (356. — 1º). Si donc l'on fait les trois premiers *nombres* et qu'on les additionne, on trouvera le quatrième *nombre*. En divisant ensuite celui-ci par le capital 1800 fr., on trouvera le nombre de jours dont on doit retarder le paiement du quatrième billet. En effectuant ce calcul, on trouve 64 jours $^4/_9$, ou plutôt 65 jours qui doivent être comptés à partir des 60 jours après lesquels la somme totale était payable, et, par conséquent, l'échéance du quatrième billet doit être placée à 125 jours, du moment où se fait l'opération.

FIN DE L'ARITHMÉTIQUE.

TABLE DES MATIÈRES.

CHAPITRE III.

DES OPÉRATIONS DE L'ARITHMÉTIQUE SUR LES NOMBRES ENTIERS.

(*a*) La réponse à cette question, renfermée dans le dernier alinéa du n. 16, aurait dû porter un numéro particulier : quelques omissions de ce genre se sont glissées dans le Traité d'Arithmétique. La table réparera ces omissions en indiquant séparément les choses distinctes par leur nature, mais réunies par erreur sous un même numéro.

CHAPITRE IV.

DÉCOMPOSITION DES NOMBRES ENTIERS EN FACTEURS, CONSÉQUENCES DE CETTE DÉCOMPOSITION.

232   ARITHMÉTIQUE.

7

Pages

CHAPITRE V.

DES FRACTIONS EN GÉNÉRAL ET DES OPÉRATIONS DE L'ARITHMÉTIQUE SUR LES FRACTIONS.

Rappeler comment on mesure une quantité plus petite que l'unité choisie pour la mesurer. — Qu'appelle-t-on *fraction, dénominateur, numérateur* d'une fraction? — 82.   63

Quels sont les deux points de vue sous lesquels on peut considérer une fraction? — 83.   63-64

Comment déduit-on de ce qui précède un moyen d'exprimer exactement par les fractions le quotient d'une division quand ce quotient n'est pas un nombre entier, et qu'appelle-t-on *fraction improprement dite?* — 84. 85.   64-65

Comment peut-on extraire les entiers contenus dans une fraction improprement dite. — 86.   65

Comment peut-on mettre sous forme de fraction un nombre entier, ou un nombre entier accompagné d'une fraction. — 87. 88.   65-66

Quels changements éprouve une fraction, 1º quand on multiplie ou qu'on divise le numérateur par un nombre déterminé? — 2º quand on multiplie ou qu'on divise le dénominateur? — 3º quand on en multiplie ou qu'on en divise en même temps les deux termes par le même nombre? — On déduit de ce qui précède un procédé : 1º Pour multiplier une fraction par un nombre entier, et en particulier par son dénominateur; — 2º pour diviser une fraction par un nombre entier. — 89. . . .   66-67

Qu'entend-on par *réduire une fraction à sa plus simple expression*, et quel est le premier moyen que l'on peut employer pour le faire? — 90.   68-69

Qu'appelle-t-on *plus grand diviseur commun* de deux nombres? — Principe sur lequel repose la recherche du plus grand diviseur commun de deux nombres, d'où l'on déduit : 1º Que tout nombre qui divise le dividende et le diviseur d'une division, divise aussi le reste; 2º que tout nombre qui divise le diviseur et le reste, divise aussi le dividende. — 91.   69-70

Recherche du procédé à suivre pour trouver le plus grand diviseur commun de deux nombres. — Énoncé de ce procédé. — Comment peut-on reconnaître que deux nombres donnés sont premiers entre eux? — Tout nombre qui en divise deux autres, divise aussi leur plus grand commun diviseur. — 92. 93.   70-72

Quel est le second procédé pour réduire une fraction à sa plus simple expression? — 96.   72-73

ADDITION DES FRACTIONS. — Comment fait-on l'addition des fractions quand elles ont le même dénominateur. — 97.   73

Comment l'addition des fractions qui n'ont pas le même dénomi-

TABLE DES MATIÈRES. 235

CHAPITRE VII.

DE L'ÉLÉVATION DES NOMBRES A LEURS PUISSANCES ET DE L'EXTRACTION DE LEURS RACINES.

Pages

238   ARITHMÉTIQUE.

CHAPITRE VIII.

DES NOMBRES COMPLEXES; DES ANCIENNES ET DES
NOUVELLES MESURES.

CHAPITRE IX.

DES PROPORTIONS ET DES ÉQUIDIFFÉRENCES.

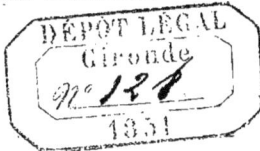

CHAPITRE X.

DE QUELQUES PROBLÈMES QUI SE RÉSOLVENT PAR LE MOYEN DES PROPORTIONS.

NOTES.

Pages

ADDITIONS.

FIN DE LA TABLE DE L'ARITHMÉTIQUE.

Bordeaux, Imprimerie de G.-M. DE MOULINS, rue Montméjan, 7.

ERRATA.

Page 15, ligne 4-5, au lieu de : *zéros sa droite*, lisez : *zéros à sa droite*.

Page 30, lignes 26 et 29, au lieu de : *nombres abstraits*, lisez : *nombres entiers abstraits*.

Page 80, avant-dernière ligne, au lieu de : $^{11}/_{13}$, lisez : $^2/_{13}$.

Page 90, ligne 23, la commencer par le n° **119** *bis*.

Page 97, lignes 15 et 16, au lieu de : *l'expression de cette longueur*, lisez : *cette expression.*

Page 110, avant-dernière ligne, lisez : *Mais il est bon de remarquer.* (Cette faute ne se trouve que sur un très-petit nombre d'exemplaires.)

Page 128, ligne 33, au lieu de : *se composent*, lisez : *se compose.*

Page 222, ligne 15, au lieu du premier dénominateur 200, lisez 100, et au lieu du troisième dénominateur 100, lisez 200.

INSTITUTIONES PHILOSOPHICÆ

AD USUM SEMINARIORUM.

(3 vol. in-12.)

Bordeaux, Imprimerie de G.-M. DE MOULINS, rue Montméjau, 7.

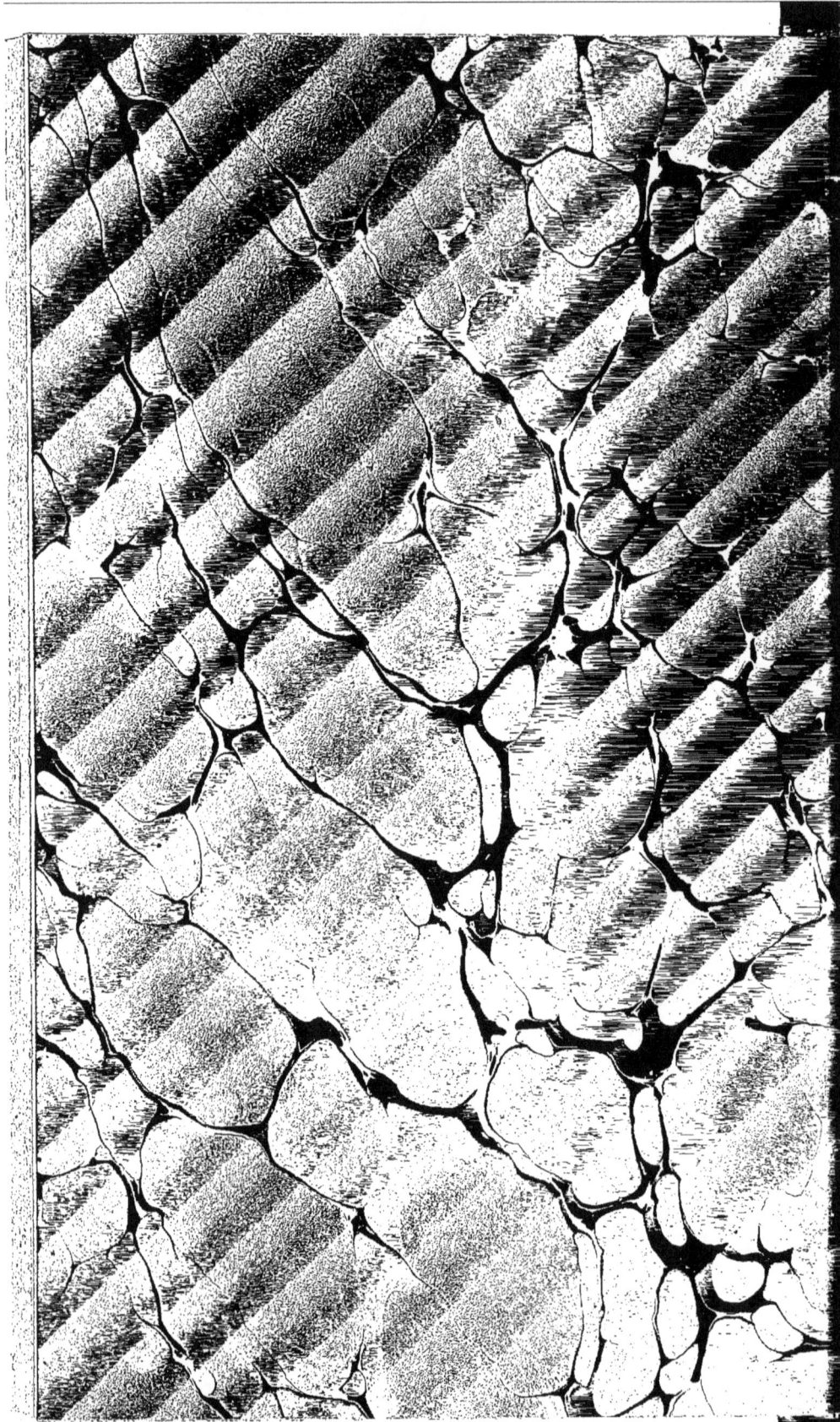

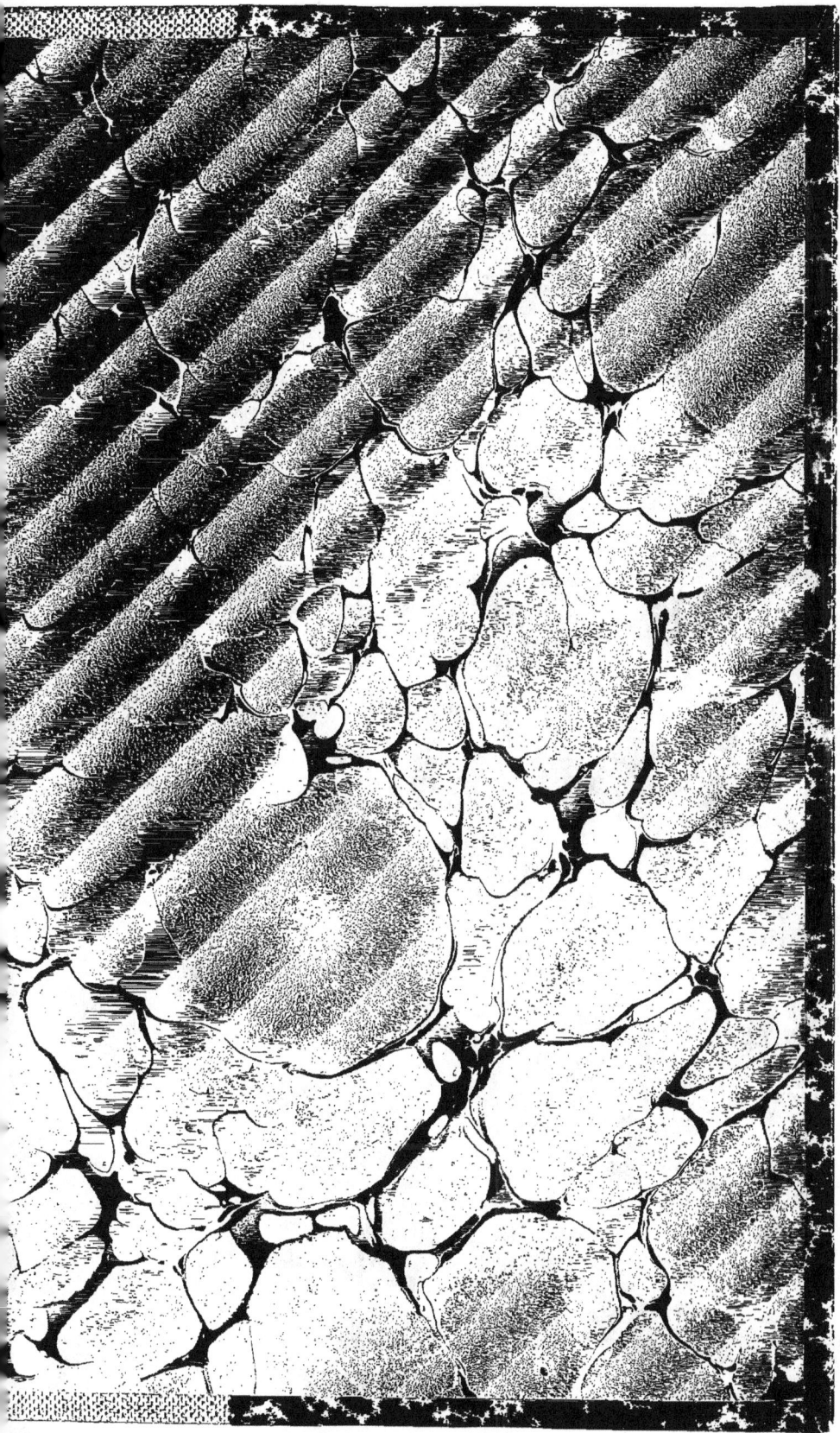